"十二五"普通高等教育本科国家级规划教材

气体和粉尘爆炸防治工程学

第2版

Second Edition

毕明树　李　刚　陈先锋　杨国刚　编著

化学工业出版社

·北京·

本书主要介绍气体和粉尘爆炸防治方面的基本知识与最新研究成果。全书分绪论、基本概念、可燃气体与蒸气的爆炸极限、密闭空间内可燃气体的爆炸强度、开敞空间可燃气云的爆炸强度、粉尘的爆炸强度、爆炸灾害的防护与控制原理及应用、密闭空间内爆炸的安全泄放原理与应用、可燃气体和粉尘燃烧爆炸过程的数值计算等9章，另有附录。每章开头有内容提要和基本要求，结尾有小结，还配备了思考题或习题。

本书仍保持了第1版的特色和体系，注重对基本概念和基本参数或方程的理解和运用，强化对学生分析和解决工程实际问题的能力的培养，增强科学性、启发性和教学适用性，激发学生的科技创新兴趣。

本书可作为安全工程专业教材，也可供从事气体和粉尘爆炸防治理论与技术方面研究的学者或工程技术人员参考。

图书在版编目（CIP）数据

气体和粉尘爆炸防治工程学/毕明树等编著．—2版．北京：化学工业出版社，2017.5（2022.6重印）
“十二五”普通高等教育本科国家级规划教材
ISBN 978-7-122-29153-0

Ⅰ.①气… Ⅱ.①毕… Ⅲ.①气体爆炸-防治-高等学校-教材②粉尘爆炸-防治-高等学校-教材 Ⅳ.①X932 ②TD714

中国版本图书馆CIP数据核字（2017）第035660号

责任编辑：程树珍　　装帧设计：韩　飞
责任校对：吴　静

出版发行：化学工业出版社（北京市东城区青年湖南街13号　邮政编码100011）
印　　刷：北京科印技术咨询服务有限公司数码印刷分部
装　　订：北京科印技术咨询服务有限公司数码印刷分部
787mm×1092mm　1/16　印张11¾　字数288千字　2022年6月北京第2版第2次印刷

购书咨询：010-64518888　　售后服务：010-64518899
网　　址：http://www.cip.com.cn
凡购买本书，如有缺损质量问题，本社销售中心负责调换。

定　　价：49.00元　

前　言

本书第 1 版自出版以来受到了有关教师和学生的好评，获批“十二五”普通高等教育本科国家级规划教材，荣获了中国石油和化学工业优秀出版物二等奖。

在总结近年来教学研究与科研成果并收集本书使用者意见和建议的基础上，编者提出了本次教材修订方案。根据气体和粉尘爆炸相关研究进展，本次修订增加了“可燃气体和粉尘燃烧爆炸过程的数值计算”一章，主要介绍数值模拟方法、可燃气体燃烧数值模型、煤粉燃烧数值模型、模拟案例等。通过这章的学习，可以基本掌握气体和粉尘爆炸过程的一般方法。本次还对“粉尘爆炸的强度”一章进行了大量修改，删除了如今很少使用的 Hartmann 测试装置，对目前最新的测试方法进行了更详细的介绍。

全书共分 9 章。绪论，概要介绍背景知识、事故划分及防治对策等；第 1 章基本概念，主要介绍燃烧与爆炸的基本概念，讨论爆炸发生的条件，分析各类爆炸的基本特性及其影响因素；第 2 章可燃气体与蒸气的爆炸极限，重点介绍爆炸极限相关概念及计算方法，分析影响爆炸极限的主要因素；第 3 章密闭空间内可燃气体的爆炸强度，主要介绍等温爆炸模型、绝热爆炸模型、几何微元计算方法和实验测试方法，阐述影响爆炸强度的因素和规律；第 4 章开敞空间可燃气云的爆炸强度，介绍影响气云爆炸强度的主要因素、预测方法、实验方法等；第 5 章粉尘的爆炸强度，介绍粉尘爆炸的特点、粉尘爆炸发生条件、影响粉尘爆炸极限和爆炸强度的因素以及粉尘爆炸参数的测试方法等；第 6 章爆炸灾害的防护与控制原理及应用，主要阐述爆炸灾害的防护与控制原理，介绍一些典型的抑爆和隔爆原理、方法与技术；第 7 章密闭空间内爆炸的安全泄放原理与应用，主要介绍安全泄放技术的基本概念和基本原理，给出泄放面积的设计方法，分析了安全阀、爆破片、防爆门（阀）的基本特点和选型依据；第 8 章可燃气体和粉尘燃烧爆炸过程的数值计算，主要介绍数值模拟的一般方法、可燃气体燃烧与爆炸数值模型、煤粉燃烧与爆炸数值模型、模拟案例等。另有附录。每章开头有内容提要和基本要求，结尾有小结，还配备了思考题或习题。

本书引用了很多文献资料中介绍的研究成果，已尽力在参考文献中列出，在此对各位作者表示诚挚的谢意。

本书仍保持了第 1 版的特色和体系，注重对基本概念和基本参数或方程的理解和运用，强化对学生分析和解决工程实际问题的能力的培养，增强科学性、启发性和教学适用性，激发学生的科技创新兴趣。

本书由大连理工大学毕明树教授、东北大学李刚教授、武汉理工大学陈先锋教授和大连海事大学杨国刚教授编写。绪论、第 1、第 2、第 6、第 7 章由毕明树执笔编写，第 5 章由李刚编写，第 8 章由陈先锋编写，第 3、第 4 章由毕明树和杨国刚共同执笔编写。

鉴于作者水平有限，因此本书在材料的选取与把握，内容的安排，语言的叙述等方面，均会存在这样那样的不足，衷心希望读者批评指正。

编　者

2017 年 1 月

第 1 版前言

近年来，我国工业一直保持着快速、稳定地增长，为国民经济的发展和人民生活水平的提高做出了很大贡献。与此同时，工业企业各类事故，尤其是危害较大的工业介质爆炸事故，虽然采取种种预防措施，但还是时有发生。工业生产安全问题已成为全社会关注的热点。

所谓可燃介质爆炸，是导致压力快速上升的现象，是一种极其迅速的物理或化学能量的释放过程。在此过程中，物系的体积在极短时间内急剧膨胀而对外界做功，致使周围气压急剧增大并会造成人员伤亡和财产损失。爆炸一直是学术界关注的课题。这方面的研究工作可分为两方面。一方面用于军事领域，主要研究凝聚相炸药和燃料-空气炸药（fuel-air explosive，简称 FAE）的爆炸威力，开发先进武器。另一方面用于工业防爆，主要研究可燃气体和粉尘的爆炸威力，以便有针对性地提出防爆措施。可引起爆炸事故的工业介质主要是可燃气体或易蒸发的可燃液体，以及可燃粉尘等。

国内很多院校都设立了安全工程本科专业，迫切需要能系统介绍工业介质爆炸相关知识的教材，让学生掌握工业介质爆炸的相关基础知识、气体与粉尘爆炸的特点、气体与粉尘爆炸的研究方法及进展、目前通常采用的防爆、抑爆措施等。本书就是在此背景下组织编写的。

气体与粉尘爆炸是非常复杂的物理、化学过程。经过几十年的发展，虽然人们对爆炸的发生、发展规律有一定的了解，但也有很多复杂问题没有解决，例如化学反应动力学问题、燃烧模型问题、湍流模型问题等。即使是现有的研究方法，也是处于不断发展之中的。本书主要介绍气体和粉尘爆炸防治方面的基本知识与最新研究成果。全书分绪论、基本概念、可燃气体与蒸气的爆炸极限、密闭空间内可燃气体的爆炸强度、开敞空间可燃气云的爆炸强度、粉尘的爆炸强度、爆炸灾害的防护与控制原理及应用、密闭空间内爆炸的安全泄放原理与应用 8 章，另有附录。每章开头有内容提要和基本要求，结尾有小结，还配备了思考题或习题。

本书引用了很多文献资料中介绍的研究成果，已尽力在参考文献中列出，在此对各位作者表示诚挚的谢意。

本书由大连理工大学毕明树教授和大连海事大学杨国刚副教授编写。绪论、第 1、第 2、第 5～第 7 章由毕明树执笔编写，第 3、第 4 章由毕明树和杨国刚共同执笔编写。

鉴于作者水平有限，因此本书在材料的选取与把握，内容的安排，语言的叙述等方面，均会存在这样那样的问题，衷心希望读者批评指正。

编著者

2012.3

目　录

0　绪论 …… 1
0.1　工业生产与安全 …… 1
0.2　工业生产中的爆炸事故 …… 1
0.3　生产中爆炸形式的分类 …… 3
0.3.1　可燃气体和可燃液体蒸气的爆炸 …… 3
0.3.2　可燃固体粉尘与空气混合物的爆炸 …… 4
0.3.3　化学反应失控而引起的工艺设备爆炸 …… 4
0.4　爆炸灾害防治对策 …… 4
0.5　本书的主要内容 …… 6
思考题 …… 6
1　基本概念 …… 7
1.1　燃烧的基本概念 …… 7
1.1.1　燃烧 …… 7
1.1.2　闪燃与闪点 …… 7
1.1.3　自燃与自燃点 …… 7
1.2　爆炸的基本概念 …… 8
1.3　爆炸发生的基本条件 …… 8
1.3.1　可燃气体发生爆炸的条件 …… 8
1.3.2　粉尘发生爆炸的条件 …… 9
1.4　爆炸的基本特性 …… 11
1.4.1　凝聚相含能材料的爆炸 …… 11
1.4.2　密闭空间可燃气体或粉体爆炸 …… 12
1.4.3　开敞空间可燃气体或粉体爆炸 …… 12
1.4.4　沸腾液体膨胀蒸气爆炸（BLEVE 爆炸） …… 14
1.4.5　化学反应失控 …… 15
1.4.6　物理蒸气爆炸 …… 15
1.5　爆炸参数 …… 15
1.5.1　火焰速度和燃烧速度 …… 16
1.5.2　理论火焰温度 …… 16
1.5.3　爆炸强度 …… 17
1.5.4　最大试验安全间隙 …… 18
1.6　爆炸波破坏准则 …… 18
1.6.1　爆炸波的结构和破坏机理 …… 19
1.6.2　爆炸波破坏准则 …… 20
小结 …… 22
思考题 …… 23
习题 …… 23
2　可燃气体与蒸气的爆炸极限 …… 25
2.1　爆炸极限理论 …… 25
2.2　爆炸极限的影响因素 …… 27
2.2.1　可燃气体或蒸气的种类及化学性质的影响 …… 27
2.2.2　混合均匀程度的影响 …… 28
2.2.3　温度的影响 …… 28
2.2.4　初始压力的影响 …… 28
2.2.5　惰性介质或杂质的影响 …… 29
2.2.6　实验管径和材质的影响 …… 30
2.2.7　点火能量的影响 …… 30
2.3　爆炸反应方程分析 …… 31
2.3.1　化学计量浓度 …… 31
2.3.2　完全与不完全燃烧 …… 32
2.3.3　最危险浓度 …… 33
2.4　爆炸极限的计算 …… 33
2.4.1　单一燃料在空气中的爆炸极限的估算 …… 33
2.4.2　多种可燃气体混合物在空气中的爆炸极限的估算 …… 34
2.4.3　可燃气体与惰性气体混合物的爆炸极限的估算 …… 35
2.4.4　可燃气体在氧气中的爆炸极限 …… 39
2.4.5　可燃气体在其他氧化剂中的爆炸极限 …… 39
2.5　含氧量安全限值 …… 40
2.6　其他助燃气体 …… 41
小结 …… 41
思考题 …… 42
习题 …… 42
3　密闭空间内可燃气体的爆炸强度 …… 44
3.1　火焰传播 …… 44
3.2　爆炸过程的解析解法 …… 45
3.2.1　质量速率方程 …… 45
3.2.2　压力上升速率和火焰速度方程 …… 46
3.3　几何微元方法 …… 50

3.4　爆炸强度的测试 ………………………… 56
3.5　影响爆炸强度的因素 ……………………… 57
3.5.1　可燃气体活性 ………………………… 57
3.5.2　可燃气体的浓度 ……………………… 58
3.5.3　点火能量和位置 ……………………… 58
3.5.4　容器形状和容器 ……………………… 59
3.5.5　初始压力 ……………………………… 60
3.5.6　初始温度 ……………………………… 60
3.5.7　湍流状态 ……………………………… 60
小结 ………………………………………… 61
思考题 ……………………………………… 61
习题 ………………………………………… 61
4　开敞空间可燃气云的爆炸强度 ……………… 63
4.1　影响可燃气云爆炸强度的因素 …………… 63
4.1.1　可燃气云特性的影响 ………………… 63
4.1.2　周围环境对爆炸的影响 ……………… 64
4.1.3　天气情况的影响 ……………………… 65
4.1.4　点火能量、点火位置的影响 ………… 65
4.2　气云爆炸强度的研究和预测方法 ………… 65
4.2.1　实验方法 ……………………………… 66
4.2.2　经验与理论研究方法 ………………… 68
小结 ………………………………………… 73
思考题 ……………………………………… 74
5　粉尘的爆炸强度 ……………………………… 75
5.1　粉尘爆炸的特点 …………………………… 75
5.1.1　粉尘的概念 …………………………… 75
5.1.2　粉尘爆炸发生的条件 ………………… 76
5.1.3　粉尘爆炸的特点 ……………………… 77
5.2　粉尘爆炸参数的确定 ……………………… 78
5.2.1　粉尘云浓度的测试 …………………… 79
5.2.2　爆炸下限（LEC）的测试 …………… 81
5.2.3　爆炸强度的测试 ……………………… 82
5.2.4　最小点火能（MIE）的测试 ………… 84
5.2.5　粉尘最低着火温度（MIT）的测试 … 85
5.3　粉尘爆炸的影响因素 ……………………… 87
5.3.1　粉尘粒度 ……………………………… 87
5.3.2　粉尘性质和浓度 ……………………… 87
5.3.3　氧化剂浓度 …………………………… 87
5.3.4　点火能量 ……………………………… 88
5.3.5　含杂混合物的影响 …………………… 89
5.3.6　爆炸空间形状和尺寸 ………………… 89
5.3.7　初始压力的影响 ……………………… 90
5.3.8　湍流度的影响 ………………………… 90
小结 ………………………………………… 91
思考题 ……………………………………… 92
6　爆炸灾害的防护与控制原理及应用 ………… 93
6.1　可燃物质浓度控制 ………………………… 93
6.1.1　操作参数控制 ………………………… 94
6.1.2　防止泄漏 ……………………………… 94
6.1.3　除尘 …………………………………… 95
6.2　氧化剂浓度控制 …………………………… 95
6.2.1　遇水发生燃烧爆炸的物质 …………… 96
6.2.2　混合危险性物质 ……………………… 98
6.3　惰化技术 …………………………………… 99
6.4　点火源控制 ………………………………… 100
6.4.1　防止明火 ……………………………… 100
6.4.2　防止静电 ……………………………… 101
6.4.3　防止自燃 ……………………………… 102
6.4.4　防雷 …………………………………… 103
6.5　爆炸抑制技术 ……………………………… 104
6.5.1　爆炸抑制技术的有效性和局限性 …… 104
6.5.2　爆炸探测器的工作原理 ……………… 105
6.5.3　爆炸信号控制器的工作原理 ………… 107
6.5.4　爆炸抑制器的工作原理 ……………… 107
6.6　爆炸阻隔技术 ……………………………… 110
6.6.1　阻火器 ………………………………… 110
6.6.2　主动式隔爆装置 ……………………… 113
6.6.3　被动式隔爆装置 ……………………… 115
小结 ………………………………………… 116
思考题 ……………………………………… 118
7　密闭空间内爆炸的安全泄放原理与应用 …… 119
7.1　泄放过程理论分析 ………………………… 119
7.1.1　泄放能力的计算 ……………………… 119
7.1.2　泄放面积的理论计算 ………………… 121
7.2　泄放面积工程设计 ………………………… 121
7.2.1　比例法 ………………………………… 121
7.2.2　高强度包围体泄压设计图算法 ……… 122
7.2.3　低强度包围体的泄压设计 …………… 130
7.2.4　经验公式法 …………………………… 130
7.2.5　泄放管的影响 ………………………… 132
7.3　泄放过程的其他危害 ……………………… 132
7.3.1　火焰扩展 ……………………………… 133
7.3.2　压力扩展 ……………………………… 133
7.3.3　反坐力 ………………………………… 133
7.4　泄放装置的设置与选型 …………………… 133
7.4.1　泄放装置的设置原则 ………………… 133

7.4.2 泄放装置的选型 …………………… 134
小结………………………………………… 141
思考题……………………………………… 142
习　题……………………………………… 143
8 可燃气体和粉尘燃烧爆炸过程的数值计算 ……………………………… 144
8.1 数值模拟方法介绍 ……………………… 144
8.2 可燃气体燃烧数值模拟 ………………… 145
8.2.1 层流预混火焰模型 ………………… 145
8.2.2 层流扩散火焰模型 ………………… 146
8.2.3 湍流火焰模型 ……………………… 147
8.2.4 化学反应模型 ……………………… 149
8.3 煤粉燃烧数值模拟 ……………………… 150
8.3.1 气相模型 …………………………… 151
8.3.2 颗粒相模型 ………………………… 151
8.3.3 燃烧模型 …………………………… 152
8.3.4 传热模型 …………………………… 154
8.4 模拟案例 ………………………………… 155
8.4.1 甲烷-空气预混气体爆炸 ………… 155
8.4.2 煤尘-甲烷预混气体爆炸模拟 …… 160
小结………………………………………… 161
思考题……………………………………… 162
附　录…………………………………… 163
附录 1 常见液体的闪点 ………………… 163
附录 2 常见物质的自燃点 ……………… 165
附录 3 几种典型场合的点火能量 ……… 166
附录 4 部分气体最低点火能量 ………… 166
附录 5 常见粉尘的最小点火能量 ……… 166
附录 6 常见介质的基本燃烧速度 ……… 167
附录 7 部分可燃性气体或蒸气的最大试验安全间隙值 ……………………………… 167
附录 8 常见可燃介质的燃烧热和爆炸极限 ……………………………………… 168
附录 9 可燃气体或蒸气极限氧含量（以 N_2 或 CO_2 稀释） …………………… 169
附录 10 悬浮可燃粉尘极限氧含量（以 N_2 或 CO_2 稀释）…………………… 170
附录 11 悬浮可燃粉尘极限氧含量（以 N_2 稀释） ……………………………… 171
附录 12 典型助燃气体氟、氯、氧、氧化亚氮的性质 ………………………… 173
附录 13 部分与水等发生爆炸反应物质的性质 ……………………………… 173
附录 14 部分遇到空气即自燃的物质的性质 ……………………………… 174
附录 15 常用物质的电阻率 …………… 175
附录 16 常见物质介电常数表 ………… 176
参考文献………………………………… 177

0 绪　　论

0.1　工业生产与安全

广义来说，生产是指人们创造物质财富的过程，或是将生产要素进行组合以制造产品的活动。从经济学上讲，生产是将投入转化为产出的活动。安全是指生产过程中不存在导致人员伤害和财产损失的危险状态。然而，绝对化的安全是一种无法实现的安全。实际上，通常所说的安全是指生产过程的危险程度能够为人们普遍接受的状态。

在生产过程中，安全与生产既有矛盾性，又有统一性。所谓矛盾性，首先表现为生产过程中的安全事故与生产活动的矛盾；其次表现为采取安全措施时会影响生产，增加成本，降低劳动生产率。所谓统一性，一方面表现为安全可以营造良好的生产环境、条件和氛围，从而使生产有序进行，促进经济效益稳步提高；另一方面表现为生产的不断发展也为安全创造必要的物质条件。安全与生产互为条件，相互依存，本质上是辩证统一的。没有生产活动，安全问题就不可能存在；没有安全条件，生产也不能顺利进行。安全是生产的前提，在生产过程中，必须坚持"安全第一"。当考虑生产的时候，应该把安全作为一个前提条件考虑进去，落实安全生产的各项措施，保证员工的安全与健康，保证生产持续和安全的发展。"安全第一"的目的又是为了有效地保证生产。如果不生产，"安全第一"就失去了存在的意义。

控制工业生产安全事故，一方面要提高安全意识，加强安全管理，强化安全监督；另一方面要重视安全科技研究，提高技术水平，更新安全装备。

值得指出，安全是一个相对的概念，无论采取什么措施，也不能达到百分之百的安全。可燃介质防爆的目的就是使爆炸的风险降低到可以接受的程度。在实际的防爆应用中，应寻求安全和经济的平衡。要采取措施保障人员的人身安全。

0.2　工业生产中的爆炸事故

在工业生产，以及原材料、产品的储存或运输过程中，由于人为因素或其他不可预知原因，均可引发工业介质爆炸事故，造成严重的财产损失或人员伤亡。随着现代工业的发展，生产工艺越来越复杂，生产的集约化水平也越来越高。工业介质发生爆炸的危险性与危害性也随之升高。可发生爆炸的工业介质种类很多，例如人们熟悉的易燃易爆品，气态有氢气、瓦斯、液化石油气等；液态有汽油、苯等化工品；固态有火药、炸药等。另外，还有一些平常认为是安全的物质，例如煤粉、铝粉、面粉等与空气混合，也可发生粉尘爆炸。以往发生的爆炸灾害表明，工业介质爆炸中，气体与粉尘爆炸发生的频度最高，造成的损失也最大。1989 年，美国一座聚乙烯厂 40t 异丁烷泄漏引起的爆炸将工厂全部摧毁，造成 24 人死亡，124 人受伤，经济损失 7.5 亿美元（图 0-1）。1988 年，英国北海钻井平台爆炸，数百人丧生，损失数亿英镑（图 0-2)。前苏联西伯利亚，由于输送碳氢燃料的管道破裂，使大量燃料泄漏于空中形成可燃悬浮气云，由两列火车交汇时摩擦产生的火花引爆，造成200余人死亡、千余人受伤的重大事故。1989年，中国某油库老罐区5座油罐发生一起因雷击引起大火的特大爆炸火灾事故，大火前后共燃烧104h，烧掉原油36000t，烧毁油罐5座，罐区全部付之一炬（图0-3）。1887年德国哈默尔恩新威塞尔面粉厂谷物粉尘爆炸，损失惨重（图0-4）。1987年，哈尔滨亚麻厂发生特大粉尘爆炸事故，死亡58人，伤177人，损坏厂房1.3万平方米，设备158台套（图0-5）。1991年某硝化厂工房发生了爆炸，硝化工房已全部被摧毁（图0-6）。精制、包装工房，空压站，分厂办公室，硝化棉分厂及废酸处理分厂破坏严重。距爆炸中心1000m以内的建筑物受到不同程度破坏，3000m范围内的门窗玻璃多数被振碎。有$280\times10^3m^2$的建筑物受到不同程度的损坏。其中被炸毁、报废的约$50\times10^3m^2$，严重破坏的$58\times10^3m^2$，一般破坏的$170\times10^3m^2$。设备损坏951台套，原材料、半成品及成品也损失较大。爆炸事故中死亡17人，重伤13人，轻伤94人。1989年Meleman Protection Consulations对当时发生的150起重大工业灾害事故的统计分析表明，火灾事故占38%，爆炸灾害占60%，其他灾害占2%。据国家安全生产监督管理局网报道，我国2001～2006年化工生产、经营企业发生的火灾爆炸事故约109起，死亡440人。按发生事故的设备对其进行统计如表0-1所示。在上述109起事故中，对事故起因较明确的64起事故介质统计分析，结果见表0-2。可见爆炸灾害在整个灾害事故中占有很大比重。近年来，瓦斯爆炸事故更加突出，约占重大安全事故的70%。

上述生产事故是几个比较典型的工业介质爆炸事故。事实上，这类事故举不胜举。据不

图0-1 美国聚乙烯厂爆炸

图0-2 英国钻井平台爆炸

图0-3 某油库爆炸

图0-4 德国面粉厂爆炸

图 0-5 哈尔滨亚麻厂粉尘爆炸

图 0-6 硝化厂爆炸

完全统计，1949 年以来，我国发生了十余起一次死亡百人以上的瓦斯爆炸事故，死亡两千余人。2001～2008 年我国化工企业共发生较大及其以上级别爆炸事故 119 起，其中，死亡 510 人，重伤 105 人，轻伤 377 人。工业介质爆炸灾害已给人类社会带来的严重后果和社会效应已超过了灾害事故本身，已经成为社会生活、经济发展的一个十分敏感的问题。在高科技越来越密集、经济规模越来越宏大的今天，爆炸灾害的潜在可能性增加，事故的危害程度进一步增加，安全问题往往成为重大社会经济决策的核心问题。

表 0-1 化工企业火灾爆炸发生事故的设备统计表

设备	反应容器	储罐	管道	干燥设备	锅炉	气瓶	冷却装置	净化装置	其他	总计
事故数	45	25	7	5	4	3	1	1	18	109
死亡人数	176	115	27	20	24	10	4	4	78	440
火灾事故数	2	2	0	1	0	0	0	0	5	10
爆炸事故数	43	22	6	4	3	3	1	1	12	93

表 0-2 化工企业火灾爆炸介质统计表

介质类别	事故数	死亡人数	主 要 介 质
碳氢类化合物	19	78	石油(5)、汽油(3)、液化石油气(2)、煤气(5)、柴油(2)、天然气(1)、沥青(1)
苯类化合物	11	51	苯(3)、甲苯(2)、二甲苯(1)、叔丁基苯(1)、硝基苯(1)、2-4 二硝基氟苯(1)、间硝基苯甲醚(1)、丙硝基氯化苯(1)
醇类化合物	8	44	乙醇(7)、甲醇(1)
卤化物	5	24	液氯(1)、四溴双酚(1)、氢氟酸(1)、二氯异氰尿酸钠(1)、六氯环戊二烯(1)
胺类化合物	3	10	甲胺(1)、二甲基甲酰胺(1)、甲氧基胺(1)
烯烃类化合物	2	7	乙烯、聚乙烯(1)、四氟乙烯单体(1)
过氧化物	2	6	过氧化钾乙酮(1)、过氧乙酸(1)
酮类	1	3	丙酮(1)
无机类物质	13	45	蒸气(6)、氧气(4)、氨(1)、二氨(1)、锌粉(1)
总计	64	268	

注：( ) 中的数据代表该类介质发生事故的起数。

0.3 生产中爆炸形式的分类

工业生产中发生的爆炸主要有以下几种形式：

① 气体或蒸气爆炸；

② 粉尘爆炸；

③ 化学反应失控而引起的工艺设备爆炸。

而在实际的工业爆炸事故中，通常是几种爆炸形式并存的。

0.3.1 可燃气体和可燃液体蒸气的爆炸

可燃气体和可燃液体蒸气的爆炸实质上是可燃气体本身或与空气或氧的快速氧化反应，

属于化学爆炸。其主要特征是快速燃烧产生的高温产物膨胀从而产生爆炸冲击波，导致被作用物体产生大变形乃至破坏。可燃气体或蒸气爆炸又可分为以下几类。

（1）爆炸性混合气体爆炸

可燃性气体（或蒸气）与助燃性气体混合并达到爆炸极限后遇到火源就会引起爆炸，工业生产中发生的燃烧爆炸事故大多属于这类爆炸。如果燃烧气体能够自由膨胀，且火焰速度较慢，几乎不产生压力波和爆炸声响，即称为常压燃烧，只会形成火灾。而当火焰速度很快时，就会产生爆炸冲击波和声响，对周围造成重大破坏。如果爆炸发生在密闭空间，就会形成高温高压，造成容器破坏或房屋倒塌。

（2）分解性气体的分解爆炸

某些气体即便在没有空气或氧气的情况下同样可以发生爆炸，如乙炔在没有氧气的情况下，若被压缩到 200kPa 以上，遇火星就能引起爆炸。乙烯、氧化乙烯、氧化乙炔、四氟乙烯、丙烯、臭氧、一氧化氮等也具有类似的性质。出现这种情况的原因在于这类气体在分解时能放出大量的热量，使分解出来的气体受热膨胀，造成压力急剧升高。

（3）沸腾液体膨胀蒸气爆炸

当容器中含有高蒸气压液体时，一旦容器破裂，高压蒸气从裂缝喷出，容器内的压力急剧下降，导致液体处于过热状态，从而迅速汽化，体积急剧膨胀，冲击容器壁，致使裂缝扩张，使容器破裂。喷出的液化气又可能急剧燃烧产生火球和热辐射增大了爆炸危害。这种爆炸形式多发于液化气的储罐、罐车等情况。

可燃气体与空气混合物的爆炸和可燃液体的蒸气与空气混合物的爆炸多发生在能源行业（如石油、天然气）及化工行业。气体爆炸不仅会造成重大的人员伤亡，还会造成巨大的财产损失。

0.3.2 可燃固体粉尘与空气混合物的爆炸

粉尘爆炸是指悬浮于空气中的可燃粉尘触及明火或电火花等火源时发生的爆炸现象。当在空气中悬浮的可燃粉尘浓度达到一定值，又遇有点火源时，也会造成燃烧爆炸。爆炸冲击波在传播过程中，还会扰动原来处于静止沉积状态的粉尘，使原来不具备粉尘爆炸条件的地区和场所具备了粉尘爆炸的条件，它们在高温和火焰的环境作用下，立刻又会引起二次爆炸。产生爆炸的粉尘包括金属粉尘（如铝粉、镁粉）、可燃矿物粉尘（如煤粉）和有机物粉尘（如麻粉尘、棉纤维尘、烟草、木粉、纸粉、面粉、淀粉、奶粉、糖等、塑料、染料）。

0.3.3 化学反应失控而引起的工艺设备爆炸

化学工程很多是在高温高压下进行的化合、分解及聚合反应。如果反应容器内的温度超出正常的规定范围而异常升高，会使反应速度按指数规律增长，即为反应失控，进而导致压力迅速升高，引起爆炸事故。由于化工生产原材料及产品多具有较大的毒性和腐蚀性，如果发生泄漏造成严重的环境污染，其间接损失更是难以估量。

0.4 爆炸灾害防治对策

我国是发展中国家，目前经济正处在快速发展时期，由于生产力水平较低，安全生产投入严重不足，安全生产监督管理体制不能适应经济发展的需要，生产安全事故总量在逐年上升，安全生产形势依然相当严峻。分析一幕幕悲惨场景不断上演的根本原因，主要有以下几方面。一是人们的安全观念和意识不强。某些企业片面追求经济效益，安全意识淡漠、安全设施不健全、安全措施不得力，对安全隐患抱有侥幸心理。二是人们缺乏安全知识，对重大爆炸安全隐患熟视无睹，而一旦发生事故又缺乏救灾减灾和逃生技能，从而使小事故发展为大事故。三是目前科技水平所限，一些潜在的危险人们尚无法认识或不能完全彻底认识清楚。

人类文明和社会进步要求生产过程、科学研究有更高的安全性、可靠性、稳定性，安全已成为人类文明、安居乐业的一种象征。为了适应以经济发展为中心的这一要求，应从以下几方面把握好爆炸灾害防治对策。

（1）加强工业介质爆炸基础数据研究

爆炸灾害都是借助于工业介质形成的。不同的介质具有不同的性质，爆炸范围、燃烧速率、燃烧热值、着火理论、点火能量、爆炸压力、升压速率以及发生爆炸后所造成的危害等都与介质的性质紧密相关，因此必须对易燃易爆物品的理化性质和爆炸特性进行研究，为其爆炸波传播规律研究提供基础。

（2）加强爆炸机理和成灾模式研究

要防治爆炸灾害，首先要弄清爆炸发生发展的规律、特点和成灾机理。对某些情况，虽然也采取了一些防治措施，但爆炸灾害事故却未能得到有效防控，其根本原因之一就是缺乏对爆炸传播规律和成灾模式的正确认识。虽然近些年来这方面的研究取得了很大进展，提出了不少理论模型、分析方法和有效措施，但由于爆炸发生的随机性和复杂性，目前尚未获得准确而通用的规律。因此必须继续加强对爆炸机理的基础研究，弄清爆炸发生的机理和爆炸波传播的基本规律和特点，为提出有效的防治措施提供理论依据。

（3）加强防爆抑爆技术开发

防爆抑爆技术是爆炸灾害防治的关键。目前已有一些比较有效的防爆抑爆措施，如惰化技术、隔爆技术、阻爆技术、泄爆技术等，但每项技术都有其长处和短处，他们大都是针对某些特定情况提出来的。例如，惰化是防止形成可爆性环境的重要措施，煤粉、金属粉尘和塑料类粉尘通常采用气氛惰化的方法进行爆炸防护。部分惰化虽不能完全防止爆炸的发生，但可增加最小点火能量（从而减小了点燃频率），并降低爆炸的猛烈程度。除了采取预防措施，还应采取措施在发生爆炸后降低爆炸的损失。泄爆就是应用最广泛的降低损失的方法之一。因此必须加大安全技术原始创新、引进消化再创新和集成创新的力度，提高生产装置的抵御爆炸灾害的能力和水平。

（4）加强安全法规建设

安全法规是提高人们安全意识的有力工具，也是企业领导人和技术负责人加大安全技术投入的保障。通过建立完善的操作规程和规章制度，消除物品的不安全状态，防止人的不安全行为。近年来，我国在安全法规建设方面取得了重大进展，出台了一系列相关法律，使得设计者有法可依。但这些法规的覆盖面还不够宽，还有些相互衔接不顺畅。因此必须在安全理论与技术研究不断进步的基础上，不断完善相关法规。

（5）加强安全知识普及教育

对广大从业人员，尤其是从事处理易燃易爆介质的人员，必须加强防爆抑爆安全教育，提高他们的安全意识，增强他们的责任心，提升他们使用防爆抑爆装置的技能和救灾水平。近年来，我国已有100余所高校设立了安全工程本科专业或研究生专业，国务院学位办已设立安全科学与工程一级学科，这都对我国安全技术及工程人才的培养起到举足轻重的作用。

安全工作人员和研究人员有责任和义务肩负起这个神圣的使命，对这些危险物质的特性进行深入研究并研制相应切实可行的防范设施，采取行之有效的措施，将事故消灭于无形之中，造福于人类。

0.5 本书的主要内容

爆炸一直是学术界关注的课题。这方面的研究工作可分为两方面。一方面用于军事领域，主要研究凝聚相炸药和燃料-空气炸药（fuel-air explosive，简称 FAE）的爆炸威力，开发先进武器。另一方面用于工业防爆，主要研究可燃气体的爆炸威力，以便有针对性地提出防爆措施。本书主要介绍工业可燃介质爆炸防治方面的基本知识与最新研究成果。

工业生产中涉及的爆炸性介质主要是气体（含蒸气）和粉尘。本书将主要介绍工业可燃气体和粉尘爆炸的基础理论和工程中实用的防治技术与装备。近年来，这方面的研究成果不断涌现。本书反映了这些最新成果及发展趋势。全书分绪论、爆炸的基本概念、可燃气体与蒸气的爆炸极限、密闭空间内可燃气体的爆炸强度、开敞空间可燃气云的爆炸强度、粉尘的爆炸强度、爆炸灾害的防护与控制原理及应用、密闭空间内爆炸的安全泄放原理与应用、可燃气体和粉尘燃烧爆炸过程的数值计算 9 章，另有附录。

本书内容涉及热力学、燃烧学、爆炸物理学、气体动力学、固体力学等多门学科以及化工、石油化工、矿山、电力等多个工程领域，显得多而杂乱，因而在学习过程中要注意以下几个方面。

① 本书的主线是气体和粉尘的爆炸过程中热能向压力能转换的规律，进而提出爆炸灾害防治方法，提高预防与控制爆炸的有效性。各种概念、理论、计算方法都是为这条主线服务的。学习时必须时刻抓住这条主线。

② 要注重基本概念和基本理论的理解与应用，死记硬背一些公式是不能解决实际问题的。注意掌握应用基本概念和理论分析处理实际问题的基本方法，学会对实际问题进行“抽象”“简化”“建模”“求解”并提出解决方案的基本方法，从而可以举一反三。

③ 提高工程意识。处理工程实际问题的方法是多种多样的，各种方案之间也只有更好，没有最佳。在基本概念和所用理论正确的基础上，要敢于从不同的角度思考，提出创新性解决方案。

思 考 题

0-1 工业生产与安全的辩证关系。

0-2 经济效益、社会效益、安全投入之间的关系。

0-3 世界的安全生产形势。

0-4 我国的安全生产形势。

0-5 做好安全生产工作应采取的对策。

0-6 工业生产中存在的安全隐患。

0-7 工业介质爆炸的主要形式。

0-8 安全生产事故的分类管理及其优缺点。

1 基本概念

内容提要：主要介绍燃烧与爆炸的基本概念，讨论爆炸发生的条件和描述爆炸的参数，分析各类爆炸的基本特性及其影响因素。

基本要求：①熟悉燃烧与爆炸的基本概念，理解预混燃烧和扩散燃烧、闪点和自燃点的含义；②了解爆炸的分类；③掌握气体和粉体爆炸发生的基本条件；④了解描述气体与粉体爆炸过程的参数及其影响因素；⑤掌握气体燃烧与爆炸的模式；⑥掌握爆燃与爆轰的联系与区别；⑦熟悉理想爆源与非理想爆源爆炸的显著特征。

1.1 燃烧的基本概念

1.1.1 燃烧

燃烧是同时伴有发光、发热的激烈氧化还原反应。这里的氧化剂多数情况下是氧气，当然也可以是其他氧化剂，例如氢气和氯气可以燃烧生成氯化氢。燃烧时物质所处状态不同，燃烧特点也不同。气体最容易燃烧，只要具有足够的热量即可迅速燃烧。液体燃烧是在蒸气状态下进行的，即首先是液体受热蒸发，其蒸气与氧化剂反应实现燃烧，通常称为蒸发燃烧。某些简单固体，如硫、磷等，受热后首先熔化，进而蒸发，然后进行蒸气燃烧；而另外一些复杂固体，如木材，受热后分解出可燃气体，然后进行气体燃烧，通常称为分解燃烧。

可燃性气体的燃烧又可分为预混燃烧和扩散燃烧。可燃气体与空气（或氧气）混合后发生燃烧称为预混燃烧，而可燃气体从管内流出后同周围空气（氧气）接触，边混合边燃烧称为扩散燃烧。预混燃烧反应速度快，温度高，极易发生爆炸。

1.1.2 闪燃与闪点

液体的表面总有一定量的蒸气存在，可燃液体表面的蒸气与空气接触就会形成可燃混合物，遇到火源就会燃烧甚至爆炸。液体表面蒸气的多少与液体温度有关。温度很低时，液体表面蒸气很少，它与空气的混合物不能被明火点燃；当温度增加到某一值时，混合物的燃烧只出现瞬间的火苗或闪光，称为闪燃，此时的温度称为该液体的闪点。常见液体的闪点见附录1。碳氢化合物的闪点也可根据沸点由式（1-1）估算

$$t_F = 0.683 t_B - 71.7℃ \tag{1-1}$$

可燃液体的闪点随其浓度不同而变化。如纯乙醇的闪点为9℃，乙醇含量为80%水溶液的闪点为19℃，乙醇含量为5%水溶液的闪点为62℃，乙醇含量为3%的水溶液不会闪燃。

1.1.3 自燃与自燃点

自燃是指在无外界火源的条件下，物质自发着火燃烧的现象。物质自燃可分为受热自燃和自热自燃两种形式。前者是指在外部热源的作用下，物质温度不断升高，当达到自燃点时即发生着火燃烧。物质由于接触高温表面、受到加热、烘烤、摩擦、撞击等作用均可能发生

自燃。后者是指在没有外界热源的情况下，由于物质内部发生化学、物理或生化过程而产生热量，是物质温度升高，达到自燃点时发生燃烧。例如处理含硫化氢的设备会发生腐蚀生成硫化铁，而硫化铁与氧气发生放热反应，从而可导致设备自燃；油脂类物质若浸渍在棉纱、木屑等物质中，形成很大的氧化表面时也会发生自燃；干草、湿木屑等会因吸收发酵热而自燃；煤粉会在氧化和吸附的作用下发生自燃。发生自燃时的温度称为自燃点（AIT）。常见物质的自燃点见附录2。可燃介质的自燃温度也随浓度而变化。通常情况下，化学计量比浓度下自燃点最低。自燃温度还随压力增高而降低。例如苯在0.1MPa时，自燃温度为680℃，而在1MPa时为590℃。

1.2 爆炸的基本概念

广义上的爆炸是一种极其迅速的物理或化学能量的释放过程，伴有光、热、声效应，常常导致压力的快速上升。在此过程中，物系的体积在极短时间内急剧膨胀而对外界做功，致使周围气压急剧增大并会造成人员伤亡和财产损失。

从上述定义可知爆炸过程呈现两个阶段：在第一个阶段，物质的潜在能量以一定方式转化为强烈的压缩能；在第二个阶段，压缩能急剧向外膨胀，并对外做功，引起被作用物体变形、移动或破坏。爆炸的主要征象是爆炸点周围介质中的压力急剧上升。它是产生破坏作用的直接因素。爆炸的对外征象是由于介质振动而产生的声响效用。

根据爆炸过程中是否发生化学反应，可分为物理爆炸和化学爆炸。前者是指爆炸过程中只发生物理状态变化的爆炸，如锅炉爆炸、压力容器因内部介质超压破裂等；后者是指爆炸过程中既有物理变化，又有化学变化的爆炸，如炸药爆炸、瓦斯爆炸、粉体爆炸等。狭义上的爆炸是指化学爆炸。

按化学爆炸发生时物质的物理状态，可分为气相爆炸、液相爆炸和固相爆炸。气相爆炸是指爆炸发生前爆炸介质完全处于气体状态，如甲烷爆炸、天然气爆炸等；液相爆炸是指爆炸发生前爆炸介质主要处于液体状态，当然爆炸的实质仍是液体上方的蒸气爆炸，如汽油爆炸、酒精爆炸等；固相爆炸是指爆炸发生前爆炸介质处于固体状态，如TNT爆炸、黑火药爆炸等。

按化学爆炸发生的场合，可分为密闭空间内爆炸和开敞空间爆炸。前者是指介质的燃烧爆炸发生在封闭的空间之内，如压力容器或管道内的爆炸、厂房内的爆炸等；后者是指可燃介质在室外大气中集聚后发生的爆炸，如工厂罐区内由于可燃气体泄漏形成的气云爆炸、在空间分布的聚乙烯粉体爆炸等。工业实际中还有很多半封闭空间内的爆炸，即某些方向有约束而另外一些方向没有约束的爆炸，如煤矿巷道内的瓦斯爆炸等。

1.3 爆炸发生的基本条件

1.3.1 可燃气体发生爆炸的条件

可燃气体发生爆炸，必须要满足三个基本条件：ⅰ.有合适浓度的可燃气体；ⅱ.有合适浓度的助燃气体；ⅲ.有足够能量的点火源。

这里“合适浓度”指的是可以发生爆炸的浓度。每种燃料气体在氧气或空气中，都有一个可以发生爆炸的浓度范围。这个浓度范围称为爆炸极限。超出气体爆炸极限，即使用很强的点火源也不能激发爆炸。

通常爆炸都离不开氧气或空气作为助燃气，而氧气的浓度实际上是与可燃气浓度相对应的，过高或过低都不能发生爆炸。

每种气体都有一个最小点火能量，当点火能量低于这个值时就不会发生爆炸。最小点火能量是工程中防火防爆的又一个基本参数。两个金属电极之间的火花放电点火能量可由式（1-2）计算，静电火花的点火能量可由式（1-3）计算。

$$E_s = 40 l_s \int_0^{t_{\max}} I_s^{0.54} \mathrm{d}t \tag{1-2}$$

$$E_s = \frac{1}{2} C V^2 \tag{1-3}$$

式中 E_s——点火能量，J；

l_s——火花间隙，mm；

I_s——火花电流，它是放电时间的函数，A；

$t_{\max}$——放电时间，s；

C——电容，F；

V——电压，V。

人体的电容约为 10^{-10}F，穿胶鞋脱工作服可产生 10000V 的电压，点火能量达到 5mJ。几种典型场合的点火能量见附录 3。而可燃气体的点火能量很低，只有几十到几百微焦耳量级，因此极易被点燃。常见的碳氢化合物和空气混合气体的最小点火能量见附录 4，一般为 0.25mJ 量级，氢气的最小点火能量为 0.019mJ，所以，这种静电足以引起爆炸。

影响最小点火能量的因素主要有气体温度、浓度、压力和惰性气体含量。气体温度越高、压力越大、越接近最危险浓度、惰性气体含量越小，点火能量越低。

1.3.2 粉尘发生爆炸的条件

工业中所说的粉尘一般是指粒径小于 850μm 的固体颗粒的集合。在工业历史上，粉尘爆炸事故不断发生。随着工业的迅猛发展，粉尘爆炸源越来越多，爆炸危险性越来越大，事故数也有所增加，几乎涉及各行各业，粮食、饲料、药品、肥料、煤炭、金属、塑料等粉尘爆炸都造成了巨大的人身伤亡和财产损失。粉尘爆炸与可燃气体爆炸要求的条件类似，可以说有 4 个基本条件：ⅰ. 粉尘颗粒足够小；ⅱ. 有合适的可燃粉尘浓度；ⅲ. 有合适浓度的氧气；ⅳ. 有足够能量的点火源。

粉尘的粒度是一个很重要的参数。粉尘粒度的大小直接影响固体物料在空气中是否具有足够的分散度。如果没有足够的分散度，例如空气中有一个大煤块，那是不会发生爆炸的。这是因为粉尘的表面积比同质量的整块固体表面积大几个数量级。例如，把直径为 100mm 的球切割成直径为 0.1mm 的球时，表面积增大了 999 倍。这就意味着氧化面积增大了 999 倍，加速了氧化反应，增强了反应活性。因此这里讲的粉尘浓度一定是以足够的分散度为前提的。对于大多数粉尘，其粉尘直径小于 0.5mm 时，才具备了足够的分散度。粉尘的可燃性也与日常生活中的可燃概念不同。例如，用火柴无论如何不能把一根铝棒点燃，但是它可以把悬浮在空气中的铝粉引爆的。值得注意的是，物料处于整体块状与分散状态下的燃烧性能是有很大区别的。对一定量的物质来说，粒度越小，表面积越大，化学活性越高，氧化速度越快，燃烧越完全，爆炸下限越小，爆炸威力越大。同时，粒度越小，越容易悬浮于空气中，发生爆炸的概率也越大。可见，即使粉尘浓度相同，由于粒度不同，爆炸极限和爆炸威力也不同。粉尘的粒度通常用标准筛号来表示，表 1-1 给出了标准筛号与粒子线性尺寸（粒径）之间的对应关系。

表 1-1　粉尘标准筛号与粒径之间的对应关系（各国、各版本略有不同）

标准筛号/目	20	40	100	200	325	400
粒径/μm	850	425	150	75	45	38

另外，粉尘的含湿量对其燃烧性能影响很大，当可燃粉尘的含湿量超过一定值后，就会成为不燃性粉尘。

粉尘爆炸是多相化学反应，粉尘必须分解或挥发出蒸气才能与氧气反应。因此，单纯从反应放热来说，粉尘爆炸与气体爆炸没有什么区别，都应该按照反应方程进行计算，因而也应该有最危险浓度，也应该有爆炸极限。通常情况下，粉尘的浓度以悬浮粒子质量与空气体积之比表示。一般工业粉尘的爆炸下限介于 20～60g/m^3 之间，爆炸上限介于 2000～6000g/m^3 之间。然而，粉尘的爆炸浓度与气体爆炸浓度却有本质的差别。一方面，气体与空气很容易形成均匀混合物，而粉尘却容易下沉。对于粉尘料仓而言，底部可能堆积有大量粉尘，只有上部才有粉尘悬浮于空气中，即粉尘爆炸的下限浓度只能考虑悬浮粉尘与空气之比。另一方面，由于悬浮在空气中的粉粒，在重力场和外界扰动的共同作用下，其浓度随时间和空间不断地变化着，而且即使在某一时刻，系统中大部分区域内的粉尘浓度在爆炸范围以外，但很可能在某一很小区域内的浓度进入爆炸范围。而一旦在小范围内发生爆炸，就会产生很大扰动，如图 1-1 所示，从而改变系统中的粉尘浓度，引起整个系统内的爆炸。因此，只要存在一定量的具有足够分散度的可燃粉尘，无论它是处于悬浮状态或者部分的（或全部的）沉积状态，就不能低估其爆炸的可能性。从这种意义上讲，粉尘爆炸不存在爆炸上限。可见，对于特定的粉尘储存空间来说，难以事先确定粉尘是否处于可爆浓度范围内。图 1-2 是甲烷气体的爆炸极限与聚乙烯粉尘爆炸极限的比较。

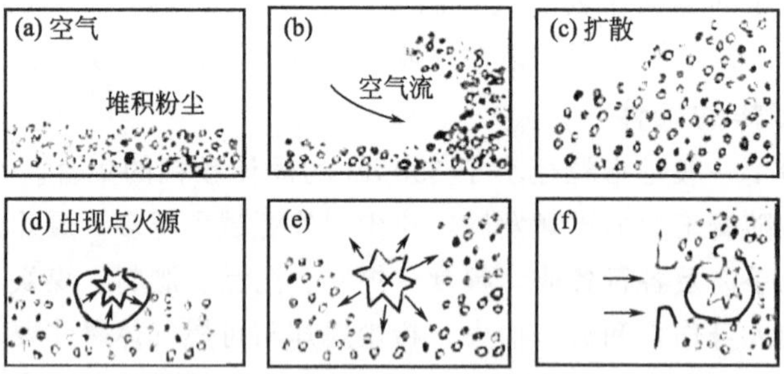

图 1-1　粉尘爆炸扩展过程示意图

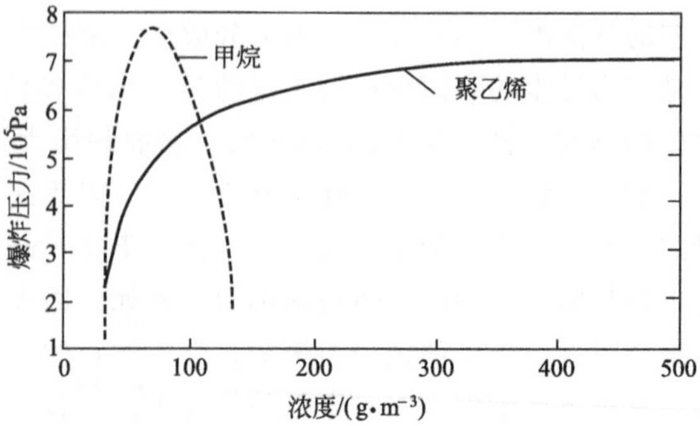

图 1-2　气体与粉尘爆炸极限比较

与气体爆炸相比，粉尘所需的点火能量较大，一般大于 5mJ。常见粉尘的最小点火能量见附录 5。影响粉尘点火能量的因素，除了温度、浓度、压力和惰性气体含量之外，还有粒度和湿度。粉尘粒度越小、湿度越小，最小点火能量越低。

1.4 爆炸的基本特性

爆炸一直是学术界关注的课题。这方面的研究工作可分为两方面。一方面用于军事领域，主要研究凝聚相炸药和燃料-空气炸药（fuel-air explosive，简称 FAE）的爆炸威力，开发先进武器。另一方面用于工业防爆，主要研究可燃气体的爆炸威力，以便有针对性地提出防爆措施。

1.4.1 凝聚相含能材料的爆炸

火药、炸药是凝聚相含能材料的典型代表。这类物质在起爆后的极短时间（微秒量级）内即发展成爆炸的最高形式——爆轰。它是一种定常的稳态流动过程。这方面的研究已比较成熟。爆炸所产生的空气冲击波（爆炸波），一般在理论上被简化成一种理想点源爆炸，可以用相似理论或点源爆炸理论计算爆炸作用场。

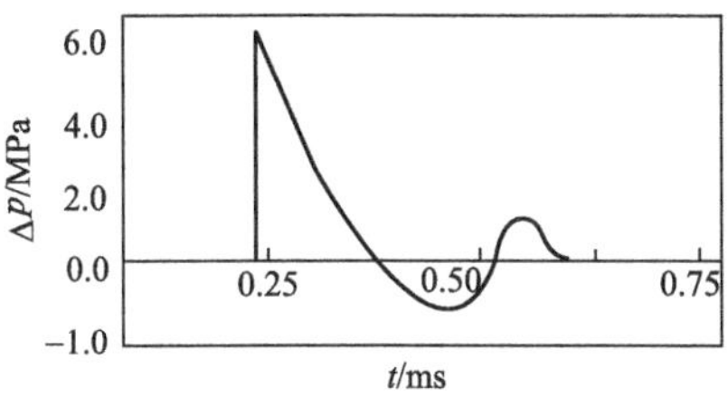

图 1-3 炸药爆炸压力-时间曲线

所谓理想爆源是指点爆炸源。凝聚相炸药爆炸和核爆炸是人们最熟悉的理想爆源的爆炸形式。它具有三个显著特征：ⅰ. 能量密度大，爆源体积可忽略不计，可视为点源；ⅱ. 爆炸过程中，能量的释放是瞬时的，即点火后的瞬间爆炸压力就达到其最大值，其爆炸的压力-时间曲线如图 1-3 所示；ⅲ. 爆源区压力高，爆炸产生的冲击波初始压力可达 50MPa 量级，爆炸破坏的主要形式是由空气冲击波造成的，破坏作用范围可达对比距离为 $\lambda=50$。

$$\lambda=r/\sqrt[3]{W} \tag{1-4}$$

式中 r ——距爆源的距离，m；

W——爆源的质量，kg。

1kg TNT（梯恩梯）的破坏作用距离可达 50m 量级，1 吨 TNT 的破坏距离则可达 500m 量级。

爆炸源的特征常用爆炸源特征长度 L_0 来表示

$$L_0=\left(\frac{E_0}{p_0}\right)^{1/3} \tag{1-5}$$

式中 L_0——爆炸源特征长度，m；

E_0——爆源的总能量，J；

p_0——大气压力，Pa。

对凝聚相炸药爆炸，爆源半径 R_0 与爆源特征长度 L_0 之比一般为 0.01 量级。

理想爆源的爆炸场可用相似理论进行计算。实验获得的 TNT 爆炸时的 p-λ 关系曲线如图 1-4 所示，可用于其爆炸威力的计算。

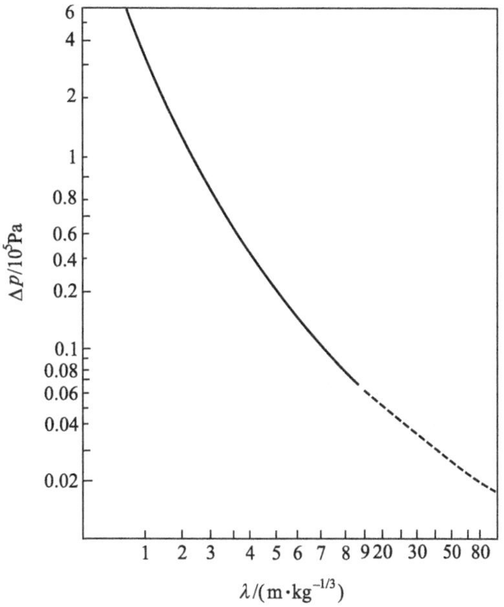

图 1-4 TNT 爆炸时的 p-λ 关系曲线

1.4.2 密闭空间可燃气体或粉体爆炸

在一个密闭空间内，如果可燃性气体或低沸点液体产生的蒸气与空气混合形成可燃性混合物，如果遇到适当的点火源，就会发生有约束爆炸事故。例如油船或储罐，如果燃料上方油气混合物处在爆炸极限范围内，遇到适当的火源就会引起爆炸。密闭容器中的爆炸有两种性质不同的极端情况。

(1) 爆燃

一般对长径比 $L/D<5$ 的密闭空间，如内部没有紧密排列的设备和隔板等障碍物，则该密闭空间内可燃气体点燃后形成爆燃波。压力上升速率相对较慢，但爆炸压力可达到初始压力的 6～12 倍，往往也能引起密闭空间（如厂房、建筑物）的破坏。

(2) 爆燃转爆轰型的爆炸

在长径比 L/D 较大（$L/D\gg5$）且内部有较密集的隔板和设备等障碍物的密封体内，点火后，火焰的传播会引起火焰前面气体运动，这种气体运动能在障碍物处产生大尺寸的湍流。这种湍流可引起有效火焰面积的迅速扩大，扩大的火焰又会引起压力更快升高和湍流火焰的进一步相互作用。这个过程可以导致封闭体内某些局部气相爆轰，这些局部点的压力会突然升高，初始常压的可燃气体爆轰压力可达 2MPa 左右，这就可能造成局部性的严重破坏，且这种局部破坏往往发生在离爆点较远处。这类爆炸（爆轰）通常能产生强冲击波和高速碎片，因而对外部环境的破坏比单纯超压爆炸要大。

密闭体内的粉体爆炸也可能造成相当大的危害。与某些普通的固有观念相反，实际上所有的有机粉体，还有某些无机物或金属粉体，在空气中都是可燃的，在密闭体内则能够爆炸。但要使粉体云成为可爆物，粉体浓度必须比较高，达到约 20～60g/m^3 以上，即远远高于通常环保允许浓度（0.015g/m^3）。这种粉体浓度相当于能见距离的数量级为 0.2m 左右，基本上是不透光的。除了在管道内或工艺设备内，一般工作场所在正常条件下很少能达到这种浓度。

粉体爆炸事故往往是在某个设备内发生小爆炸，然后引起设备爆裂；从而将燃烧的粉体喷入工作场所。如果工作场所有堆积层状粉体，那么“一次爆炸”引起的气体运动和设备振动会使装置上的粉体层成为空降物，这些粉体就是灾难性的“二次爆炸”的燃料。“二次爆炸”通过工作场所传播时就造成很大的破坏。有一种情况是一堆粉体发生较小的着火，这或是由于自发燃烧引起的，或是由于粉体落在热物体表面上（例如电机外壳或灯头上）引起的。如果此时用化学灭火器或水龙头灭火，会搅起一大片粉体云，由于它的一部分已经燃烧，所以最终会引起爆炸。

1.4.3 开敞空间可燃气体或粉体爆炸

大量可燃气泄漏到大气中，与空气混合达到极限浓度时，遇火源即可发生爆炸。这种爆炸一般被称为开敞空间可燃气云爆炸。可燃气体一旦发生了泄漏，随后就可能发生下面四种情况：

① 泄漏的可燃气体在没有着火之前就消散掉，没有爆炸危险性；

② 泄漏的可燃气体在泄放口上高速喷射、摩擦或静电点火，在这种情况下，一般只引起着火而不爆炸；

③ 泄漏物扩散到广阔的区域，经过一段延滞时间后，可燃气云被点燃，接着发生一场大火灾；

④ 火焰经过较长距离的传播而加速，使爆燃向爆轰转变，产生危险的爆炸冲击波。

开敞空间可燃气体或粉体爆炸不再符合理想爆源的特征，因此也称为非理想爆源。这种工业可燃性气体爆炸，爆源的能量密度远远低于凝聚相炸药，爆源半径 R_0 与爆炸源特征长

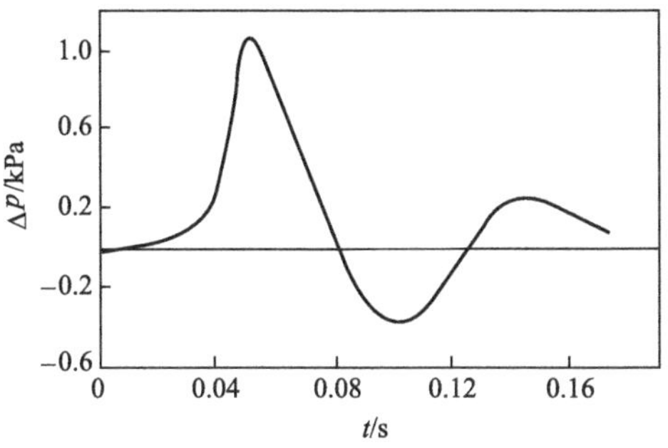

图 1-5 非理想爆源爆炸压力-时间曲线

度 L_0之比约为 0.1～0.5 数量级，能量释放速率也远远小于凝聚相炸药。一般烃类气体与空气混合物的燃烧速率为 0.4～1.5m/s 左右。工业可燃性气体爆炸事故大多是由弱点火（点火能量小于 100J）点燃可燃气体引起的，其传播形式大多是以亚声速传播的爆燃波。爆燃波的传播过程很复杂，受环境条件和物理因素的影响极大，因此必须采用与凝聚相炸药爆炸不同的研究方法和实验手段研究可燃性气体爆炸过程。可燃性气体爆炸的压力-时间曲线如图 1-5 所示，它也具有三个显著特征：ⅰ. 爆源体积不能忽略，且随着爆炸的进行，爆源体积在增大；ⅱ. 能量的释放速率有限，逐层燃烧，逐层释放；ⅲ. 爆源区压力较低，且与爆源体积有关，通常为几千帕到几百千帕。可燃气体和粉体均属于非理想爆源。

可燃气体的燃烧爆炸可有四种模式：定压燃烧、爆燃、爆轰和定容爆炸。

定压燃烧是无约束的敞开型燃烧，燃烧过程中，压力始终与初始环境压力相平衡，压力保持恒定不变。因此，整个过程中，不会形成压力波，也不会形成具有破坏性的空气冲击波。定压燃烧的特征参量是定压燃烧速度，大多饱和烃类气体与空气混合物的燃烧速度为 0.5m/s 量级。

如果气体燃烧过程中，火焰遇到约束，或者由于扰动而使火焰在预混气体中逐渐加速，则会建立起一定的压力，形成压力波，这样的过程称为爆燃。爆燃是一种带有压力波的燃烧，火焰以亚声速传播，压力波则以当地声速向前传播，行进在火焰阵面之前，也叫前驱冲击波。因此，爆燃是由前驱冲击波和后随火焰阵面构成的。开敞空间可燃气云的爆炸过程通常属于爆燃过程。以亚声速传播的火焰阵面前方有前驱冲击波扰动，即火焰在已被扰动的介质中传播，从而形成两波三区结构，如图 1-6 所示。之所以爆燃过程的研究工作较复杂，是因为爆燃过程是不稳定的燃烧波传播过程，在某些特定条件下，它可以减弱为定压燃烧，而在另一些特定条件下，它又会加速而演变为爆轰波；此外，由于爆燃过程火焰以亚声速传播，所以外界环境对爆燃过程有较大的影响。如果爆燃过程受到强烈干扰，火焰逐渐加速并赶上前驱冲击波，即火焰阵面与压力波阵面重合，形成了爆轰波。爆燃过程所产生的爆炸波和爆炸场既不具有解析解，也不能再用点源爆炸模型。

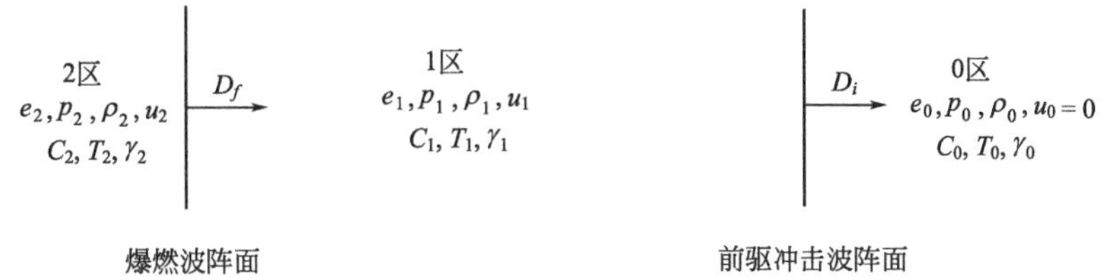

图 1-6 爆燃过程的两波三区结构

有些情况下开敞空间可燃气体或粉体爆炸也可以形成破坏性的爆炸波，这取决于局部的约束条件。由于局部的约束（障碍物等），引起局部湍流和旋涡，使火焰与火焰相互作用，造成很高的体积燃烧速率，甚至转变为爆轰。强冲击波点火能使可燃气云的爆燃转为爆轰，用高能炸药也可直接激起蒸气云的爆轰，军事上就是利用这种原理，制成“燃料空气炸弹”。

将液化燃料装在弹体内，先用几个小药包的爆炸来分散燃料，使液滴撒播在空中，与空气混合成可燃混合物。然后，再用强起爆源起爆，使分散在空间的可燃气云激起爆轰，产生比高级炸药更大面积的杀伤作用。爆轰是气体爆炸的最高形式，它以超声速传播，跨过波阵面，压力和密度都是突变的。烃类气体与空气混合物的爆轰速度大多在1800m/s量级，爆轰压力在1.5MPa量级。对超声速爆轰波来说，波前未反应物系处于未曾扰动的初始状态。对于确定的初始条件，稳定爆轰速度有唯一值。爆燃和爆轰的区别与联系见表1-2。

表1-2 爆燃和爆轰的区别与联系

项目		爆燃	爆轰
相同点		1. 都属于带有化学反应的波 2. 化学反应波的反应区比较窄，且一经发生，在反应区内以化学反应波形式，按一定方向和速度，一层一层地自动传播进行 3. 基本守恒方程相同 4. 爆燃和爆轰过程均包含流体动力学过程和化学反应动力学过程 5. 发生的基本条件相同： (1)有合适浓度的可燃气体； (2)有合适浓度的氧气； (3)有足够能量的点火源	
不同点	传播形式	爆燃波(双波三区结构)，波阵面前后压力和密度变化较小	爆轰波，是一个强冲击波，波后能形成高温高压状态
	传播速度	10^{-4}～10m/s数量级，远远小于可燃气体的声速	10^3～10^4m/s数量级，远远大于气体的声速
	传播持续机理	化学反应区放出的能量通过热传导、辐射和气体产物的扩散传入下一层气体，激起未反应气体进行化学反应，使爆燃持续进行	化学反应区放出的能量以压缩波的形式提供给前驱冲击波，维持前驱冲击波的强度，然后借助于前驱冲击波的冲击压缩作用激起下一层气体进行化学反应，使爆轰持续进行
	压力	反应产物的压力通常不高	反应产物的压力较高，向四周传出压力波，有强烈的力学效应
	影响因素	对周围未燃气体的扰动十分敏感，火焰前方未燃气体流动状态越紊乱，火焰面越卷曲，火焰的传播速度越大	基本不受外界条件的影响

定容爆炸是可燃气体与空气混合物在给定体积的刚性容器内的燃烧过程。爆炸过程释放的能量被气体本身吸收，温度升高，压力升高。关于可燃气体定容爆炸威力方面的研究工作已做了很多，提出了等温爆炸模型、绝热爆炸模型、一般模型等，其爆炸压力的计算精度已达到10%左右。

1.4.4 沸腾液体膨胀蒸气爆炸（BLEVE爆炸）

当容器中含有高蒸气压液体时，一旦容器破裂，或者较大口径的安全阀或爆破片打开后，蒸气便迅速喷出，容器内压力迅速下降。容器内液体由于压力突然降低而呈现为过热状态。当达到一定的过热极限时，液体便开始急剧沸腾蒸发，使容器内压力再次升高，直至容器破裂。这种现象成为沸腾液体膨胀蒸气爆炸（boiling liquid expended vapor explosion, BLEVE)。沸腾液体气化爆炸往往是由外部热源加热引起的。例如液化石油气（LPG）罐车，由于外部热源或邻区着火等诱发因素，罐内液体会剧烈膨胀气化，使储罐破裂。油气储罐的爆炸强度取决于液面上方空间自由蒸气的体积和浓度。接近空罐往往是最危险的状态，因为此时自由蒸气空间体积接近最大值，爆炸强度也达到最大值。如果储罐中的液体是可燃的，而由外部明火加热引起了储罐BLEVE爆炸，则会复杂一些。在这种事故中，BLEVE爆炸产生一个漂浮的火球，火球的持续时间和大小由发生爆炸瞬间储罐所装燃料的总重量确定。如果储罐比较大，火球发出的热辐射还能烧伤裸露的皮肤和点燃附近的可燃物。

最为惊人与危险的BLEVE爆炸事故发生在铁路运输中，且大多数是装载高蒸气压可燃液体的储槽车，如载液化石油气、丙烷、丙烯、丁烷、氯乙烷等的储槽车。发生这种事故往往是因列车出轨，槽车无次序地堆挤，使某一辆槽车的管子挤裂，或者储槽车被挂钩冲破，逸出的可燃气着火，火焰喷射而烤热了邻近的储槽车，并使这些槽车上的安全阀被冲开，于是产生了更多的“火炬”。热量从这些“火炬”传播给邻近的槽车，最终引起其中某个槽车发生BLEVE爆炸。爆炸使东倒西歪的槽车重新排布，同时产生危险的“火箭发射”作用，即高速喷出的可燃气燃烧的过程相当于一个火箭发动机，产生巨大的推力，撞击邻近的车辆和建筑物，引起事故的进一步扩大，产生多个爆炸点源。火焰继续燃烧时，重新排布的槽车不时地再次逐个发生BLEVE爆炸，有时三四小时一次，有时甚至几天一次。曾经有过接连六次的BLEVE爆炸事故记录。

1.4.5 化学反应失控

化学反应失控也会引起反应器发生爆炸。如果正在进行的受控化学反应是放热反应，并在工艺控制中受到了某种干扰（例如催化剂太多、失去了足够的冷却、不适当的搅拌等），就会导致反应器内压力急剧升高，当压力高于容器耐压能力时就发生破裂。反应失控轻者能造成停产和财产损失，重者会带来人员伤亡和环境污染等严重后果。如果物料是液体，并且该液体的温度高于瞬时挥发温度，则爆炸作用就像BLEVE爆炸那样。

失控的核反应也能引起容器爆裂。人们已经对核反应器失控和反应堆芯熔毁产生的后果做了大量的研究工作，其中包括反应堆污染物储槽可能发生的灾难性破裂。这种破裂或者是由内部燃烧爆炸引起的，或者是由单纯压力爆裂引起的。建造反应堆时，要确实保证不发生意外的严重事故。最严重的事故是反应堆芯的熔毁。反应容器或外壳结构的熔穿，使反应堆芯与外界环境中较冷的液体混合而发生物理爆炸。然而如果考虑核反应的失控会使容器外壳遭到严重破坏（爆裂），那么物理爆炸本身所引起的危险相对就无足轻重了。这是因为，长期起作用的放射性污染物的释出会毁灭发生爆炸事故的地区，与之相比，爆炸产生的破坏就成为次要的了。

1.4.6 物理蒸气爆炸

当两种不同温度的液体激烈混合，或细碎的热固体材料与很冷的液体迅速混合时，就会发生物理蒸气爆炸。这里不涉及化学反应，而是当较冷的液体以极快的速率转变成蒸气，以致产生局部高压时，就发生爆炸。在炼钢或炼锌工业中，将熔化的金属倒进含有水分的容器内时就发生过这样的爆炸。当液化天然气（其中有近10%比甲烷分子量高的碳氢化合物）溅到水上时，也会观察到物理蒸气爆炸。在这种情况下，冷液体是液化天然气，而不是水。火山喷发产生的灾难性爆炸也属于物理爆炸。海水（或河水）与邻近的岩浆相混合，立即气化而发生爆炸。

1.5 爆炸参数

表征气体爆炸特征的参数主要有火焰速度、燃烧速度、火焰温度、爆炸压力、压力上升速率等。

1.5.1 火焰速度和燃烧速度

火焰相对于前方已扰动气体的运动速度叫燃烧速度，它与反应物质有关，是反应物质的特征量。常温、常压下的层流燃烧速度叫标准层流燃烧速度或基本燃烧速度。大量实验证明，燃料与纯氧混合物的基本燃烧速度比燃料与空气混合物的基本燃烧速度高一个数量级，如甲烷/氧气混合物的基本燃烧速度为4.5m/s，而甲烷/空气混合物的基本燃烧速度则只为0.40m/s。常见碳氢化合物与空气按化学计量比混合时的基本燃烧速度见表1-3。更多介质的基本燃烧速度见附录6。

表1-3　常见碳氢燃料和空气混合物的基本燃烧速度

气　体	分子式	基本燃烧速度/(m/s)	气　体	分子式	基本燃烧速度/(m/s)
甲烷	CH_4	0.40	丙酮	C_3H_6O	0.54
乙烷	C_2H_6	0.47	丁酮	$CH_3COC_2H_5$	0.42
丙烷	C_3H_8	0.46	甲醇	CH_3OH	0.56
正丁烷	C_4H_{10}	0.45	氢	H_2	3.12
正戊烷	C_5H_{12}	0.46	一氧化碳	CO	0.46
正己烷	C_6H_{14}	0.46	二硫化碳	CS_2	0.58
乙烯	C_2H_4	0.80	苯	C_6H_6	0.48
丙烯	C_3H_6	0.52	甲苯	$C_6H_5CH_3$	0.41
1-丁烯	C_4H_6	0.51	汽油	$C_6H_5CH_3$	0.40
乙炔	C_2H_2	1.80	航空燃料	JP-1	0.40
丙炔	C_3H_4	0.82	航空燃料	JP-2	0.41
1-丁炔	C_4H_8	0.68			

火焰速度是火焰相对于静止坐标系的速度，它不是燃料的特征量，而取决于火焰阵面前气流的扰动情况。由于火焰传播的不稳定性，故火焰速度的测定易受各种条件的影响。例如，气体流动中的耗散性、界面效应、管壁摩擦、密度差、重力作用、障碍物绕流及射流效应等可能引起湍流和旋涡，使火焰不稳定，其表面变得皱褶不平，从而增大火焰面积、体积和燃烧速率，增强爆炸破坏效应。在某些条件下燃烧可转变为爆轰，达到最大破坏效果。

1.5.2 理论火焰温度

火焰温度与燃烧条件有关，燃料特性、混合比、散热条件、约束条件等都有重要影响。所以一般采用绝热燃烧温度来衡量燃烧特性。如果燃烧反应所放出的热量未传到外界，而全部用来加热燃烧产物，使其温度升高，则这种燃烧称为绝热燃烧。在不计及离解作用的条件下，绝热燃烧时所能达到的温度最高，这一温度称为理论燃烧火焰温度。若绝热燃烧是在定压条件下进行的，则燃烧火焰温度称为定压理论火焰温度；若绝热燃烧是在定容条件下进行的，则燃烧火焰温度称为定容理论火焰温度。

根据热力学第一定律，若绝热燃烧时不做非体积功，则定压燃烧火焰温度可用下式计算

$$Q_p = H_{PT2} - H_{RT1} = \sum_{p} n_i h_i - \sum_{R} n_i h_i = 0 \tag{1-6}$$

式中　Q_p, H_{PT2}, H_{RT1}——定压反应热、产物总焓和反应物总焓；

n_i, h_i——物质的量和焓值。

显然，若已知反应物的成分、初始温度和反应方程，则只有T_2是未知数，由式(1-6)即可求解。求解方法可采用试算法或利用计算机进行迭代求解。常见的可燃气体混合物最高火焰温度在2500K左右，表1-4列出了几种可燃气的实测火焰温度值。

表 1-4 几种可燃气的火焰温度

燃料名称	燃料浓度/%	火焰温度/K	燃料名称	燃料浓度/%	火焰温度/K
甲烷	10.0	2230	丙烷	4.0	2250
乙烯	6.5	2380	丁二烯	3.5	2380
乙炔	7.7	2600			

定容燃烧火焰温度的计算方法与定压燃烧火焰温度的计算方法相似。在定容条件下绝热燃烧，燃烧产物的压力将提高。依热力学第一定律，

$$Q_V = U_{PT_2} - U_{RT_1} = \sum_p n_i u_i - \sum_R n_i u_i = 0$$

$$\left(\sum_p n_i h_i - p_2 V\right) - \left(\sum_R n_i h_i - p_1 V\right) = 0$$

$$\left(\sum_p n_i h_i - n_p R_m T_2\right) - \left(\sum_R n_i h_i - n_R R_m T_1\right) = 0 \tag{1-7}$$

可见，上式中也只有 T_2 为未知数，可以求解。

对于定容爆炸，有了理论火焰温度即可计算爆炸压力 p_2，按理想气体方程式有

$$p_2 = \frac{n_p R_m T_2}{V} \tag{1-8}$$

上述各式中 V 为燃烧室容积。

1.5.3 爆炸强度

衡量爆炸强度的指标主要有爆炸压力、爆炸压力上升速率和爆炸指数。典型的爆炸压力-时间曲线如图 1-7 所示。最大爆炸压力 p_m 是指爆炸过程中的最高压力，即图 1-7 所示压力-时间曲线的最高点。最大爆炸压力上升速率 $\left(\frac{dp}{dt}\right)_m$ 定义为压力-时间曲线上升段拐点处的切线斜率，即压力差除以时间差的商，也就是图 1-7 所示压力-时间曲线的斜率。爆炸指数 K_G（对气体爆炸）或 K_{st}（对粉尘爆炸）是指最大爆炸升压速率与爆炸容器容积的立方根的乘积，即

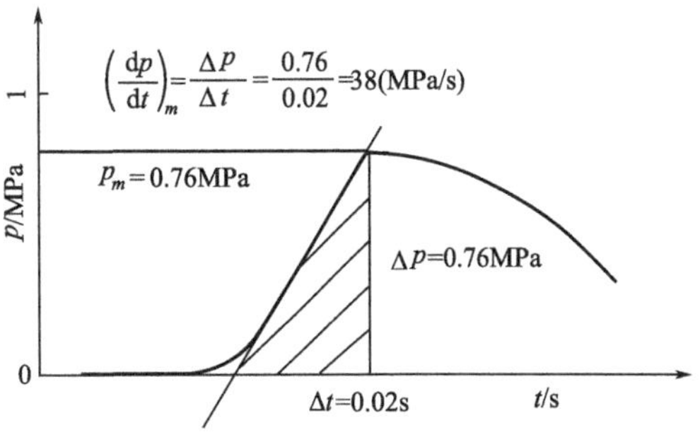

图 1-7 典型可燃气体爆炸压力-时间曲线

$$K_G = \left(\frac{dp}{dt}\right)_m V^{1/3} \tag{1-9}$$

对各种浓度下的可燃混合气进行爆炸试验，测得的各个 p_m 的最大值称为最危险爆炸压力 p_{max}，各个 $\left(\frac{dp}{dt}\right)_m$ 的最大值称为最危险升压速率 $\left(\frac{dp}{dt}\right)_{max}$，各个 K_G 的最大值称为最危险爆炸指数 K_{Gmax}，即

$$K_{Gmax} = \left(\frac{dp}{dt}\right)_{max} V^{1/3} \tag{1-10}$$

1.5.4 最大试验安全间隙

最大试验安全间隙（*MESG*）是在规定的标准实验条件下（例如国家标准GB3836.11、国际标准IEC79—1A）壳内所有浓度的被试气体或蒸气与空气的混合物点燃后，通过25mm长的接合面均不能点燃壳外爆炸性气体混合物的外壳空腔两部分之间的最大间隙。试验是在常温常压（20℃、100kPa）条件下进行。将一个具有规定容积、规定的隔爆接合面长度L和可调间隙g的标准外壳置于试验箱内，并在标准外壳与试验箱内同时充以已知的相同浓度的爆炸性气体混合物（以下简称混合物），然后点燃标准外壳内部的混合物，通过箱体上的观察窗观测标准外壳外部的混合物是否被点燃爆炸。通过调整标准外壳的间隙和改变混合物的浓度，找出在任何浓度下都不发生传爆现象的最大间隙，该间隙就是所需要测定的最大试验安全间隙（*MESG*）。图1-8是典型试验装置示意图。表1-5给出了部分可燃性气体或蒸气的最大试验安全间隙值。更多可燃性气体或蒸气的最大试验安全间隙值见附录7。

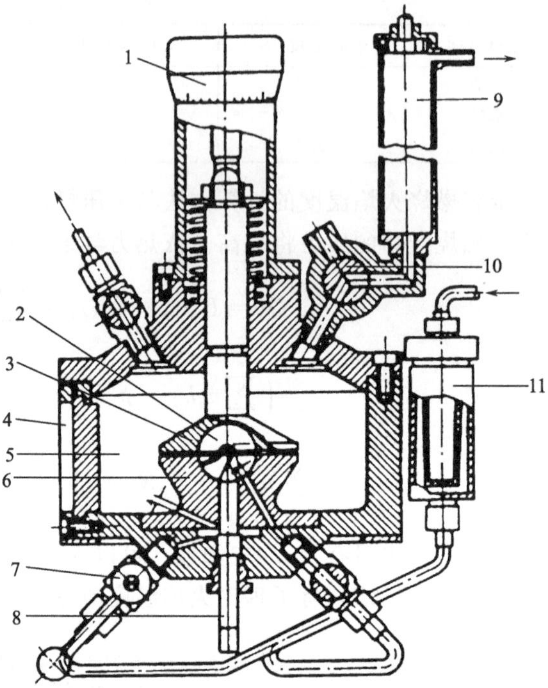

图1-8 典型试验装置示意图

1—千分表；2—标准外壳内腔；3—标准外壳上壳体；4—观察窗；5—试验箱内腔；6—标准外壳下壳体；7—阀门；8—点火电极；9—泵；10—阀门；11—阻火器

表1-5 部分可燃性气体或蒸气的最大试验安全间隙值

序号	可燃性气体或蒸气名称	最易传爆混合物物质的量浓度/%	*MESG*/mm
1	一氧化碳	40.8	0.94
2	甲烷	8.2	1.14
3	丙烷	4.2	0.92
4	丁烷	3.2	0.98
5	戊烷	2.55	0.93
6	己烷	2.5	0.93
7	庚烷	2.3	0.91
8	异辛烷	2.0	1.04
9	正辛烷	1.94	0.94
10	环己酮	3.0	0.95
11	丙酮	5.9/4.5	1.02
12	丁酮	4.8	0.92

1.6 爆炸波破坏准则

用什么参数来衡量爆炸波破坏效应是一个很重要的问题，也是一个相当复杂的评价准则问题。经过多年实践，下列破坏准则都在不同场合、不同程度上得到应用。

1.6.1 爆炸波的结构和破坏机理

气体和粉体爆炸所产生的爆炸波，除具有一定的压力会对周围物体产生破坏作用外，还具有较高的冲量值，即使在压力峰值不高的情况下也会对周围环境产生很大的破坏作用。

一个理想的点源自由场爆炸波结构如图 1-9 所示，图（a）为不同时刻爆炸场不同点的最大超压，图（b）是静观察者所看到的压力波形，即仪器所测量得到的波形。Δp_s 为某一时刻观察者看到的最大超压。因为波是单向行进，即从点源离开向外扩展，波中气体流速简单地与波中压力相关。当压力高于大气压时，流动向外；当压力低于大气压时，流动向内；当爆炸波与物体相遇时，过程则很复杂，包括反射、折射和绕射，而破坏类型则因加载在物体上压力的不均匀而很不相同，这主要是由爆炸波的两个性质——冲击波超压$(p_s-p_0)/p_0$ 和正压区冲量 I_s 所决定的。

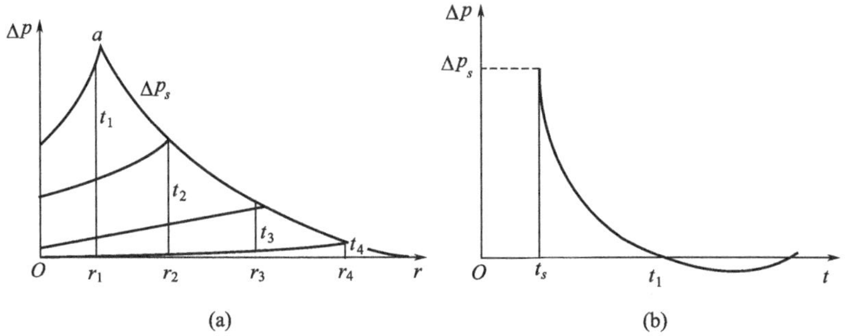

图 1-9 爆炸波结构示意图

$$I_s=\int_{t_1}^{t_2}(p-p_0)\,\mathrm{d}t \tag{1-11}$$

各种类型的破坏都是很复杂的，与物体的形状、位置和方向有很大关系。

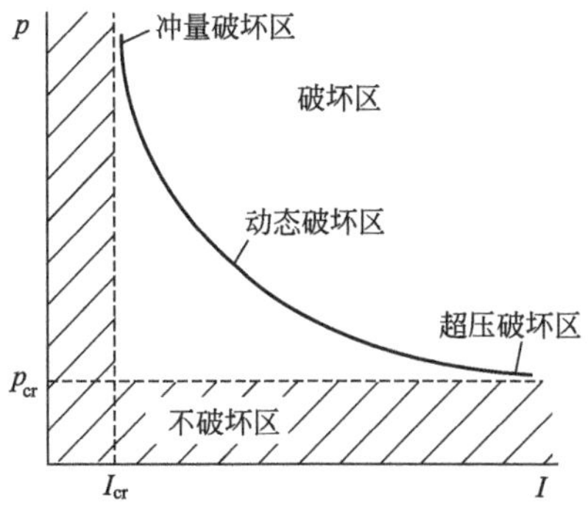

图 1-10 三种不同的破坏体制

理论和实践均表明，对于某种特定破坏模式或破坏等级，超压和冲量是两个重要的参数。在（p，I）平面中，任何一种特定破坏曲线（等破坏线）都具有三种不同的破坏体制，即冲量破坏区、超压破坏区和动态破坏区。图 1-10 所示为一条特定破坏等级的等破坏线，这条等破坏线有两条渐近线：$I=I_{cr}$ 和 $p=p_{cr}$，I_{cr} 为临界破坏冲量值，p_{cr} 为临界破坏超压值。在 I_{cr} 左边和 p_{cr} 下边（有剖面线）的区域内，为不破坏区，即安全区，而右上边区域均为破坏区。破坏等级不同，等破坏线的位置也不同。破坏越强烈，等破坏线位置越趋右上方。

在冲量区，施加于物体的冲量是最重要的破坏指标，而最大超压不是很重要的。在这种机制下，爆炸波作用持续时间短于物体的特征响应时间。在波作用期间，物体没有明显的运动。所以冲量实际上是使动能储存在物体中，使物体产生应变。当应变达到某一个值时就会发生破坏。

在超压区，决定物体破坏变形的仅仅是最大超压值。在这种情况下，正压区作用时间要大于物体的特征响应时间，因此物体的最大破坏效应发生在压力急剧下降之前。这意味物体储存位能，而位能的数量级相当于破坏性永久变形所需要的应变能。

可以从理论上证明，在一般情况下，压力和冲量的渐近线与爆炸波的形状无关；但在爆炸波作用时间接近于结构的特征响应时间的动态区内，则与爆炸波形状有一定关系。

1.6.2 爆炸波破坏准则

爆炸冲击波对目标破坏作用通常用峰值超压、正压作用时间和冲量三个参数来度量，相应的破坏准则有超压准则、冲量准则和超压-冲量准则。

1.6.2.1 超压准则

超压准则认为，爆炸过程所造成的破坏是由于压力达到了建筑物、结构、人员、动物等目标所能承受的极限而引起的，即只有爆炸波的超压 Δp_m 达到某一临界值 p_{cr} 时，才会对目标造成一定程度的破坏或损伤。表 1-6 给出了爆炸超压对结构及人员的破坏程度。

表 1-6 爆炸超压对结构及人员的破坏程度

项目	到达结构或人体表面时的超压 Δp/kPa				
	完全毁坏	严重毁坏	中等毁坏	轻度毁坏	轻微毁坏
钢筋混凝土建筑	80～100	50～80	30～50	10～30	3～10
多层砖建筑	20～40	20～30	10～20	5～10	3～5
少层砖建筑	35～45	25～35	15～25	7～15	3～5
木建筑物	20～30	12～20	8～12	5～8	3～5
工业钢架建筑物	50～80	30～50	20～30	5～20	3～5
人员	死亡 400～600	致命伤 100	重伤骨折、内出血 50～100	中伤，内伤、耳聋 30～50	轻伤，内伤、耳鸣 20～40

实验结果表明，凝聚相炸药点源爆炸造成的破坏多数情况下是超压引起的，因而利用超压准则判断其破坏作用基本上是正确的。但不同的爆炸源，同样的超压具有不同的破坏效应。例如在同样超压值的情况下，核爆炸或气体或粉体爆炸的破坏效应比炸药爆炸要大。即使都是气体或粉体爆炸，同一对比距离 $\lambda = r/\sqrt[3]{W}$ 处的破坏程度也不同，大尺寸气云爆炸的破坏效应比小尺寸气云爆炸的破坏效应要大。由于超压准则只考虑峰值超压值，不考虑超压作用的持续时间，所以并不具有普遍意义。尤其是气云或粉体爆炸时要特别注意这一点，这种有限体积源爆炸与典型炸药爆炸有很大区别。超压准则忽略了冲击波正压作用时间。研究表明，只有当正压作用时间大于目标自振周期的 10 倍时，峰值超压才对目标起决定破坏作用。

1.6.2.2 冲量准则

实践表明，某些爆炸中产生的超压并不很大，但依然造成了灾难性破坏。为此，出于对超压准则的修正，提出了冲量破坏准则。即只有爆炸波的冲量

$$I = \int_0^{t_+} p(t)\,\mathrm{d}t \tag{1-12}$$

达到某一临界值 I_{cr} 时，才会对建筑物、结构、人员、动物等目标造成一定程度的破坏或损伤。式中 t_+ 为正压区作用时间，$p(t)$ 是作用于目标的动态压力。然而，由于不同的爆炸源有不同的脉冲波形，同样冲量值产生的破坏效应也会有显著不同。冲量准则只能作为超压准

则的一种补充。冲量准则的不足之处在于它忽略了目标毁伤存在临界超压作用的事实。研究表明，只有当正压作用时间小于目标自振周期的 1/4 时，冲量才对目标破坏起决定作用。

1.6.2.3 压力-冲量准则

美国海军武器实验室（NOL）和弹道研究实验室（BRL）经过大量实验和理论研究，提出了爆炸波“等破坏”模型，以目标性质、毁坏水平、爆炸波压力及爆炸波总冲量四个参数作为特征值，逐步形成了压力-冲量破坏准则。它认为，爆炸波对目标毁伤效应由超压和冲量共同决定，只有当两者同时达到或超过某一临界值时，才能对目标造成一定程度的毁伤作用。

目标（构件）受到爆炸载荷作用时，冲量值可由式（1-11）计算，特征时间值可由式（1-13）计算

$$\Delta t=\frac{2\int_{t_0}^{t+}(t-t_0)\,p(t)\,\mathrm{d}t}{\int_{0}^{t+}p(t)\,\mathrm{d}t} \tag{1-13}$$

如果用 p_{cr} 和 I_{cr} 两个参数来代表对目标产生某种破坏效应的临界载荷，假设图 1-9 所示的破坏曲线是一条双曲线，则可提出将目标性质及爆炸源性质相结合的爆炸波破坏模型

$$(\overline{p}-p_{cr})(I-I_{cr})=\mathrm{const} \tag{1-14}$$

式中，$\overline{p}=\dfrac{I}{\Delta t}$为作用在目标上的平均压力，结合式（1-12）和式（1-13）得

$$\overline{p}=\frac{I}{\Delta t}=\frac{\left(\int_{0}^{t+}p(t)\,\mathrm{d}t\right)^2}{2\int_{t}^{t+}(t-t_0)\,p(t)\,\mathrm{d}t} \tag{1-15}$$

对于特定的目标（建筑物、构件、动物等）来说，p_{cr} 和 I_{cr} 可视为定值。例如，通过对大量爆破试验数据进行综合处理后，得到砖木结构房屋的爆炸波破坏临界参数为

$$p_{cr}=8.6\times10^3\mathrm{Pa},\qquad I_{cr}=224.3\mathrm{Pa}\cdot\mathrm{s}$$

工程中常用 $DN=\overline{p}I$ 来评价爆炸波的破坏威力，提出了可将破坏效应（划分为破坏等级）、目标性质及爆炸源性质三者结合的破坏模型。砖木结构房屋的破坏等级、DN 值、破坏程度之间的关系列于表 1-7。

表 1-7 砖木结构房屋破坏等级标准

破坏等级	$DN/\mathrm{Pa}^2\cdot\mathrm{s}$	破 坏 程 度
1 级(基本无破坏)	$<8.2\times10^5$	玻璃偶尔开裂或破坏
2 级(玻璃破坏)	8.2×10^5	玻璃部分或全部破坏
3 级(轻度破坏)	7.39×10^6	玻璃破坏，门窗部分破坏，砖墙小开裂(5mm 以内)和稍有倾斜，瓦屋面局部掀起
4 级(中等破坏)	2.684×10^7	门窗大部分破坏，砖墙有较大开裂(5～50mm)和倾斜(10～100mm)，钢筋混凝土屋顶裂缝，瓦屋面掀起，并大部分破坏
5 级(严重破坏)	3.610×10^7	门窗摧毁，砖墙严重开裂(50mm 以上)，倾斜很大，甚至部分倒塌，钢筋混凝土屋顶严重开裂，瓦屋面塌下
6 级(倒塌破坏)	$>3.610\times10^7$	砖墙倒塌，钢筋混凝土屋顶塌下

小　结

(1) 燃烧是同时伴有发光、发热的激烈氧化还原反应。气体最容易燃烧，只要具有足够的热量即可迅速燃烧，有预混燃烧和扩散燃烧两种形式；液体燃烧是在蒸气状态下进行的，称为蒸发燃烧；固体可发生蒸气燃烧，也可发生分解燃烧。

(2) 闪点和自燃点是衡量介质是否易燃的两个重要参数。液体的表面上的蒸气与空气混合物的燃烧只出现瞬间的火苗或闪光时的温度称为液体的闪点；物质自发着火燃烧的温度称为自燃点。

(3) 爆炸是大量能量在有限体积和极短时间内急速释放或急剧转化的现象；是一种极其迅速的物理或化学能量释放过程，在此过程中系统的潜能转化为运动的机械能，然后对外做功。

(4) 根据爆炸的性质，爆炸可分为物理爆炸和化学爆炸；根据爆炸时物质的物理状态又可分为气相爆炸、液相爆炸和固相爆炸。

根据爆炸物质以及爆炸场合的不同，爆炸可分为：凝聚相含能材料爆炸、密闭空间可燃气体和粉体爆炸、开敞空间可燃气云爆炸、沸腾液体膨胀蒸气爆炸、物理蒸气爆炸等。

根据爆源性质的不同，爆炸可分为理想爆源爆炸与非理想爆源爆炸两类。气体与粉体爆炸都属于非理想爆源爆炸。

(5) 气体爆炸按燃烧模式可分为四类：定压燃烧、爆燃、爆轰和定容爆炸。一般情况下，可燃气体在密闭空间内发生的爆炸接近定容爆炸，在开敞空间发生的爆炸多数情况下是爆燃，在强点火条件下会发生爆轰。凝聚相炸药爆炸一般是爆轰。

(6) 可燃气体发生爆炸要满足三个基本条件：有合适浓度的燃料气体、有合适浓度的氧气、有足够能量的点火源。可燃粉体爆炸要满足 4 个基本条件：粉体颗粒足够小、有合适的可燃粉体浓度、有合适浓度的氧气、有足够能量的点火源。

(7) 表征气体爆炸特征的参数主要有火焰速度、燃烧速度、爆炸压力、压力上升速率、火焰温度等。

燃烧速度是火焰相对于前方已扰动气体的运动速度，它与反应物质有关，是反应物质的特征量。常温、常压下的层流燃烧速度叫标准层流燃烧速度，或基本燃烧速度。火焰速度是火焰相对于静止坐标系的速度，它不是燃料的特征量，而取决于火焰阵面前气流的扰动情况。

(8) 理想爆源爆炸具有三个显著特征：ⅰ. 能量密度大，爆源体积可忽略不计，可视为点源；ⅱ. 爆炸过程中，能量的释放是瞬时的，即点火后的瞬间爆炸压力就达到其最大值；ⅲ. 属于爆轰，爆源区压力高，爆炸产生的冲击波初始压力可达 50MPa 量级。

非理想爆源爆炸也具有三个相对应的显著特征：ⅰ. 爆源体积不能忽略，且随着爆炸的进行，爆源体积在增大；ⅱ. 能量的释放速率有限，逐层燃烧，逐层释放；ⅲ. 属于爆燃，爆源区压力较低，且与爆源体积有关，通常为几千帕到几百千帕。

(9) 爆燃波和爆轰波在传播方面有 5 个相同点和 5 个不同点。

(10) 最大试验安全间隙（*MESG*）是在规定的标准实验条件下，壳内所有浓度的被试气体或蒸气与空气的混合物点燃后，通过 25mm 长的接合面均不能点燃壳外爆炸性气体混合物的外壳空腔两部分之间的最大间隙。它是隔爆设计的基础。

(11) 爆炸冲击波对目标破坏作用通常用峰值超压、正压作用时间和冲量三个参数来度量，相应的破坏准则有超压准则、冲量准则和超压-冲量准则。

超压准则认为，爆炸过程所造成的破坏是由于压力达到了建筑物、结构、人员、动物等目标所能承受的极限而引起的，即只有爆炸波的超压 Δp_m 达到某一临界值 p_{cr} 时，才会对目标造成一定程度的破坏或损伤。只有当正压作用时间大于目标自振周期的 10 倍时，峰值超压才对目标起决定性破坏作用。

冲量破坏准则认为，只有爆炸波的冲量 $I=\int_0^{t+} p(t)\,\mathrm{d}t$ 达到某一临界值 I_{cr} 时，才会对建筑物、结构、人员、动物等目标造成一定程度的破坏或损伤。只有当正压作用时间小于目标自振周期的 1/4 时，冲量才对目标破坏起决定作用。

压力-冲量破坏准则认为，爆炸波对目标毁伤效应由超压和冲量共同决定，只有当两者同时达到或超过某一临界值时，才能对目标造成一定程度的毁伤作用。它比前两个准则应该更有普遍意义。

工程中常用 $DN=\bar{p}I$ 来评价爆炸波的破坏威力，并依此划分破坏等级。

思 考 题

1-1 什么是燃烧？什么是爆炸？在工业实际中一般会发生哪几类燃烧或爆炸？

1-2 什么是闪点？什么是自燃点？掌握这两个参数对预防工业灾害有何作用？

1-3 什么是火焰速度？什么是燃烧速度？他们与哪些因素有关？

1-4 什么是理想爆源爆炸和非理想爆源爆炸，各有什么特点？气体与粉体爆炸属于哪类爆炸？

1-5 气体燃烧爆炸模式有哪些？爆燃与爆轰有哪些主要联系与区别？

1-6 可燃气体或粉体发生爆炸要满足哪几个基本条件？

1-7 化学计量比浓度与最危险浓度有什么区别？

1-8 表征气体爆炸特征的参数主要有哪几个？

1-9 工程中常用的爆炸破坏准则有哪些？各适用于什么情况？

1-10 影响可燃气体或粉体爆炸威力的因素有哪些？

习 题

1-1 C_2H_4 (g) 初始温度为 298K，与 300%的过量空气（温度为 298K），在定压下完全燃烧，试求燃气可达到的最高温度。

1-2 C_2H_4 (g) 初始温度为 298K，与 300%的过量空气（温度为 500K），在定压下完全燃烧，试求燃气可达到的最高温度。

1-3 C_2H_4 (g) 初始温度为 500K，与 300%的过量空气（温度为 500K），在定压下完全燃烧，试求燃气可达到的最高温度。

1-4 液体丁烷（298K）与 400%理论空气量的空气（298K）进行定压反应，试求理论火焰温度。

1-5 液体丁烷（298K）与 400%理论空气量的空气（600K）进行定压反应，试求理论火焰温度。

1-6 液体丁烷（600K）与 400%理论空气量的空气（600K）进行定压反应，试求理论火焰温度。

1-7 在一密闭容器内发生可燃气体-空气混合物爆炸，容器内初始温度为 25℃，初始压力为 0.1MPa。可燃气体混合物中，可燃气体分别为 (1) 氢气占 30%；(2) 氢气占 60%；(3) 氢气占 10%。分别求上述三种情况下绝热火焰温度和最高爆炸压力。

1-8 在一密闭容器内发生可燃气体-氧气混合物爆炸，容器内初始温度为25℃，初始压力为0.1MPa。可燃气体混合物中，可燃气体分别为（1）氢气占30%；（2）氢气占60%；（3）氢气占10%。分别求上述三种情况下绝热火焰温度和最高爆炸压力。

1-9 在一密闭容器内发生可燃气体-空气混合物爆炸，容器内初始温度为25℃，初始压力为0.1MPa。可燃气体混合物中，可燃气体分别为（1）甲烷占10%；（2）甲烷占15%；（3）甲烷占5%。分别求上述三种情况下绝热火焰温度和最高爆炸压力。

1-10 在一密闭容器内发生可燃气体-空气混合物爆炸，容器内初始温度为25℃，初始压力为0.1MPa。可燃气体混合物中，可燃气体分别为（1）乙烯占7.8%；（2）乙烯占10%；（3）乙烯占5%。分别求上述三种情况下绝热火焰温度和最高爆炸压力。

1-11 在一密闭容器内发生可燃气体-氧气混合物爆炸，容器内初始温度为25℃，初始压力为0.1MPa。可燃气体混合物中，可燃气体分别为（1）乙炔占30%；（2）乙炔占60%；（3）乙炔占10%。分别求上述三种情况下绝热火焰温度和最高爆炸压力。

2　可燃气体与蒸气的爆炸极限

内容提要： 工程实际中防止爆炸发生的重要措施之一就是严禁工艺条件处于可燃介质爆炸极限之内。本章重点介绍爆炸极限相关概念及爆炸极限的计算方法，分析影响爆炸极限的主要因素，讨论爆炸极限使用中的注意事项。

基本要求： ①掌握爆炸极限的概念和含义；②了解影响爆炸极限的主要因素；③了解爆炸极限理论；④熟悉爆炸反应方程、化学计量浓度和最危险浓度之间的关系；⑤掌握爆炸极限和含氧量安全限值的估算方法。

2.1　爆炸极限理论

可燃气体或蒸气与空气的混合物，并不是在任何组成下都可以燃烧或爆炸，而且燃烧（或爆炸）的速率也随组成而变。实验发现，当混合物中可燃气体浓度接近化学反应式的化学计量比时燃烧最快、最剧烈。若浓度减小或增加，火焰速率则降低。当燃料气体或蒸气浓度低于某个值时，混合气体就不会被点燃。这个值就称为该燃料气体或蒸气的爆炸下限；同理，当燃料气体或蒸气浓度高于某个值时，混合气体也不会被点燃。这个值就称为该气体或蒸气的爆炸上限。当燃料气体或蒸气浓度介于两者之间时，称它处于爆炸极限或爆炸范围之内；否则，称它处于爆炸极限或爆炸范围之外。常见可燃气体与空气混合物的爆炸极限列于附录 8。

爆炸极限一般用燃料气体或蒸气在混合气体中所占的体积分数（%）表示；有时也用单位体积可燃气体的质量 (g/m^3) 表示，可称为质量爆炸极限。例如，氢气在空气中的爆炸下限是 4%，爆炸上限是 75%；一般煤粉的质量爆炸下限是 $35g/m^3$。

燃烧和爆炸从化学反应的角度看并无本质区别。当混合气体燃烧时，燃烧波面上的化学反应可用通式表示为

$$A+B=C+D+Q \tag{2-1}$$

式中，A、B 为反应物；C、D 为产物；Q 为燃烧反应热。A、B、C、D 不一定是稳定分子，也可以是原子或自由基。化学反应前后的能量变化可用图 2-1 表示。如果初始状态Ⅰ的反应物（A+B）吸收活化能后可到达活化状态Ⅱ，则反应即可进行，生成处于状态Ⅲ的产物（C+D），并释放出能量 W，$W=Q+E$。

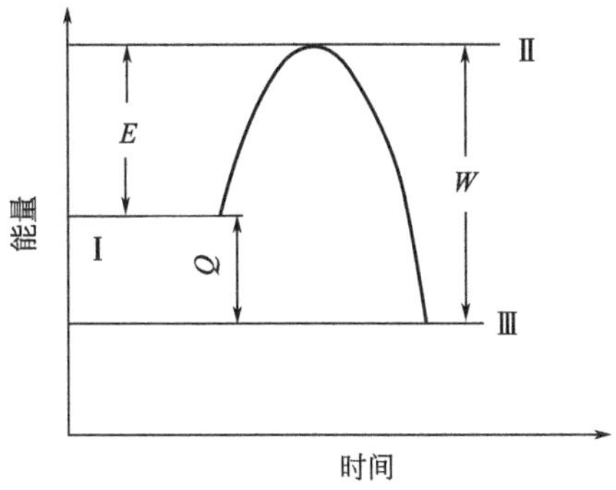

图 2-1　反应过程能量变化

假定反应系统被某种能量激发后，燃烧波中单位体积的反应数为 n，则单位体积放出的能量为 nW。如果燃烧波连续不断，放出的能量将成为新反应的活化能。设活化概率为 α（$\alpha\leqslant1$），则第二批单位体积

内得到活化的基本反应数为 $\alpha nW/E$，放出的能量为：$\alpha nW^2/E$。后批分子与前批分子反应时放出的能量比 β 定义为燃烧波传播系数，为

$$\beta=\frac{\alpha nW^2/E}{nW}=\alpha\frac{W}{E}=\alpha\left(1+\frac{Q}{E}\right) \tag{2-2}$$

现在讨论 β 的数值。当 $\beta<1$ 时，表示反应系统受激发后，放出的热量越来越少，因而引起反应的分子数也越来越少，最后反应会终止，不能形成燃烧或爆炸。当 $\beta=1$ 时，表示反应系统受能源激发后均衡放热，有一定数量的分子持续反应。这是决定爆炸极限的条件。当 $\beta>1$ 时，表示放出的热量越来越多，引起反应的分子数也越来越多，从而形成爆炸。

在爆炸极限时，$\beta=1$，即

$$\alpha\left(1+\frac{Q}{E}\right)=1 \tag{2-3}$$

假设爆炸下限 y_L（体积分数）与活化概率 α 成正比，则有 $\alpha=ky_L$，其中 k 为比例常数。因此

$$\frac{1}{y_L}=k\left(1+\frac{Q}{E}\right) \tag{2-4}$$

当 Q 与 E 相比很大时，式（2-4）可以近似写成

$$\frac{1}{y_L}=k\frac{Q}{E} \tag{2-5}$$

上式近似地表示出爆炸下限 y_L 与燃烧热 Q 和活化能之间的关系。如果各可燃气体的活化能接近于某一常数，则可大体得出

$$y_LQ=\text{常数} \tag{2-6}$$

这说明爆炸下限与燃烧热近乎成反比，即是说可燃气体燃烧热越大，其爆炸下限就越低。各同系物的 y_LQ 都近于一个常数表明上述结论是正确的。表 2-1 列出了一些可燃物质的燃烧热、爆炸极限及燃烧热和爆炸下限的乘积。利用爆炸下限与燃烧热的乘积成常数的关系，可以推算同系物的爆炸下限。但此法不适用于氢、乙炔、二硫化碳等少数可燃气体爆炸下限的推算。

式（2-6）中的 y_L 是体积分数，文献数据大都为 20℃的测定数据；Q 则为摩尔燃烧热。对于烃类化合物，单位质量（每克）的燃烧热 q 大致相同。如果以 mg/L 为单位表示爆炸下限，则记为 y_L'，有 $y_L=100y_L'\times\frac{22.4}{1000M}\times\frac{273+20}{273}$，于是

$$y_L=\frac{2.4y_L'}{M} \tag{2-7}$$

式中，M 为可燃气体的分子量。

把式（2-7）代入式（2-6），并考虑到 $Q=Mq$，则可得到

$$2.4qy_L'=\text{常数} \tag{2-8}$$

可见对于烃类化合物，其 y_L' 近于相同。

表 2-1 可燃物质的燃烧热、爆炸极限及燃烧热和爆炸下限的乘积

物质名称	Q /(kJ·mol^{-1})	($y_L \sim y_U$) /%	$y_L Q$	物质名称	Q /(kJ·mol^{-1})	($y_L \sim y_U$) /%	$y_L Q$
甲烷	799.1	6.0～13.4	4794.6	丙醇	1832.6	2.6～	4673.5
乙烷	1405.8	3.2～12.4	4522.9	异丙醇	1807.5	2.7～	4790.7
丙烷	2025.1	2.4～9.5	4799.0	丁醇	2447.6	1.7～	4163.1
丁烷	2652.7	1.9～8.4	4932.9	异丁醇	2447.6	1.7～	4160.9
异丁烷	2635.9	1.8～8.4	4744.7	丙烯醇	1715.4	2.4～	4117.1
戊烷	3238.4	1.4～7.8	4531.3	异戊醇	2974.8	1.2～	3569.0
己烷	3828.4	1.3～6.9	4786.5	乙醛	1075.3	4.0～7.0	4267.7
庚烷	4451.8	1.0～6.0	4451.8	巴豆醛	2133.8	2.1～5.5	4522.9
乙烯	1410.8	3.1～28.6	4373.5	甲乙醚	1928.8	2.0～0.1	3857.6
丙烯	2058.5	2.0～11.1	4148.0	二乙醚	2502.0	1.8～6.5	4627.5
丁烯	2556.4	1.7～7.4	4347.2	二乙烯醚	2380.7	1.7～7.0	4045.9
苯	3138.0	1.4～6.8	4426.7	丙酮	1652.7	2.5～2.8	4213.3
甲苯	3732.1	1.3～7.8	4740.5	丁酮	2259.4	1.8～9.5	4087.8
二甲苯	4343.0	1.0～6.0	4343.0	2-戊酮	2853.5	1.5～8.1	4422.5
环丙烷	1945.6	2.4～10.4	4669.3	2-己酮	3476.9	1.2～8.0	4242.6
环己烷	3661.0	1.3～8.3	4870.2	氰酸	644.3	5.6～0.0	3606.6
甲基环己烷	4255.1	1.2～	4895.3	甲酸甲酯	887.0	5.1～2.7	4481.1
松节油	5794.8	0.8～	4635.9	甲酸乙酯	1502.1	2.7～6.4	4129.6
乙酸甲酯	1460.2	3.2～15.6	4602.4	亚硝酸乙酯	1280.3	3.0～50.0	3853.5
乙酸乙酯	2066.9	2.2～11.4	4506.2	环氧己烷	1175.7	3.0～80.0	3527.1
乙酸丙酯	2648.5	2.1～	5430.8	二硫化碳	1029.3	1.2～50.0	1284.5
异乙酸丙酯	2669.4	2.0～	5338.8	氯甲烷	640.2	8.2～18.7	5280.2
乙酸丁酯	3213.3	1.7～	5464.3	氯乙烷	1234.3	4.0～14.8	4937.1
乙酸戊酯	4054.3	1.1～	4460.1	二氯乙烯	937.2	9.7～12.8	9091.8
甲醇	623.4	6.7～36.5	4188.2	溴甲烷	723.8	13.5～14.5	9773.8
乙醇	1234.3	3.3～18.9	4050.1	溴乙烷	1334.7	6.7～11.2	9004.0

2.2 爆炸极限的影响因素

爆炸极限不是一个固定值，它受各种外界因素的影响很大。影响爆炸极限的因素主要有以下几种。

2.2.1 可燃气体或蒸气的种类及化学性质的影响

可燃气体的分子结构和反应能力影响其爆炸极限。对于碳氢化合物，具有 C—C 型单键的碳氢化合物，由于碳键牢固，分子不易受到破坏，其反应能力较差，因而爆炸上下限范围小；而具有 C≡C 型三键相连的碳氢化合物，由于碳键脆弱，分子很容易被破坏，化学反应能力较强，因而爆炸上下限范围较大；对于具有 C═C 型二键相连的碳氢化合物，其爆炸极限范围位于单键与三键之间。对同一烃类化合物随碳原子个数的增加，爆炸极限范围变小。爆炸极限还与热导率有关，热导率越大，导热越快，爆炸极限范围就越大。

2.2.2 混合均匀程度的影响

当燃气与空气充分混合均匀时，某一点的燃气浓度达到爆炸极限时，整个混合空间的燃气浓度都达到爆炸极限，燃烧或爆炸反应是在整个混合气体空间同时进行，其反应不会中断，因此爆炸极限范围大。当混合不均匀时，就会产生在混合气体内某些点的燃气浓度达到或超过爆炸极限，而另外一些点的燃气浓度达不到爆炸极限，燃烧或爆炸反应就会中断，因此爆炸极限范围就变小。

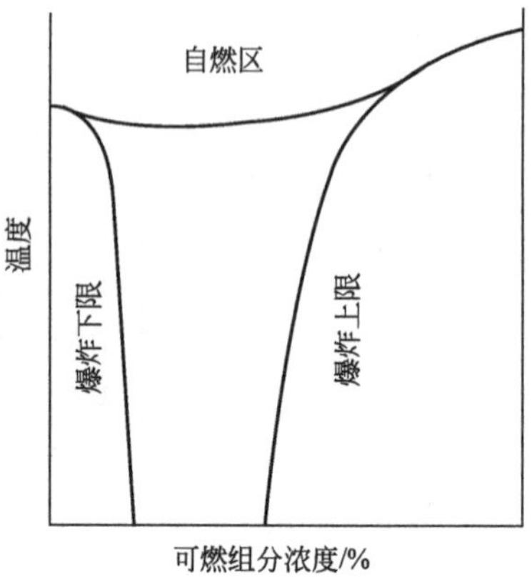

图 2-2 温度对爆炸极限的影响

2.2.3 温度的影响

爆炸性混合物的温度越高，混合物分子内能增大，燃烧反应更容易进行，则爆炸范围就越宽，危险性增加。图 2-2 是温度对爆炸极限影响的示意图。当温度达到某一值时就会发生自燃。表 2-2 列出了初始温度对丙酮和煤气等爆炸极限的影响。

表 2-2 初始温度对混合物爆炸极限的影响

物质	初始温度/℃	y_L/%	y_U/%	物质	初始温度/℃	y_L/%	y_U/%
丙酮	0	4.2	8.0	环已胺	100	11.16	4.34
	50	4.0	9.8		150	1.10	4.56
	100	3.2	10.0		200	1.01	4.77
煤气	20	6.00	13.4	苯	100	1.37	5.32
	100	5.45	13.5		150	1.26	5.41
	200	5.05	13.8		200	1.20	5.47
	300	4.40	14.25		250	1.13	5.58
	400	4.00	14.70	甲苯	100	1.26	4.44
	500	3.65	15.35		150	1.17	4.50
	600	3.35	16.40		200	1.03	4.61
	700	3.25	18.75		250	0.92	4.57

2.2.4 初始压力的影响

爆炸性混合物初始压力对爆炸极限影响很大。一般爆炸性混合物初始压力在增压的情况下，爆炸极限范围扩大。这是因为压力增加，分子间更为接近，碰撞概率增加，燃烧反应更容易进行，爆炸范围扩大。

图 2-3 给出了真空条件下丙酮蒸气压力对爆炸极限的影响。可见随着压力的降低，爆炸范围缩小，即爆炸下限值增大，而爆炸上限值减小。当初始压力降至某个定值时，爆炸上、下限重合，此时的压力称为爆炸临界压力。低于爆炸临界压力的系统不爆炸。丙酮的临界压力为 46.7kPa。因此在密闭容器内进行减压操作对安全有利。图 2-4 示出了高压对甲烷爆炸上限值的影响。可见，随着压力的增加，爆炸上限值明显增大。表 2-3 列出了初始压力对甲烷和一氧化碳在空气中爆炸极限的影响。在一般情况下，随着初始压力增大，爆炸上限明显提高。在已知可燃气体中，只有一氧化碳随着初始压力的增加，爆炸极限范围缩小。

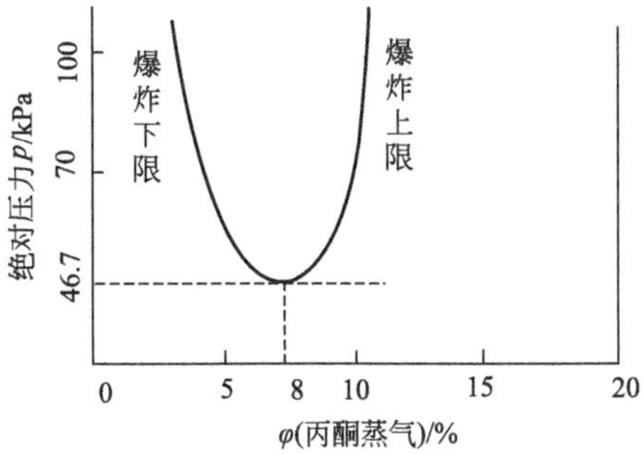

图 2-3 真空度对丙酮蒸气爆炸极限的影响

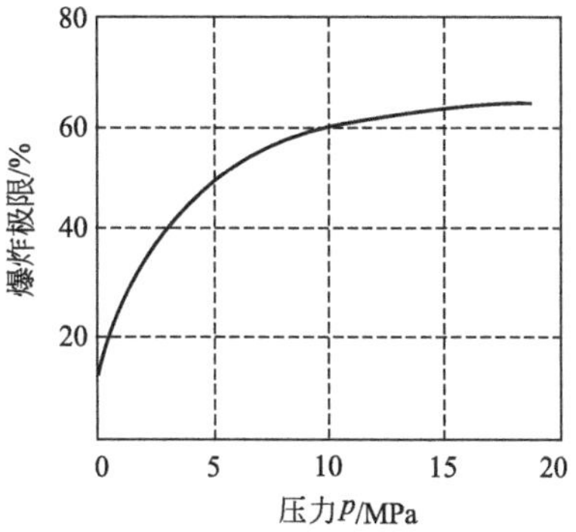

图 2-4 高压对甲烷爆炸极限的影响

表 2-3 初始压力对爆炸极限的影响

初始压力/MPa	甲烷		一氧化碳	
	y_L/%	y_U/%	y_L/%	y_U/%
0.1013	6.0	13.4	12.5	74.0
1.013	5.9	17.2	17.8	62.9
5.065	5.7	29.5	20.5	56.5
12.66	5.7	45.5	20.7	51.7

2.2.5 惰性介质或杂质的影响

爆炸性混合物中惰性气体含量增加，其爆炸极限范围缩小。当惰性气体含量增加到某一值时，混合物不再发生爆炸。惰性气体的种类不同对爆炸极限的影响亦不相同。如对于甲烷空气混合气、氩、氦、氮、水蒸气、二氧化碳、四氯化碳对其爆炸极限的影响依次增大。再如汽油与空气混合气、氮气、燃烧废气、二氧化碳、氟里昂-21、氟里昂-12、氟里昂-11，对其爆炸极限的影响则依次减小。氮气对一氧化碳在空气中爆炸极限的影响如图 2-5 所示。图中横坐标为在大气压基础上继续加入的氮气的含量，纵坐标为一氧化碳含量，由爆炸极限包围的近似三角形的区域为爆炸范围。可见氮气对一氧化碳爆炸上限影响极大。图 2-6 是惰性气体对甲烷在空气中爆炸极限影响的实验结果。可见，不同的惰性气体对爆炸极限的影响力度不同，但基本规律大致相同。

在一般情况下，爆炸性混合物中惰性气体含量增加，对其爆炸上限的影响比对爆炸下限的影响更为显著。这是因为在爆炸性混合物中，随着惰性气体含量的增加，氧的含量相对减少，而在爆炸上限浓度下氧的含量本来已经很小，故惰性气体含量稍微增加一点，即产生很大影响，使爆炸上限急剧下降。当可燃气体含有卤代烷时，不仅对可燃气体燃烧爆炸反应有稀释隔离作用，而且更重要的是对燃气的燃烧爆炸反应有化学抑制作用，能显著缩小爆炸极限范围，提高爆炸下限和点火能。因此，气体灭火剂大部分都是卤代烷。

对于爆炸性气体，水等杂质对其反应影响很大。如果无水，干燥的氯没有氧化功能；干燥的空气不能氧化钠或磷；干燥的氢氧混合物在 1000℃以下也不会产生爆炸。少量的水会急剧加速臭氧、氯氧化物等物质的分解。少量的硫化氢会大大降低水煤气及其混合物的燃点，加速其爆炸。

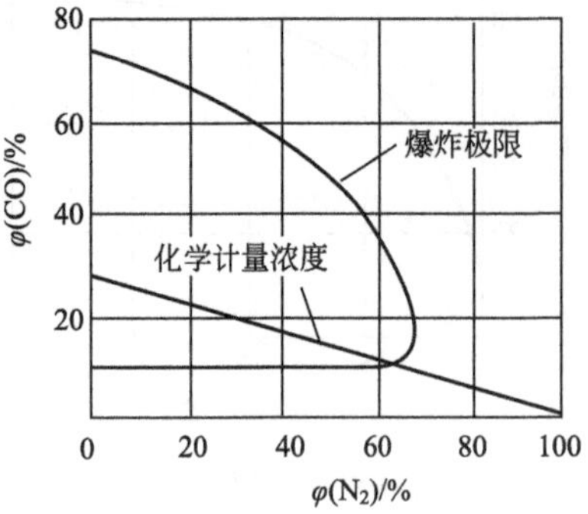

图 2-5 氮气对一氧化碳在空气中爆炸极限的影响

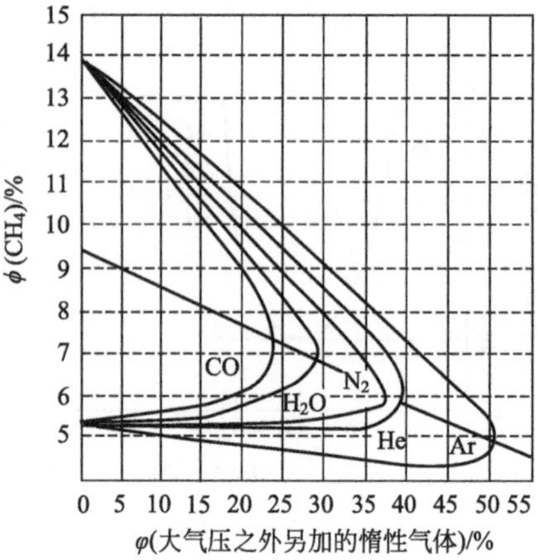

图 2-6 惰性气体对甲烷在空气中爆炸极限的影响

2.2.6 实验管径和材质的影响

早期的爆炸极限实验通常是将可燃混合气体装入一端封闭而另一端敞开的圆柱形管子内进行的，管子可以水平放置，也可以垂直放置，点火位置可在管子上端或下端，从而火焰传播有三种情况，即水平、向下和向上。表 2-4 是甲烷/空气混合物的爆炸极限实验结果。

表 2-4 甲烷/空气混合物的爆炸极限实验结果

管径/mm	爆炸极限/%		
	火焰向下传播	火焰水平传播	火焰向上传播
25	5.80～13.20	6.20～12.90	6.30～12.80
50	5.40～14.25	5.65～13.95	6.12～13.25
75	5.35～14.85	5.4～13.95	5.95～13.35

可见，管道直径越小，爆炸极限范围越小。当管径大于 50mm 时，管径影响已比较小。对于同一可燃物质，管径越小，火焰蔓延速度越小。当管径（或火焰通道）小到一定程度时，火焰便不能通过。这一间距称为最大灭火间距，亦称为临界直径。当管径小于最大灭火间距时，火焰便不能通过而被熄灭。这可以从器壁效应得到解释。燃烧是自由基进行一系列连锁反应的结果。只有自由基的产生数大于消失数时，燃烧才能继续进行。随着管道直径的减小，自由基与器壁碰撞的概率增加，有碍于新自由基的产生。当管道直径小到一定程度时，自由基消失数大于产生数，燃烧便不能继续进行。

后来也经常利用密闭管道或球形容器进行爆炸极限实验，判别是否发生爆炸的依据是观测到火焰或压力达到 200mmHg（26.66kPa）。

容器材质对爆炸极限也有很大影响。如氢和氟在玻璃器皿中混合，即使在空气液化温度（−192℃）下，置于黑暗中也会产生爆炸。而在银制器皿中，在一般温度下才会发生反应。

2.2.7 点火能量的影响

火花能量、热表面面积、火源与混合物的接触时间等，对爆炸极限均有影响。如甲烷在电压 100V、电流强度 1A 的电火花作用下，无论浓度如何都不会引起爆炸。但当电流强度增加至 2A 时，其爆炸极限为 5.9%～13.6%；3A 时为 5.85%～14.8%。对于一定浓度的爆炸性混合物，都有一个引起该混合物爆炸的最低能量。浓度不同，引爆的最低能量也不同。对于给定的爆炸性物质，各种浓度下引爆的最低能量中的最小值，称为最小引爆能量，或最小引燃能量。表 2-5 列出了部分气体的最小引爆能量。

表 2-5 部分气体的最小引爆能量

气体	体积分数 /%	能量 /mJ	气体	体积分数 /%	能量 /mJ
甲烷	8.50	0.280	氧化丙烯	4.97	0.190
乙烷	4.02	0.031	甲醇	12.24	0.215
丁烷	3.42	0.380	乙醛	7.72	0.376
乙烯	6.52	0.016	丙酮	4.87	1.15
丙烯	4.44	0.282	苯	2.71	0.550
乙炔	7.73	0.020	甲苯	2.27	2.50
甲基乙炔	4.97	0.152	氨	21.8	0.77
丁二烯	3.67	0.170	氧	29.2	0.019
环氧乙烷	7.72	0.105	二硫化碳	6.52	0.015

另外，光对爆炸极限也有影响。在黑暗中，氢与氯的反应十分缓慢，在光照下则会发生连锁反应引起爆炸。甲烷与氯的混合物，在黑暗中长时间内没有反应，但在日光照射下会发生激烈反应，两种气体比例适当则会引起爆炸。表面活性物质对某些介质也有影响。如在球形器皿中 530℃ 时，氢与氧无反应，但在器皿中插入石英、玻璃、铜或铁棒，则会发生爆炸。

2.3 爆炸反应方程分析

燃料可以在氧气或空气中燃烧。燃烧过程中氧气供给量不同，燃烧产物也不同。

2.3.1 化学计量浓度

当燃料 $C_aH_bO_cS_d$ 与氧气的混合比例恰好满足热化学方程式（2-9）时，燃料的浓度称为燃料在氧气中的化学计量浓度 y_{cho}。

$$\left.\begin{aligned} C_aH_bO_cS_d+y_{cc}O_2=aCO_2+\frac{b}{2}H_2O(g)+dSO_2 \\ y_{cc}=a+\frac{b}{4}+d-\frac{c}{2} \end{aligned}\right\} \tag{2-9}$$

$$y_{cho}=\frac{1}{1+y_{cc}} \tag{2-10}$$

可燃气体在空气中燃烧时，若把空气组成视为氧气占 20.95%，其他占 79.05%，则当燃料 $C_aH_bO_cS_d$ 与空气的混合比例恰好满足热化学方程式（2-11）时，燃料的浓度称为燃料在空气中的化学计量浓度 y_{ch}。

$$\left.\begin{aligned} C_aH_bO_cS_d+y_{cc}O_2+3.77y_{cc}N_2=aCO_2+\frac{b}{2}H_2O(g)+dSO_2+3.77y_{cc}N_2 \\ y_{cc}=a+\frac{b}{4}+d-\frac{c}{2} \end{aligned}\right\} \tag{2-11}$$

$$y_{ch}=\frac{1}{1+4.77y_{cc}} \tag{2-12}$$

若以燃料燃烧所需的氧原子数 n 代替物质的量 y_{cc}，则可燃气体在氧气中燃烧时，以摩尔分数表示的化学计量浓度为

$$y_{cho}=\frac{1}{1+\frac{n}{2}}=\frac{2}{n+2} \tag{2-13}$$

可燃气体在空气中燃烧时，若把空气组成视为氧气占20.95%，其他占79.05%，则以摩尔分数表示的化学计量浓度为

$$y_{ch}=\frac{1}{1+4.77\times\frac{n}{2}}=\frac{2}{4.77n+2} \tag{2-14}$$

例如，甲烷与氧气混合物的化学计量浓度为 $y_{cho}=\frac{1}{3}=33.3\%$；甲烷与空气混合物的化学计量浓度为 $y_{cho}=\frac{1}{1+4.77\times2}=9.5\%$。

对于由其他元素组成的燃料，读者可利用相同的原理推导出化学计量浓度的计算式。

2.3.2 完全与不完全燃烧

从理论上讲，如果在燃烧爆炸过程中，燃料气体中的C元素全部被氧化为 CO_2，H元素全部氧化为 H_2O，S元素全部被氧化为 SO_2，则称为完全燃烧，其他情况均称为不完全燃烧或燃烧不完全。显然，要实现完全燃烧，必须有足够的 O_2。此时，燃烧产物中不会有燃料气，也不会有CO，但可能有剩余的 O_2。这样，完全燃烧反应会有两种情况。

① 燃料与空气混合气体中氧气含量 $y=y_{cc}$，反应方程为式（2-11）。

② 燃料与空气混合气体中氧气含量 $y>y_{cc}$，反应方程为

$$C_aH_bO_cS_d+yO_2+3.77yN_2=aCO_2+\frac{b}{2}H_2O+3.77yN_2+(y-y_c)O_2+dSO_2 \tag{2-15}$$

从燃料利用角度出发，完全燃烧比不完全燃烧放出的热量多，燃料利用率高。同时，除排放 CO_2 气体之外，没有环境污染，也没有毒性气体CO生成。所以，实际生产中尽量保证完全燃烧。从烟囱中排出的烟气如果成白色，则燃烧较完全；如果成黑色，则燃烧不完全。

从防爆抑爆角度出发，完全燃烧比不完全燃烧放出的热量多，燃烧速率大，爆炸压力高、压力上升速率大，因而更危险；一旦成灾，损失更严重。所以，实际生产中尽量避免混合气体达到燃烧爆炸范围。

当然，实际燃烧反应中一般都会伴随 CO_2 的分解反应，从而会有一点CO。要视具体情况而决定是否考虑分解反应。

对于不完全燃烧，会有三种情况。

① 当所加入氧气量 $y=y_{min}$ 刚好使燃料燃尽，所有的C元素首先被氧化为CO，无 CO_2 生成，所有H元素被氧化为 H_2O，所有S元素被氧化为 SO_2，反应方程为

$$\left.\begin{aligned}C_aH_bO_cS_d+y_{min}O_2+3.77y_{min}N_2=aCO+\frac{b}{2}H_2O+dSO_2+3.77y_{min}N_2\\ y_{min}=\frac{a}{2}+\frac{b}{4}+d-\frac{c}{2}=y_{cc}-\frac{a}{2}\end{aligned}\right\} \tag{2-16}$$

② 氧气不足，燃料有剩余，$y<y_{min}$。在这种条件下，只有部分C元素被氧化为CO，无 CO_2 生成，部分H元素被氧化为 H_2O，部分S元素被氧化为 SO_2，剩余燃料气以气态分子形式存在，反应方程为

$$\left.\begin{aligned}&C_aH_bO_cS_d+yO_2+3.77yN_2=\beta aCO+\frac{\beta b}{2}H_2O+3.77yN_2+\beta dSO_2+(1-\beta)C_aH_bO_cS_d\\&\beta=\frac{4y}{2a+b-2c+4d}\end{aligned}\right\}\tag{2-17}$$

③ 氧气不足，燃料燃尽，$y_{\min}<y<y_{cc}$。在这种条件下，所有的 C 元素首先被氧化为 CO；由于此时仍有剩余 O_2，所以部分 CO 继续被氧化为 CO_2，全部 H 元素被氧化为 H_2O，全部 S 元素被氧化为 SO_2，反应方程为

$$C_aH_bO_cS_d+yO_2+3.77yN_2=2(y_{cc}-y)CO+2(y-y_{\min})CO_2+\frac{b}{2}H_2O+3.77yN_2+dSO_2\tag{2-18}$$

2.3.3 最危险浓度

燃料与助燃气体混合物的燃烧速率和放热量随混合比例而变化，当混合比达到某一值时，燃烧速率最大，放热量最多，称为最佳浓度。从防爆角度讲，该浓度下爆炸压力最高，升压速率最大，因而是最危险浓度 y_d。应该指出，最危险浓度并不是化学计量浓度，由于燃爆反应的不完全性，燃爆产物在高温下发生离解，以及某些二次反应等原因，通常使最危险浓度大于化学计量浓度，常见气体的最危险浓度是化学计量浓度的 1.1～1.3 倍，个别情况会达到 1.5 倍。要精确计算最危险浓度，需要弄清反应机理，确定燃烧产物的成分。

2.4 爆炸极限的计算

获得可燃气体的爆炸极限的精确办法只能是具体情况下的实验结果。但在某些情况下，需要在缺乏实验数据的情况下进行判断。

2.4.1 单一燃料在空气中的爆炸极限的估算

① 若燃料完全燃烧所需的氧原子数为 n，则以可燃气体摩尔分数表示的爆炸极限为

$$\left.\begin{aligned}y_U&=\frac{4}{4.77n+4}\\y_L&=\frac{1}{4.77(n-1)+1}\end{aligned}\right.\tag{2-19}$$

② 依据燃料的化学计量浓度估算

$$y_U=4.8\sqrt{y_{ch}}\tag{2-20}$$
$$y_L=0.55y_{ch}$$

③ 根据燃料闪点进行计算

$$y_L=\frac{p_s}{p}\tag{2-21}$$

式中，p_s 是燃料闪点下的饱和蒸气压，p 为总压。

④ 爆炸上限与爆炸下限之间有如下近似关系

$$y_U=6.5\sqrt{100y_L}\ \%\tag{2-22}$$

⑤ 对于有机物 $C_nH_mO_p$，可利用标准燃烧热按式（2-23a）进行估算；对于有机物 $C_nH_mO_pN_q$（包括胺类、硝基化合物、腈类及含氮杂环化合物等），可利用标准燃烧热按式

（2-23b）进行估算

$$y_L=\frac{46}{Q}\times100\%\tag{2-23a}$$

$$y_L=\frac{50}{Q}\times100\%\tag{2-23b}$$

Q 为有机物标准燃烧热以 kJ/mol。在难以查到燃烧热时，可用式（2-24）估算

$$Q=650C+200+X(\text{kJ/mol})\tag{2-24}$$

式中 C——燃料分子中 C 原子总数；

X——结构参数，由有机物官能团结构确定，取值见表 2-6。

表 2-6 有机物官能团结构参数 X 取值

官能团及结构特点	结构参数 X/(kJ/mol)
烷烃	+50
单个 C═C	−100
单个C≡C	−200
单个环结构	−200
π-π 共轭形成键长平均化的几个键	−100n
醇羟基—OH	−150
酮基或醛基 —C(═O)—R(H)	−350
醚键—O—	−100
苯环  或 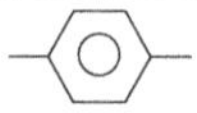	−800(环+共轭)
环氧结构	−300(环+醚键)
—O—形成一个 P—π 共轭	再−100
酚羟基 Ar—OH	−250[醇羟基+(P-π)共轭]
—C(═O)—OH	−600[羰基+醇羟基+(P-π)共轭]
—C(═O)—OR	−550[羰基+醚键+(P-π)共轭]
—C(═O)—O—C(═O)—	−1000[2 个羰基+醚键+2 个(P-π)共轭]
—O—C(═O)—O—	−750[羰基+2 个醚键+2 个(P-π)共轭]

⑥ 利用 1mol 有机可燃气体按化学计量浓度燃烧所需的氧气物质的量 y_{cc} 按式（2-25）进行计算

$$y_L=\frac{1}{4.77\times2y_{cc}+1}$$

$$y_U=\frac{1}{4.77y_{cc}/3+1}\tag{2-25}$$

2.4.2 多种可燃气体混合物在空气中的爆炸极限的估算

① 在已知各组分在空气中爆炸极限的情况下，根据理-查德里（Le Chatelier）法则进行计算，即

$$y_L=\frac{1}{\sum_i \frac{y_i}{y_{Li}}}$$

$$y_U=\frac{1}{\sum_i \frac{y_i}{y_{Ui}}} \tag{2-26}$$

式中 y_i——组分 i 的摩尔分数；
y_{Li}——组分 i 的爆炸下限；
y_{Ui}——组分 i 的爆炸上限。

② 利用 1mol 有机可燃气体完全燃烧所需的氧气物质的量 y_{cc}进行计算。

假设一种由 n 种有机可燃气体组成的混合气体，其各组分的体积分数分别为 y_i（$i=1,2,\cdots,n$），各组分完全燃烧所需要的氧气系数分别为 y_{cci}（$i=1,2,\cdots,n$），则 1mol 体积的混合气体处于爆炸极限时所需的氧气物质的量应当为各组分处于爆炸极限时所需的氧气物质的量之和，即

$$y_{cc}=\sum_{i=1}^{n} y_i y_{cci} \tag{2-27}$$

这样，混合气体的爆炸极限即可用式（2-25）计算了。

当只有两个可燃组分时，爆炸极限可用三角形表示，如图 2-7 所示。图中 y_{LA}、y_{UA} 分别是组分 A 在空气中的爆炸下限和上限，y_{LB}、y_{UB} 分别是组分 B 在空气中的爆炸下限和上限，y_{LA}、y_{LB}、y_{UA}、y_{UB} 所包围的阴影部分就是爆炸范围，y_{LA}、y_{LB} 的连线就是混合物的爆炸下限，y_{UA}、y_{UB} 的连线就是混合物的爆炸上限，当然，实际中这两条连线不一定是直线。应用时，过组分 A 所占比例点作与 B 线平行的线；同理，过组分 B 所占比例点作与 A 线平行的线，两者的交点就是实际所处位置，从而可以判别是否处于爆炸极限之内。

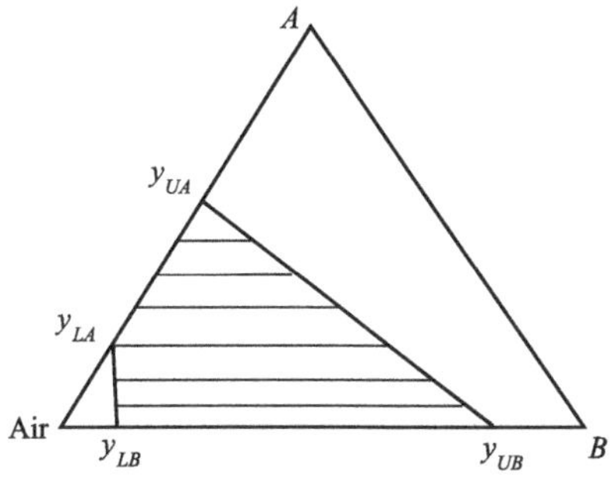

图 2-7 爆炸极限三角形

2.4.3 可燃气体与惰性气体混合物的爆炸极限的估算

① 若可燃气体为甲烷、乙烷、丙烷、丁烷、一氧化碳和（或）氢气，则首先将混合物分成以下组合：$CO+CO_2$，$CO+N_2$，H_2+CO_2，H_2+N_2，CH_4+CO_2，CH_4+N_2；计算各组中惰性气体与可燃气体的摩尔比；由图 2-8 或图 2-9 查得各组的爆炸极限；由式（2-26）计算爆炸极限。

② 若可燃气体为其他气体，则按式（2-28）进行估算

$$y_L=\frac{y_{fL}}{1-B+y_{fL}B} \tag{2-28}$$

$$y_U=\frac{y_{fU}}{1-B+y_{fU}B}$$

式中，y_{fL}、y_{fU}为混合物中可燃气体混合物的爆炸下限和上限；B 为惰性气体含量。

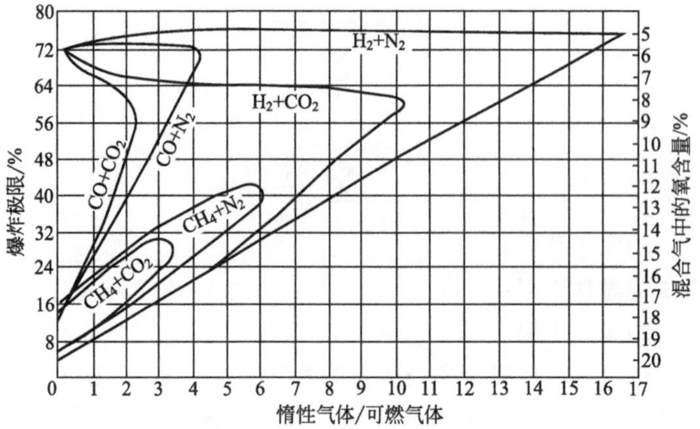

图 2-8 氢、一氧化碳、甲烷和氮、二氧化碳混合气的爆炸极限

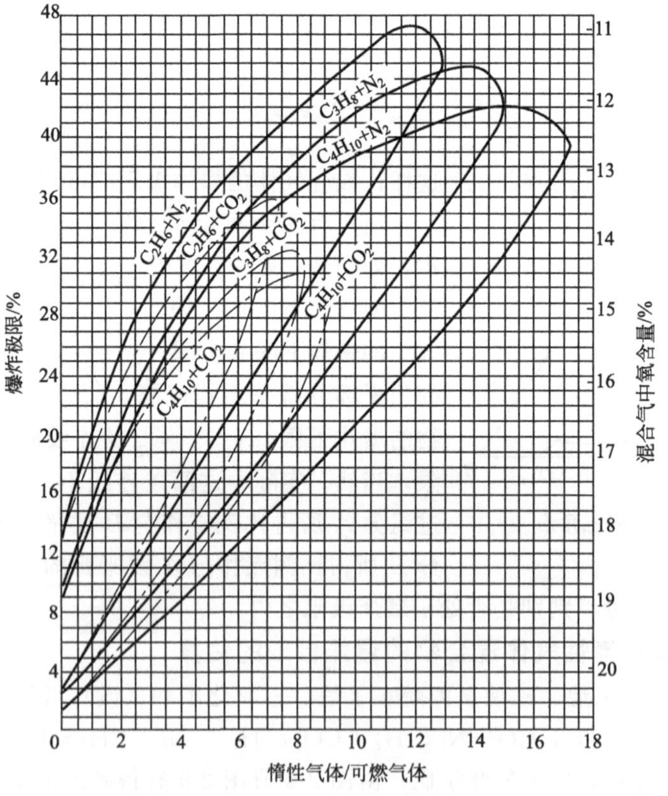

图 2-9 乙烷、丙烷、丁烷和氢、二氧化碳混合气的爆炸极限（空气中）

【例 2-1】 试估算甲烷的爆炸极限。

解法一 甲烷的完全燃烧反应方程为 $CH_4+2O_2=CO_2+H_2O$，所需的氧原子数为 $n=4$，故按式（2-19）有

$$y_L=\frac{1}{4.77(n-1)+1}=\frac{1}{4.77\times(4-1)+1}=6.5\%$$

$$y_U=\frac{4}{4.77n+4}=\frac{4}{4.77\times4+4}=17.3\%$$

解法二 甲烷的化学计量浓度为 $y_{ch}=\frac{2}{4.77\times4+2}=9.5\%$，故按式（2-20）有

$$y_U=4.8\times\sqrt{9.5\%}=14.8\%$$

$$y_L=0.55\times9.5\%=5.2\%$$

解法三 甲烷的完全燃烧反应方程为 $CH_4+2O_2=CO_2+H_2O$，所需的氧气物质的量为 $y_{cc}=2$，故按式（2-25）有

$$y_L=\frac{1}{4.77\times2y_{cc}+1}=\frac{1}{4.77\times2\times2+1}=4.98\%$$

$$y_U=\frac{1}{4.77y_{cc}/3+1}=\frac{1}{4.77\times2/3+1}=23.9\%$$

解法四 利用燃烧热按式(2-23) 计算。

$$Q=650C+200+X=650\times1+200+50=900(\text{kJ/mol})$$

$$y_L=\frac{46}{Q}\times100\%=\frac{46}{900}\times100\%=5.1\%$$

再依据式（2-22）得

$$y_U=6.5\sqrt{y_L}=6.5\sqrt{5.1}\%=14.7\%$$

【例 2-2】 苯的闪点为－14℃，查得－14℃下的饱和蒸气压为 1.47kPa，试计算 100kPa 下苯的爆炸极限。

解 依式（2-21）有

$$y_L=\frac{p_s}{p}=\frac{1.47}{100}=1.47\%$$

代入式（2-22）得

$$y_U=6.5\sqrt{y_L}=6.5\times\sqrt{1.47}\%=7.9\%$$

【例 2-3】 某混合气体摩尔组成为甲烷 80%，乙烷 15%，丙烷 4%，丁烷 1%，试计算爆炸极限。

解法一 查得各组分的爆炸极限为

甲烷：$y_U=14.0\%$， $y_L=5.0\%$

乙烷：$y_U=12.5\%$， $y_L=3.0\%$

丙烷：$y_U=9.5\%$， $y_L=2.1\%$

丁烷：$y_U=8.5\%$， $y_L=1.8\%$

$$y_L=\frac{1}{\sum_i\frac{y_i}{y_{Li}}}=\frac{1}{\frac{80}{5}+\frac{15}{3}+\frac{4}{2.1}+\frac{1}{1.8}}=4.3\%$$

$$y_U=\frac{1}{\sum_i\frac{y_i}{y_{Ui}}}=\frac{1}{\frac{80}{14}+\frac{15}{12.5}+\frac{4}{9.5}+\frac{1}{8.5}}=13.4\%$$

解法二 依式(2-27) 有

$$y_{cc}=\sum_{i=1}^{n}y_iy_{cci}=0.8\times2+0.15\times3.5+0.04\times5+0.01\times6.5=2.39$$

代入式（2-25）得

$$y_L=\frac{1}{4.77\times 2y_{cc}+1}=\frac{1}{4.77\times 2\times 2.39+1}=4.2\%$$

$$y_U=\frac{1}{4.77y_{cc}/3+1}=\frac{1}{4.77\times 2.39/3+1}=20.8\%$$

【例 2-4】 某混合物的摩尔组成为58%CO，19%CO_2，2%H_2，20%N_2，1%O_2，试计算爆炸极限。

解法一 $58CO+19CO_2=77(CO+CO_2)$

$$\frac{CO_2}{CO}=\frac{19}{58}=0.33$$

查图 2-8 得 $y_{U1}=70\%$，$y_{L1}=17\%$。

$$2H_2+20N_2=22(H_2+N_2)$$

$$\frac{N_2}{H_2}=\frac{20}{2}=10$$

查图 2-8 得 $y_{U2}=77\%$，$y_{L2}=48\%$。

$$y_U=\frac{77\%+22\%}{\frac{77}{70}+\frac{22}{77}}=71.4\%$$

$$y_L=\frac{77\%+22\%}{\frac{77}{17}+\frac{22}{48}}=19.8\%$$

解法二 $58CO+20N_2=78(CO+N_2)$

$$\frac{N_2}{CO}=\frac{20}{58}=0.34$$

查图 2-8 得 $y_{U1}=73\%$，$y_{L1}=17\%$。

$$2H_2+19CO_2=21(H_2+CO_2)$$

$$\frac{CO_2}{H_2}=\frac{19}{2}=9.5$$

查图 2-8 得 $y_{U2}=63\%$，$y_{L2}=56\%$。

$$y_U=\frac{78\%+21\%}{\frac{78}{73}+\frac{21}{63}}=70.6\%$$

$$y_L=\frac{78\%+21\%}{\frac{78}{17}+\frac{21}{56}}=19.9\%$$

解法三 按式(2-28) 计算

$$B=19\%+20\%=39\%$$

$$y_{fL}=\frac{58\%+2\%}{\frac{58}{12.5}+\frac{2}{4}}=11.7\%$$

$$y_{fU}=\frac{58\%+2\%}{\frac{58}{73}+\frac{2}{75}}=73.1\%$$

$$y_{mL}=\frac{y_{fL}}{1-B+y_{fL}B}=\frac{11.7\%}{1-0.39+0.117\times0.39}=17.8\%$$

$$y_{mU}=\frac{y_{fU}}{1-B+y_{fU}B}=\frac{73.1\%}{1-0.39+0.731\times0.39}=81.7\%$$

由以上结果可见，各种方法所得结果有时相差甚远。如前面所述，爆炸极限受到很多因素的影响，所以，工程实际中不能根据某个计算结果盲目得出结论，必须经过认真分析后灵活使用。

2.4.4 可燃气体在氧气中的爆炸极限

可燃气体在氧气中的爆炸极限具有以下特性。

① 可燃气体在氧气中的爆炸下限与可燃气体在空气中的爆炸下限相差不大。这是因为，无论对于可燃气体与氧气混合物还是对于可燃气体与空气混合物，在爆炸下限处存在大量的过量氧气，两者的不同之处就在于以氧气替换了氮气，而氧气与氮气的物理性质，例如比热容、密度等都非常接近，所以对点燃过程影响不大。

② 可燃气体在氧气中的爆炸上限远远高于可燃气体在空气中的爆炸上限。这是因为，对于可燃气体与空气混合物，在爆炸上限处氧气是不足的，此时以氧气替换氮气，无疑补充了氧气的不足，满足了爆炸过程对氧气的需求，从而使本来不能发生爆炸的气体变成了可爆气体。表 2-7 给出了部分气体在空气和氧气中爆炸极限的比较。

表 2-7 部分气体在空气和氧气中的爆炸极限

气体	y_L(Air)	y_U(Air)	$y_L(O_2)$	$y_U(O_2)$
乙炔	2.5	30.0	2.5	93.0
乙醚	1.9	36.0	2.1	82.0
氢	4.0	75.0	4.0	94.0
乙烯	3.1	32.0	3.0	80.0
一氧化碳	12.5	74.0	15.5	94.0
丙烷	2.2	9.5	2.3	55.0
甲烷	5.3	15.0	5.1	61.0
氨	15.5	29.0	13.5	79.0

③ 与可燃气体在空气中的爆炸极限相似，当压力增大时，爆炸上限增加很大，而爆炸下限变化不大。

④ 对于多组分可燃气体混合物在氧气中的爆炸极限也可利用理-查德里法则进行估算。

⑤ 爆炸范围随温度的升高而增大。

⑥ 有些气体或蒸气在空气中是不会被点燃的，但在氧气中却会发生爆炸。

2.4.5 可燃气体在其他氧化剂中的爆炸极限

可燃气体不仅在氧气和空气中会发生爆炸，在其他氧化性气体中也会发生爆炸。表 2-8 给出了部分可燃气体在 N_2O、NO、Cl_2 中的爆炸极限与在氧气中爆炸极限的对比。

可燃气体在 N_2O、NO、Cl_2 中的爆炸极限有以下特点。

① 可燃气体在一氧化二氮中的爆炸下限一般比在氧气中的爆炸下限还低，这是因为 N_2O 容易发生分解反应，而分解过程中会放出热量。

② 与可燃气体在空气中的爆炸极限相似，当压力增大时，爆炸上限增加很大，而爆炸下限变化不大。

③ 对于多组分可燃气体混合物在氧气中的爆炸极限也可利用理-查德里法则进行估算。

④ 爆炸范围随温度的升高而增大。

表 2-8 部分可燃气体在 N_2O、NO、Cl_2 中的爆炸极限与在氧气中爆炸极限的对比

气体	$y_L \sim y_U(O_2)/\%$	$y_L \sim y_U(N_2O)/\%$	$y_L \sim y_U(NO)/\%$	$y_L \sim y_U(Cl_2)/\%$
氢气	4.0~94.0	5.8~86.0	7.0~66.0	8.0~86.0
氨气	13.5~79.0	2.2~72.0	20.0~65.0	—
硫化氢	4.0~88.5	—	20~55	—
一氧化碳	15.5~94.0	10.0~85.0	31.0~48.0	—
甲烷	5.1~61.0	2.2~36.0	9.0~22.0	5.6~70.0
乙烷	3.0~66.0	2.7~29.7	—	6.1~58.0
丙烷	2.3~55.0	2.1~25.0	—	6.1~59.0
丁烷	1.8~49.0	1.8~21.0	7.0~13.0	—
乙烯	3.0~80.0	5.0~40.0	—	—
丙烯	2.1~53.0	1.8~26.8	—	—
环丙烷	2.5~60.0	1.6~30.0	—	—
氯甲烷	8.0~66.0	—	—	10.0~63.0
二氯甲烷	13.0~70.0	—	—	16.0~53.0

2.5 含氧量安全限值

可燃气体爆炸有三要素：浓度处于爆炸下限与爆炸上限之间的可燃性气体，合适浓度的氧气、足够的火源（或点火能量）。可见，除了控制可燃组分浓度之外，还可以通过控制混合气中氧气的含量来防止可燃气体爆炸。例如，利用惰性气体替换空气，即可使混合气中的氧含量降低。惰性气体的热容越大，抑爆效果越好。氮气、水蒸气、二氧化碳等都是常用的惰性气体，抑爆效果依次提高，用于惰化时所允许的氧含量（安全限值）越高。与控制可燃组分浓度类似，控制氧气浓度也必须考虑混合气体组分。表 2-9 列出部分气体不发生爆炸时的含氧量安全限值，可见爆炸性气体不同，或惰性气体不同，含氧量安全限值都是不同的，有的气体差别较大。事实上，氮气对氯气、粉尘的爆炸下限几乎没有影响。附录 9~附录 11 是美国标准 NFPA69《Standard of Explosion Prevention System》列出的一些气体、蒸气和粉尘的极限氧含量值。

表 2-9 部分气体不发生爆炸时含氧量安全限值/%

可燃性气体	二氧化碳稀释	氮气稀释	可燃性气体	二氧化碳稀释	氮气稀释
甲烷	11.5	9.5	乙醇	10.5	8.5
乙烷	10.5	9	丁二醇	10.5	8.5
丙烷、丁烷	11.5	9.5	二硫化碳	8.0	—
汽油	11	9	氢	5	4
乙烯	9	8	一氧化碳	5	4.5
丙烯	11	9	丙酮	12.5	11
乙醚	10.5	—	苯	11	9
甲醇	11	8			

目前处理可燃气体的工业生产中，基本上都将可燃性气体的含氧量作为重要的控制指标。如 GB 6222—1986《工业企业煤气安全规程》和 GB 12710—1992《焦化安全规程》都规定，焦炉煤气含氧量达到 1%时，必须切断除尘器电源。

与爆炸极限类似，最精确的获得含氧量安全限值 y_{LO} 的方法就是针对具体工况进行试验。在缺乏实验数据的情况下，利用氮气作为惰性气体时，最小氧含量处于爆炸下限的可燃气体完全燃尽所需要的氧含量，可以根据反应方程式通过式（2-29）估算。

$$y_{LO}=y_L y_{cc} \tag{2-29}$$

表 2-10 是部分有机物质的含氧量安全限值计算结果。

表 2-10 部分有机物质的含氧量安全限值计算结果

物质	y_L	y_{cc}	y_{LO}	物质	y_L	y_{cc}	y_{LO}
甲烷	5.0	2	10	乙烷	1.2	9.5	11.4
乙烷	3.0	3.5	10.5	庚烷	1.05	11	11.6
丙烷	2.1	5	10.5	辛烷	0.95	12.5	11.9
丁烷	1.8	6.5	11.7	壬烷	0.85	14	11.9
戊烷	1.4	8	11.2	癸烷	0.75	15.5	11.6

【例 2-5】 试求一氧化碳在空气中的爆炸的最小氧含量。已知一氧化碳在空气中的爆炸下限是 12.5%。

解 一氧化碳爆炸的化学反应方程式为

$$CO+0.5O_2=CO_2$$

故

$$y_{LO}=y_L y_{cc}=12.5\%\times0.5=6.25\%$$

2.6 其他助燃气体

除空气、氧气外，还有一些物质，例如氟、氯、氧化亚氮等，也具有助燃性质。氟与氢化合时很容易发生爆炸，硫、碘、磷、硼、硅遇到氟都会发生自燃。钠、钾、松节油在氯气中会发生燃烧，甲烷、乙烯、乙炔、氢气等与氯气混合后，经过阳光照射就会发生燃烧或爆炸。氮与氯化合形成易爆的氯化氮。附录 12 列出了典型助燃气体氟、氯、氧、氧化亚氮的性质。

还有一些物质遇到水就会发生燃烧或爆炸。例如钾、钠等与水、酸或潮湿空气均会发生化学反应，放出氢气和热量，使氢气自燃。附录 13 列出了一些与水等发生爆炸反应物质的性质。

还有一些物质遇到空气就自燃。附录 14 列出了一些遇到空气即自燃的物质的性质。

小　　结

(1) 爆炸极限是爆炸下限和爆炸上限的统称。爆炸下限是指可燃气体或蒸气与空气（或氧气）的混合物会发生爆炸的最低浓度，同理，爆炸上限是指可燃气体或蒸气与空气（或氧气）的混合物会发生爆炸的最高浓度。爆炸极限给出了爆炸范围。

(2) 爆炸极限一般用燃料气体或蒸气在混合气体中所占的体积分数（%）表示；有时也用单位体积可燃气体的质量(kg/m^3)表示，可称为质量爆炸极限。

(3) 根据爆炸极限理论，在难以获得某物质的爆炸极限时，可以根据同类物系各物质爆炸下限与燃烧热之积近似为常数的关系推算同类物系其他物质的爆炸下限。对于烃类化合物，其质量爆炸下限 y'_L 近似于相同。

(4) 特别要注意，可燃气体的爆炸极限不是一个固定值，它受各种外界因素的影响而变化，例如可燃气体的种类、可燃气体与空气的混合程度、初始温度与压力、惰性介质浓度、容器的材质与尺寸、点火能量的大小等。因此，在防爆工程中，切忌严格按爆炸极限控制混合比例，一定要留有安全裕度。

(5) 当燃料恰好按化学方程式完全被助燃气体氧化生成 CO_2 和 H_2O 时，燃料的浓度称为化学计量浓度 y_{ch}。从理论上讲，符合化学计量浓度的混合气体，燃烧同量气体放热量应该最多，密闭空间内爆炸时压力和压力上升速率应该最大。但实际上，由于种种因素，例如混合不均匀、有分解反应、反应不完全等，最大爆炸压力和压力上升速率往往发生在燃料气体浓度为化学计量浓度的情况，称为最危险浓度 y_d。通常 $y_d=(1.1-1.3)y_{ch}$，个别情况会达到 $y_d=1.5y_{ch}$。

(6) 单一燃料气体在空气中的爆炸极限可通过 1mol 燃料气体完全燃烧反应所需的氧原子数或氧气物质的量或燃料气体的化学计量浓度或燃料闪点进行估算；混合燃料气体在空气中的爆炸极限可采用当量法按各自所占比例进行计算。双可燃组分混合物的爆炸极限可用爆炸极限三角形表示。

(7) 当有惰性气体存在时，可燃气体的爆炸极限与惰性气体含量、惰性气体性质有关。

(8) 控制混合气体中的含氧量也是防止爆炸的有效措施。与爆炸极限类似，最精确的获得含氧量安全限值 y_{LO} 的方法就是针对具体工况进行试验。在缺乏实验数据的情况下可以利用爆炸下限与化学计量氧气浓度的乘积进行估算。

(9) 除空气、氧气外，还有一些物质也具有助燃性质。某些物质遇到氯、水就会发生燃烧或爆炸。还有一些物质遇到空气就会自燃。

思 考 题

2-1 爆炸极限的含义是什么？什么是爆炸上限、下限？

2-2 爆炸极限主要与哪些因素有关？从数据手册中查到的爆炸极限精确度如何？

2-3 什么是化学计量浓度？什么是最危险浓度？两者有何区别与联系？

2-4 爆炸极限如何估算？

2-5 什么是含氧量安全限值？如何估算？

2-6 除空气、氧气外，还有一些物质也具有助燃性质。如何解释？

习 题

2-1 试估算丙烷在空气中的爆炸极限及最小氧含量。

2-2 试估算乙烯在空气中的爆炸极限及最小氧含量。

2-3 试估算乙炔在空气中的爆炸极限及最小氧含量。

2-4 试估算苯在空气中的爆炸极限及最小氧含量。

2-5 试估算氢气在空气中的爆炸极限及最小氧含量。

2-6 某燃料的化学计量浓度为 8%，试估算其在空气中爆炸极限及最小氧含量。

2-7 某燃料的闪点为 45℃，试估算其在空气中爆炸极限及最小氧含量。

2-8 某混合气体摩尔组成为甲烷 60%，丙烷 24%，丁烷 16%，试计算其在空气中爆炸极限及最小氧含量。

2-9 某混合物的摩尔组成为 55%CO，22%CO_2，2%H_2，20%N_2，1%O_2，试计算其在空气中爆炸极限及最小氧含量。

2-10 某混合气体摩尔组成为甲烷 95%，乙烷 3%，丙烷 1%，氮气 1%，试计算其爆炸极限及最小氧含量。

2-11 某混合物的摩尔组成为 55%CO，22%CH_4，3%H_2，20%N_2，试计算其在空气中爆炸极限及最小氧含量。

2-12 某混合气体摩尔组成为甲烷 55%，丙烷 20%，丁烷 16%，丁烯 3%，氢气 6%，试计算其在空气中爆炸极限及最小氧含量。

3 密闭空间内可燃气体的爆炸强度

内容提要： 本章主要介绍密闭空间可燃气体爆炸强度研究的等温爆炸模型、绝热爆炸模型等理论分析、几何微元计算方法、数值模拟和实验测试方法。对这些方法的研究过程、研究结果进行讨论，给出可燃气体活性、配比浓度、初始压力、初始温度、爆炸容器容积和形状、点火能量等对爆炸强度影响的规律。

基本要求： ①了解密闭空间内可燃气体爆炸传播过程的特点和规律；②熟悉球形容器和圆筒形容器内可燃气体爆炸过程的基本理论分析方法——等温模型和绝热模型；③掌握几何微元方法在密闭空间内可燃气体爆炸过程分析中的应用；④熟悉爆炸压力、爆炸升压速率、爆炸指数与容器形状、体积、气体组成、初始压力、初始温度之间的关系；⑤熟悉数值模拟的基本程序和方法；⑥熟悉爆炸强度的测试方法和要点。

密闭空间内可燃气体爆炸一直是工业灾害的主要形式之一。尽管各企业都采取严格措施禁止明火、防止可燃气体与空气或氧气接触，甚至安装报警器、联动停车等预防措施，但是可燃气体爆炸事故依然屡屡发生。据统计，随着生产装置数目和物料储存量的不断增加，事故发生的频度和损失程度也有增加的趋势；在石油化工、塑料、橡胶合成及天然气等行业，可燃气体爆炸在事故总数中所占的比例分别高达 46%、42%和 60%，而且单次事故所造成的人员伤亡和财产损失也大大高于其他事故。掌握密闭空间内可燃气体爆炸火焰和压力波传播规律是防爆抑爆的基础。

3.1 火焰传播

关于密闭空间内可燃气体的爆炸过程，已进行了大量实验观察与研究。于球心处给予弱点火（不会发生爆轰）的预混可燃气体爆炸火焰传播过程是最简单的情况，图 3-1 是其示意图。火焰始终以球面沿径向向球形容器壁传播，没有沿壁面的运动，也不会有边界层形成。火焰把球形容器分成 3 个区：已燃区、燃烧区和未燃区。由于燃烧放热，已燃区和燃烧区气体温度迅速上升至火焰温度，从而使容器内压力升高。压力升高速率与已燃烧的气体质量成正比。如果不考虑燃烧速度的变化，则容器内压力与已燃区体积成正比，即与时间的立方成正比。当然，实际燃烧过程中，未燃气体受到已燃气体的压缩，温度不断升高，因而燃烧速度也不断增大。所以，压力-时间曲线开始点火时较平坦，之后变得陡峭，如图 3-2 所示。爆炸结束后，随着器壁的冷却，容器内气体温度下降，压力也随之下降。

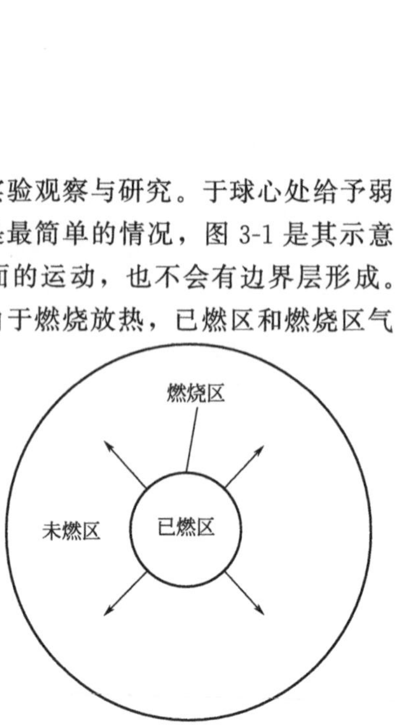

图 3-1 球形容器火焰传播过程

圆筒形容器内可燃气体爆炸火焰的传播过程要复杂一些。图 3-3 是对高速摄影拍到的密闭圆筒形容器内端部弱

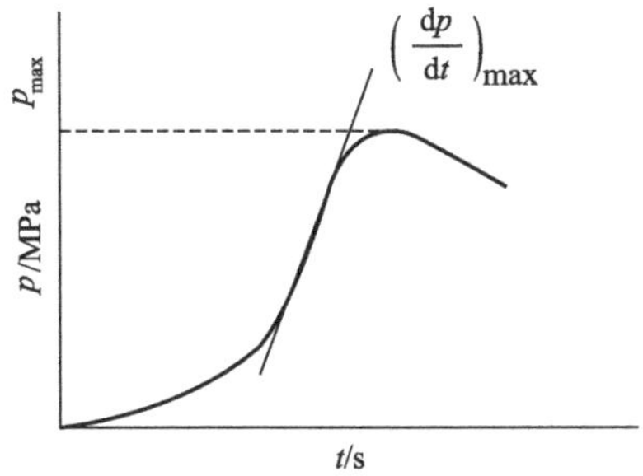

图 3-2 容器内爆炸压力-时间曲线

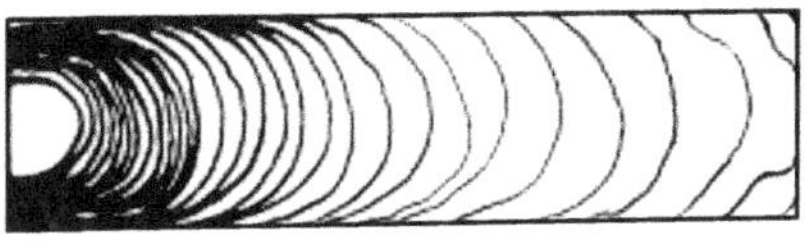

图 3-3 圆筒形容器内火焰传播示意图

点火后预混火焰传播过程照片的处理结果。可见，火焰在开始阶段上呈球面向外传播，随着传播距离的增大，靠近壁面处，由于受到壁面冷却和摩擦作用，火焰有所变形，远离壁面处，仍近似以球面向外传播。

当容器内有障碍物时，火焰的传播会发生很大变化。图 3-4 是高速摄影拍到的圆筒形容器内弱点火后预混火焰传播通过障碍物时的照片。随着火焰接近障碍物，火焰阵面下部的气体流动受阻，使得此处火焰滞后，而火焰的上部，由于流通截面变小而使得气体加速流动，火焰前锋越过障碍物后，火焰阵面发生急剧变形，在障碍物后形成旋涡，燃烧速率显著加快。

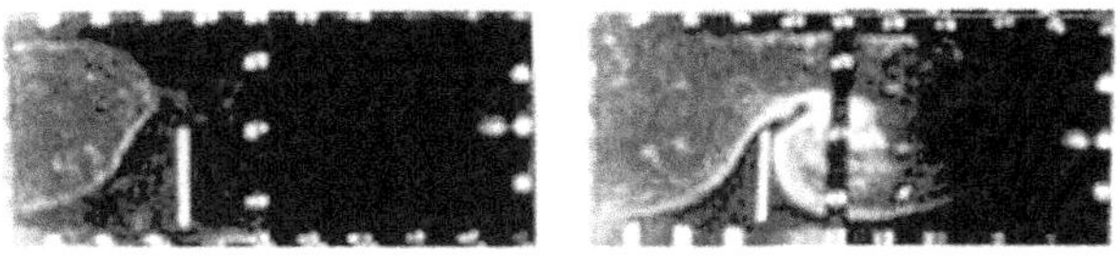

图 3-4 火焰通过障碍物时的高速摄影照片

应该指出，一般的密闭空间内可燃气体爆炸过程与第 2 章所述的定容爆炸并不是一回事。定容爆炸相当于容器内各个点同时点火的理想情况，而一般的密闭空间内爆炸有一个火焰传播过程。对于一般的工业用容器而言，由于绝对尺寸较小，而压力波以声速传播，所以容器内压力可以认为是均匀分布的。但对于大型厂房内的密闭空间爆炸过程，则压力是随空间而变化的。定容爆炸的最高温度和压力可用经典热力学方法按绝热定容燃烧过程进行计算，而实际密闭空间内爆炸所产生的最高温度和压力均低于定容爆炸的情况。

3.2 爆炸过程的解析解法

实际密闭空间内可燃气体爆炸过程是很复杂的，其一是空间的几何形状不一定是规则的，其二是空间内一般都有各类障碍物。它们都对火焰和压力波的传播有重要影响。因此，要对这类爆炸过程进行解析求解基本上是不可行的。但是，对于比较规则球形储罐或圆筒形储罐，一旦其内发生可燃气体爆炸，火焰和压力波的传播相对简单，如图 3-1 和图 3-3 所示，可以简化为球面火焰的传播过程，从而经过一系列理想化之后可得到爆炸过程的解析解。

3.2.1 质量速率方程

假设在容器中充满均匀混合的燃料-空气混合气体，且在容器中心位置进行弱点火，形成层流火焰。单位时间燃烧的质量为

$$\frac{dm_u}{dt}=-\rho_u Av \tag{3-1}$$

式中 m_u——燃料质量，kg；

ρ_u——燃料密度，kg/m³；

A——火焰阵面面积，m²；

v——燃烧速率，m/s。

若用物质的量表述，应用理想气体状态方程将密度用压力替换，则有

$$\frac{dn_u}{dt}=-\frac{p}{RT_u}Av \tag{3-2}$$

式中 p——绝对压力；

n_u——未燃气体的物质的量；

R——通用气体常数；

T_u——未燃气体的温度。

燃料总质量等于未燃气体质量 m_u 和已燃气体质量 m_b 之和，即

$$m=m_u+m_b \tag{3-3}$$

或用平均分子量表示为

$$m=\overline{M_u}n_u+\overline{M_b}n_b \tag{3-4}$$

式中 $\overline{M_u}$，$\overline{M_b}$——未燃气体和已燃气体的平均分子量；

n_u，n_b——未燃气体和已燃气体的物质的量。

由于总质量保持不变，即 $\frac{dm}{dt}=0$，所以，联立式（3-2）和式（3-4）得

$$\frac{dn_b}{dt}=\frac{Ap\overline{M_u}}{RT_u\overline{M_b}}v \tag{3-5}$$

实验数据表明，燃烧速率随未燃混合物的压力及温度的变化可用式（3-6）表示

$$v=v_0\left(\frac{T_u}{T_0}\right)^2\left(\frac{p_0}{p}\right)^\beta \tag{3-6}$$

式中，v_0 为在参考温度 T_0 和参考压力 p_0 时测定的燃烧速率。

将式（3-6）代入式（3-5）可得

$$\frac{dn_b}{dt}=\frac{v_0T_uAp\overline{M_u}}{RT_0^2\overline{M_b}}\left(\frac{p_0}{p}\right)^\beta \tag{3-7}$$

该式称为物质量（质量）燃烧速率方程。

考察气体爆炸反应方程可知，对于大多数烃类气体有

$$n_i\approx n_e \tag{3-8}$$

式中，n_i 和 n_e 分别为初态和终态的气体物质的量。由于爆炸前后质量守恒，所以

$$\overline{M_u}\approx\overline{M_b} \tag{3-9}$$

故

$$\frac{dn_b}{dt}=\frac{v_0T_uAp}{RT_0^2}\left(\frac{p_0}{p}\right)^\beta \tag{3-10}$$

3.2.2 压力上升速率和火焰速度方程

按理想气体可列出以下四种状态下的状态方程

初始状态 $$p_iV=n_iRT_i \tag{3-11}$$

终了状态 $$p_eV=n_eRT_e \tag{3-12}$$

未燃气体状态 $$pV_u=n_uRT_u \tag{3-13}$$
已燃气体状态 $$pV_b=n_bRT_b \tag{3-14}$$

式中 p_i——初始压力；

p_e——终态压力，即最大爆炸压力；

T_e——终态温度。

由式（3-8）、式（3-11）和式（3-12）得

$$\frac{p_i}{p_e}\approx\frac{T_i}{T_e} \tag{3-15}$$

3.2.2.1 等温模型

等温爆炸模型的基本假设是，在爆炸发展过程中，未燃气体的温度 T_u 始终保持为点火时的反应物初始温度 T_i 不变，已燃气体的温度 T_b 始终保持为由热化学方法计算得到的火焰温度 T_f 不变，即

$$T_u=T_i=\text{常数} \tag{3-16}$$

$$T_b=T_f=T_e=\text{常数} \tag{3-17}$$

将式（3-13）和式（3-14）相加，并结合式（3-15）～式（3-17）得

$$p=p_i+\frac{RT_i}{V}\left(\frac{p_e}{p_i}-1\right)n_b \tag{3-18}$$

$$\frac{\mathrm{d}p}{\mathrm{d}t}=\frac{RT_i}{V}\left(\frac{p_e}{p_i}-1\right)\frac{\mathrm{d}n_b}{\mathrm{d}t} \tag{3-19}$$

将式（3-10）代入式（3-19）得

$$\frac{\mathrm{d}p}{\mathrm{d}t}=\frac{v_0T_i^2(p_e/p_i-1)Ap}{VT_0^2}\left(\frac{p_0}{p}\right)^\beta \tag{3-20}$$

式（3-20）称为压力上升速率方程。对式（3-20）积分即可获得压力与时间的关系。

若 v_0 为常温下测得的燃烧速率，爆炸的初始温度也为常温，则 $T_0\approx T_i$，从而有

$$\frac{\mathrm{d}n_b}{\mathrm{d}t}=\frac{v_0Ap}{RT_i}\left(\frac{p_0}{p}\right)^\beta \tag{3-21}$$

$$\frac{\mathrm{d}p}{\mathrm{d}t}=\frac{v_0(p_e/p_i-1)Ap}{V}\left(\frac{p_0}{p}\right)^\beta \tag{3-22}$$

若进一步假设压力升高对燃烧速率影响不大，即 $\beta=0$，则

$$\frac{\mathrm{d}n_b}{\mathrm{d}t}=\frac{v_0Ap}{RT_i} \tag{3-23}$$

$$\frac{\mathrm{d}p}{\mathrm{d}t}=\frac{v_0(p_e/p_i-1)Ap}{V} \tag{3-24}$$

若考虑湍流的影响，应乘以湍流因子 α，则

$$\frac{\mathrm{d}p}{\mathrm{d}t}=\frac{\alpha v_0(p_e/p_i-1)Ap}{V} \tag{3-25}$$

根据式（3-8）、式（3-14）～式（3-17），可将未燃气体状态方程 $pV_u=n_uRT_u$ 变换为

$$p(V-V_b)=(n_i-n_b)RT_i=p_iV-pV_b\left(\frac{p_i}{p_e}\right)$$

$$V_b = V\frac{1-p_i/p}{1-p_i/p_e} \tag{3-26}$$

只要找到已燃气体所占体积 V_b 与火焰位置参数之间的关系，即可由式（3-26）可确定火焰速度方程。

（1）球形密闭容器内爆炸的压力和火焰速度

对于球形密闭容器内爆炸，如图 3-1 所示，在时刻 t，火焰面到达 r 位置，火焰面积为 A。

$$A = 4\pi\left(\frac{3V_b}{4\pi}\right)^{2/3} \tag{3-27}$$

将式（3-26）代入式（3-27）得

$$A = (36\pi)^{1/3}\left(\frac{1-p_i/p}{1-p_i/p_e}\right)^{2/3}V^{2/3} \tag{3-28}$$

将该式代入式（3-24），则得球形密闭容器中爆炸时压力上升速率计算式为

$$\frac{dp}{dt} = (36\pi)^{1/3}\frac{v_0 p_e}{p_i V^{1/3}}\left(1-\frac{p_i}{p_e}\right)^{1/3}\left(1-\frac{p_i}{p}\right)^{2/3}p \tag{3-29}$$

将式（3-26）对时间 t 求导可得

$$\frac{dV_b}{dt} = \frac{Vp_i}{(1-p_i/p_e)p^2}\frac{dp}{dt} \tag{3-30}$$

又

$$\frac{dV_b}{dt} = A\frac{dr}{dt} \tag{3-31}$$

将式（3-24）和式（3-31）代入式（3-30）就可得到火焰速度的表述式

$$\frac{dr}{dt} = \frac{v_0 p_e}{p} \tag{3-32}$$

将 $A_b = \frac{4}{3}\pi r^3$ 代入式（3-26）得到

$$\frac{1}{p} = \frac{1-\frac{4\pi}{3V}r^3\left(1-\frac{p_i}{p_e}\right)}{p_i} \tag{3-33}$$

将式（3-33）代入式（3-34）得

$$\frac{dr}{dt} = \frac{v_0 p_e}{p_i}\left[1-\frac{4\pi}{3V}r^3\left(1-\frac{p_i}{p_e}\right)\right] \tag{3-34}$$

这就是火焰速度方程。

（2）密闭管中爆炸压力和火焰速度

假设密闭管中火焰阵面位置与管子横截面重合，如图 3-5 所示，则火焰面积 A 和管子总体积之比为：

$$\frac{A}{V} = \frac{A}{AL} = \frac{1}{L} \tag{3-35}$$

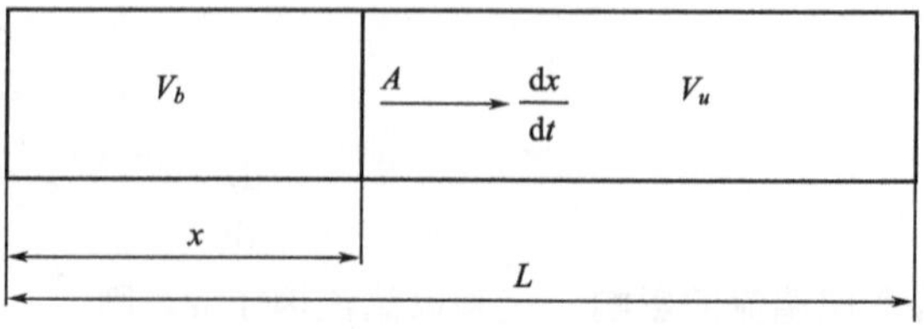

图 3-5 密闭管中火焰阵面运动速度示意图

式中 L——管子长度。

将式（3-35）代入式（3-24）得

$$\frac{dp}{dt} = \frac{v_0(p_e/p_i-1)p}{L} \tag{3-36}$$

积分可得

$$p=p_i\exp\left[\frac{v_0(p_e/p_i-1)}{L}t\right] \tag{3-37}$$

与球形容器内爆炸类似，根据式（3-8）、式（3-14）和式（3-15）可将未燃气体状态方程 $pV_u=n_uRT_u$ 进行变换得到的式（3-26）仍然成立。对管子内爆炸，$V=AL$，$V_b=Ax$，从而式（3-26）变为

$$x=L\frac{1-p_i/p}{1-p_i/p_e} \tag{3-38}$$

对时间 t 求导得

$$\frac{dx}{dt}=\frac{v_0p_e}{p} \tag{3-39}$$

将式（3-38）代入式（3-39）得

$$\frac{dx}{dt}=v_0\frac{p_e}{p_i}\left[1-\frac{x}{L}\left(1-\frac{p_i}{p_e}\right)\right] \tag{3-40}$$

3.2.2.2　绝热模型

由于在爆炸火焰扩展过程中，密闭空间内压力不断上升，无论已燃气体还是未燃气体均要受到压缩而使温度不断升高，所以，等温模型中的基本假设不符合实际情况，必然带来较大误差。考虑到火焰面扩展速度较快，如果把整个爆炸过程视为绝热过程，则未燃气体和已燃气体温度的变化分别为

$$T_u=T_i\left(\frac{p}{p_i}\right)^{1-\frac{1}{\gamma_u}} \tag{3-41}$$

$$T_b=T_e\left(\frac{p}{p_e}\right)^{1-\frac{1}{\gamma_b}} \tag{3-42}$$

为简化起见，设未燃气和已燃气的绝热指数相等，即 $\gamma_u=\gamma_b=\gamma$。根据式（3-8）、式（3-14）、式（3-15）和式（3-41）、式（3-42），可将未燃气体状态方程 $pV_u=n_uRT_u$ 变换为

$$p(V-V_b)=(n_i-n_b)RT_u=n_iRT_i\left(\frac{p}{p_i}\right)^{1-\frac{1}{\gamma}}-n_bRT_b\frac{T_i}{T_e}\left(\frac{p_e}{p_i}\right)^{1-\frac{1}{\gamma}}$$

$$=p_iV\left(\frac{p}{p_i}\right)^{1-\frac{1}{\gamma}}-pV_b\left(\frac{p_i}{p_e}\right)^{\frac{1}{\gamma}}$$

$$V_b=V\frac{1-(p_i/p)^{\frac{1}{\gamma}}}{1-(p_i/p_e)^{\frac{1}{\gamma}}} \tag{3-43}$$

将式（3-43）代入式（3-14）得

$$pV\frac{1-(p_i/p)^{\frac{1}{\gamma}}}{1-(p_i/p_e)^{\frac{1}{\gamma}}}=n_bRT_e\left(\frac{p}{p_e}\right)^{1-\frac{1}{\gamma}}=n_bRT_i\frac{p_e}{p_i}\left(\frac{p}{p_e}\right)^{1-\frac{1}{\gamma}}$$

$$\frac{dp}{dt}=\frac{\gamma RT_i}{Vp_i}(p_e^{\frac{1}{\gamma}}-p_i^{\frac{1}{\gamma}})p^{1-\frac{1}{\gamma}}\frac{dn_b}{dt} \tag{3-44}$$

将式（3-10）代入式（3-44）并结合式（3-41）得到压力上升速率方程

$$\frac{dp}{dt}=\frac{\gamma v_0T_i^2p_0^{\beta}A}{VT_0^2p_i^{2-\frac{1}{\gamma}}}(p_e^{\frac{1}{\gamma}}-p_i^{\frac{1}{\gamma}})p^{3-\frac{2}{\gamma}-\beta} \tag{3-45}$$

如果 $T_i \approx T_0$，则

$$\frac{\mathrm{d}p}{\mathrm{d}t}=\frac{\gamma v_0 p_0^\beta A}{V p_i^{2-\frac{1}{\gamma}}}(p_e^{\frac{1}{\gamma}}-p_i^{\frac{1}{\gamma}})p^{3-\frac{2}{\gamma}-\beta} \tag{3-46}$$

对于球形容器内爆炸，将式（3-43）代入式（3-27），再代入式（3-46）得

$$\frac{\mathrm{d}p}{\mathrm{d}t}=(36\pi)^{\frac{1}{3}}\frac{\gamma v_0 p_0^\beta p_e^{\frac{2}{3\gamma}}}{V^{\frac{1}{3}} p_i^{2-\frac{1}{\gamma}}}(p_e^{\frac{1}{\gamma}}-p_i^{\frac{1}{\gamma}})^{\frac{1}{3}}\left[1-\left(\frac{p_i}{p}\right)^{\frac{1}{\gamma}}\right]^{\frac{2}{3}}p^{3-\frac{2}{\gamma}-\beta} \tag{3-47}$$

对式（3-43）微分得

$$\frac{\mathrm{d}V_b}{\mathrm{d}t}=\frac{1}{\gamma}\frac{V p_i^{\frac{1}{\gamma}}}{1-(p_i/p_e)^{\frac{1}{\gamma}}}\frac{1}{p^{1+\frac{1}{\gamma}}}\frac{\mathrm{d}p}{\mathrm{d}t} \tag{3-48}$$

将式（3-31）和式（3-46）代入式（3-48）得

$$\frac{\mathrm{d}r}{\mathrm{d}t}=\frac{v_0 p_0^\beta p_e^{\frac{1}{\gamma}}}{p_i^{2-\frac{2}{\gamma}}}p^{2-\frac{3}{\gamma}-\beta} \tag{3-49}$$

由式（3-27）和式（3-43）可得到

$$p=p_i\left\{1-\frac{4\pi}{3V}[1-(p_i/p_e)^{\frac{1}{\gamma}}]r^3\right\}^{-\gamma} \tag{3-50}$$

将式（3-50）代入式（3-49）即可推导出火焰速度表达式

$$\frac{\mathrm{d}r}{\mathrm{d}t}=\frac{v_0 p_0^\beta p_e^{\frac{1}{\gamma}}}{p_i^{(\frac{1}{\gamma}+\beta)}}\left\{1-\frac{4\pi}{3V}\left[1-\left(\frac{p_0}{p_m}\right)^{\frac{1}{\gamma}}\right]r^3\right\}^{3-2\gamma+\beta\gamma} \tag{3-51}$$

以上模型是基于完全理想条件下的爆炸过程进行的，对初步了解爆炸过程很有益处。由于在方程推导过程中又进行了多次简化，所以，一般来说只适用于一些定性分析，不宜用于定量计算。

3.3 几何微元方法

关于密闭空间内可燃气体的爆炸过程，已进行了大量试验研究。在无内件的情况下，球形容器内可燃混合气体于中心点火后，会形成球面火焰。由于火焰传播过程中不会受到障碍物的干扰，所以火焰会保持球面形状不变直至燃烧完了，如图 3-1 所示。圆筒形容器内可燃气体爆炸过程中，除了容器壁面附近会有冷壁效应之外，火焰也基本上以球面向外传播，如图 3-3 所示。

设密闭容器内充满均匀的可燃气体-空气混合物，点燃后形成一层球面火焰，然后能量不断输送给邻近的冷混合气层，使其温度升高而着火，形成新的火焰。整个爆炸过程可视为由点燃点开始，一层层新混合气依次着火，并向未燃混合气体传播的过程。密闭容器内气体分为 3 个区：已燃区、燃烧区和未燃区，如图 3-6 所示。

假设：ⅰ. 容器内气体压力均匀分布，但每层混合气燃烧后，气体压力产生增量；ⅱ. 未燃混合气受到等熵压缩，温度均匀分布；ⅲ. 燃烧产物受到其后燃烧过程产生的高压压缩，因各层易燃气体受到的压缩条件不同，故它们之间存在温度梯度。

如图 3-6 所示，第 n 层气体燃烧时，容器内各层气体压力均为 p_{nn}，已燃区各层气体质量为 m_{in}，温度为 $T_{in}(i=1,2,\cdots,n-1)$，燃烧区气体质量为 m_{nn}，温度为 T_{nn}，未燃区气

体质量为 m_{un}，温度为 T_{un}。设容器内气体总质量为 m_0，取逐层燃烧掉的气体质量为 m_{ii}，则第 n 层气体燃烧时，未燃气体质量为

$$m_{un}=m_0-\sum_{i=1}^{n}m_{ii} \tag{3-52}$$

依据理想气体状态方程，已燃区气体体积为

$$V_{bn}=\sum_{i=1}^{n-1}\frac{m_{in}R_{in}T_{in}}{p_{nn}} \tag{3-53}$$

燃烧区气体体积为

$$V_{nn}=\frac{m_{nn}R_{nn}T_{nn}}{p_{nn}} \tag{3-54}$$

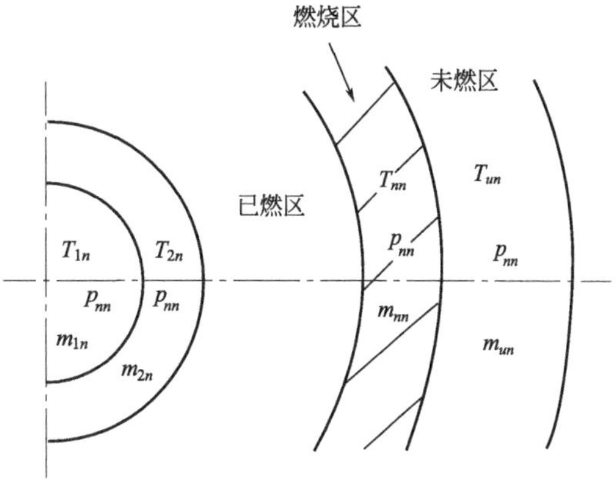

图 3-6 密闭容器内混合气体三区示意图

未燃区气体体积为

$$V_{un}=\frac{m_{un}R_{un}T_{un}}{p_{nn}} \tag{3-55}$$

密闭容器内爆炸，总体积 V_0 保持不变，即

$$V_0=V_{bn}+V_{nn}+V_{un} \tag{3-56}$$

联立式（3-52）～式（3-56）即可求解爆炸过程中，容器内压力和温度的升高过程。其中已燃区和未燃区的温度可由等熵过程方程计算

$$T_{in}=T_{i(n-1)}\left(\frac{p_{nn}}{p_{i(n-1)}}\right)^{\frac{\gamma_b-1}{\gamma_b}} \tag{3-57}$$

$$T_{un}=T_{u(n-1)}\left(\frac{p_{nn}}{p_{(n-1)(n-1)}}\right)^{\frac{\gamma_u-1}{\gamma_u}} \tag{3-58}$$

燃烧区的气体温度 T_{nn} 可由化学反应的能量方程求的。假设燃料分子式为 $C_aH_bO_cS_d$，对燃烧过程作如下假设：ⅰ. 所有 N_2 由空气带入，并自始至终以 N_2 形式存在；ⅱ. 若燃料能够完全燃尽，则所有的 C 元素首先被氧化为 CO，有过量 O_2 时，部分 CO 氧化为 CO_2；若全部 CO 被氧化为 CO_2 后，仍有剩余 O_2，即以 O_2 形式存在；所有 H 元素以水蒸气形式存在；所有 S 元素被氧化为 SO_2；ⅲ. 若燃料有剩余，即氧气不足，则部分 C 元素被氧化为 CO，无 CO_2 生成；部分 H 元素以水蒸气形式存在；部分 S 元素被氧化为 SO_2，剩余燃料气以气态分子形式存在。

当燃料气体与空气以化学计量比混合，对每 mol 燃料加入 y_{cc} mol 氧气时，反应方程为

$$C_aH_bO_cS_d+y_{cc}O_2+3.77y_{cc}N_2=aCO_2+\frac{b}{2}H_2O(g)+dSO_2+3.77y_{cc}N_2$$

$$y_{cc}=a+\frac{b}{4}+d-\frac{c}{2}$$

当所加入氧气量刚好使燃料燃尽，对每 mol 燃料加入 y_{min} mol 氧气时，反应方程为

$$C_aH_bO_cS_d+y_{min}O_2+3.77y_{min}N_2=aCO+\frac{b}{2}H_2O(g)+dSO_2+3.77y_{min}N_2$$

$$y_{min}=\frac{a}{2}+\frac{b}{4}+d-\frac{c}{2}=y_{cc}-\frac{a}{2}$$

对于其他混合比，对每摩尔燃料加入 $y$mol 氧气，反应方程为

$C_aH_bO_cS_d+yO_2+3.77yN_2=n_1CO+n_2CO_2+n_3H_2O(g)+n_4N_2+n_5O_2+n_6SO_2+n_7C_aH_bO_cS_d$

$$a=n_1+n_2+an_7$$
$$b=2n_3+bn_7$$
$$c+2y=n_1+2n_2+n_3+2n_5+2n_6+cn_7$$
$$2\times3.77y=2n_4$$
$$d=n_6+dn_7$$

① 当氧气过量，即 $y\geqslant y_{cc}$时，燃料燃尽，且没有 CO 生成，解得

$$\begin{aligned}&n_1=0\\&n_2=a\\&n_3=\frac{b}{2}\\&n_4=3.77y\\&n_5=y-y_{cc}\\&n_6=d\\&n_7=0\end{aligned}\tag{3-59}$$

② 当 $y_{min}<y<y_{cc}$时，燃料燃尽，氧气也燃尽，解得

$$\begin{aligned}&n_1=2(y_{cc}-y)\\&n_2=2(y-y_{min})\\&n_3=\frac{b}{2}\\&n_4=3.77y\\&n_5=0\\&n_6=d\\&n_7=0\end{aligned}\tag{3-60}$$

③ 当氧气不足，即 $y\leqslant y_{min}$时，氧气燃尽，无 CO_2 生成，解得

$$\begin{aligned}&n_1=a(1-n_7)\\&n_2=0\\&n_3=\frac{b(1-n_7)}{2}\\&n_4=3.77y\\&n_5=0\\&n_6=d(1-n_7)\\&n_7=1-\frac{4y}{2a+b-2c+4d}\end{aligned}\tag{3-61}$$

将每层气体的燃烧过程视为定压过程，则燃烧前反应物的焓值等于燃烧后产物的焓值，即

$$h_r(T_0)=h_p(T_e)\tag{3-62}$$

$$h_r(T_0)=(h_f+yh_{O_2}+3.76yh_{N_2})_{T_0}\tag{3-63}$$

$$h_p(T_e)=(n_1h_{CO}+n_2h_{CO_2}+n_3h_{H_2O}+n_4h_{N_2}+n_5h_{O_2}+n_6h_{SO_2}+n_7h_f)_{T_e}$$

燃烧热的定义为

$$h_{rp}(T_0)=(n_2h_{CO_2}+n_3h_{H_2O}+n_6h_{SO_2}-y_{cc}h_{O_2}-h_f)_{T_0} \tag{3-64}$$

当 $y \geqslant y_{cc}$ 时，由式（3-59）、式（3-62）～式（3-64）可得

$$\sum_{i=1}^{7} n_i[h_i(T_e)-h_i(T_0)]=-h_{rp}(T_0) \tag{3-65}$$

当 $y_{min}<y<y_{cc}$ 时，引入 $CO_2=CO+\frac{1}{2}O_2$ 的分解热定义式

$$h_{rpCO_2}(T_0)=-(h_{CO}+\frac{1}{2}h_{O_2}-h_{CO_2})_{T_0} \tag{3-66}$$

由式（3-60）、式（3-62）～式（3-64）和式（3-66）可得

$$\sum_{i=1}^{7} n_i[h_i(T_e)-h_i(T_0)]=-h_{rp}(T_0)+n_1h_{rpCO_2}(T_0) \tag{3-67}$$

当 $y \leqslant y_{min}$ 时，由式（3-61）～式（3-64）和式（3-66）可得

$$\sum_{i=1}^{7} n_i[h_i(T_e)-h_i(T_0)]=-(1-n_7)h_{rp}(T_0)+n_1h_{rpCO_2}(T_0) \tag{3-68}$$

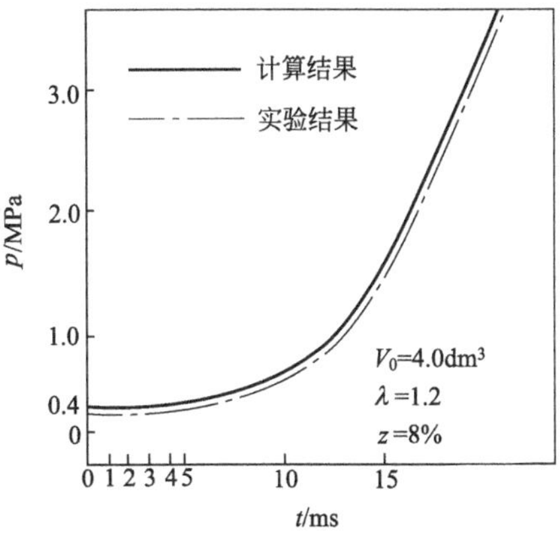

图 3-7　压力与时间关系曲线

由于式（3-65）中 $n_1=n_7=0$，式（3-67）中 $n_5=n_7=0$，所以式（3-68）可作为三种情况下的通式。按此式可自行编程计算，获得爆炸压力-时间曲线、最大爆炸压力、升压速率、爆炸温度等参数。

图 3-7～图 3-13 是密闭圆筒形容器内乙烯/空气混合物爆炸过程的实验与计算结果；圆筒形容器尺寸特征见表 3-1；图中 z 是可燃气体浓度，λ 是容器长径比。表 3-2、表 3-3 分别为 $10dm^3$ 密闭球形容器内气体爆炸压力、气体爆炸升压速率的计算与实验结果（初始压力 $p_0=0.1MPa$，初始温度 $T_0=293K$）。

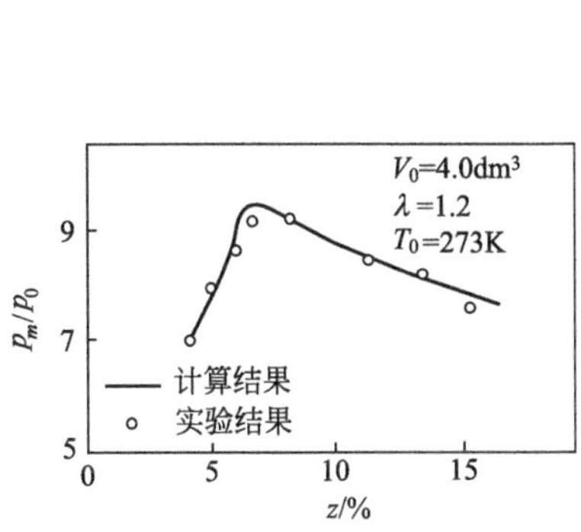

图 3-8　最大爆炸压力与混合比关系

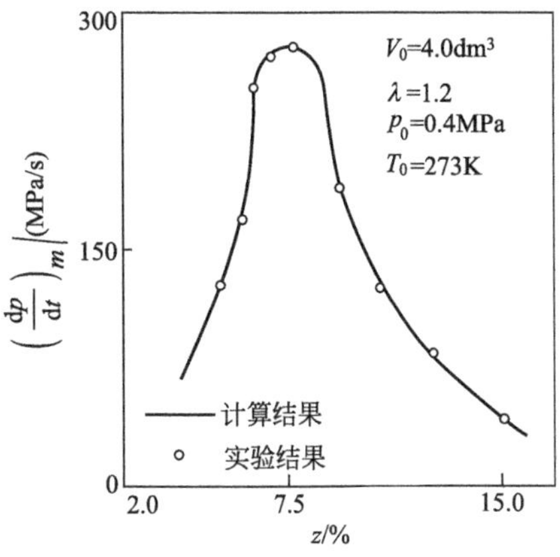

图 3-9　最大升压速率与混合比关系

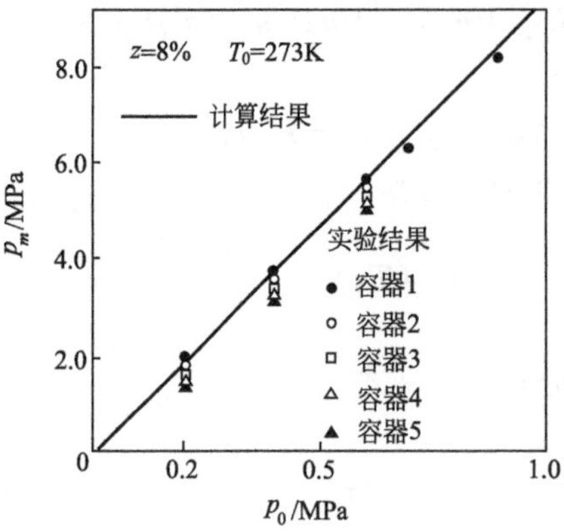

图 3-10 最大爆炸压力与初压关系

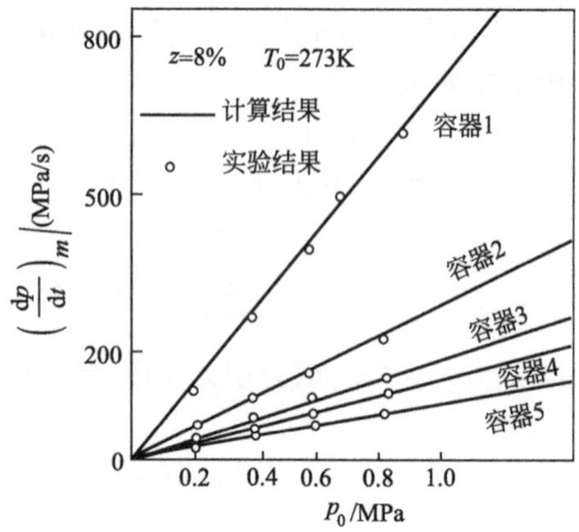

图 3-11 最大升压速率与初压关系

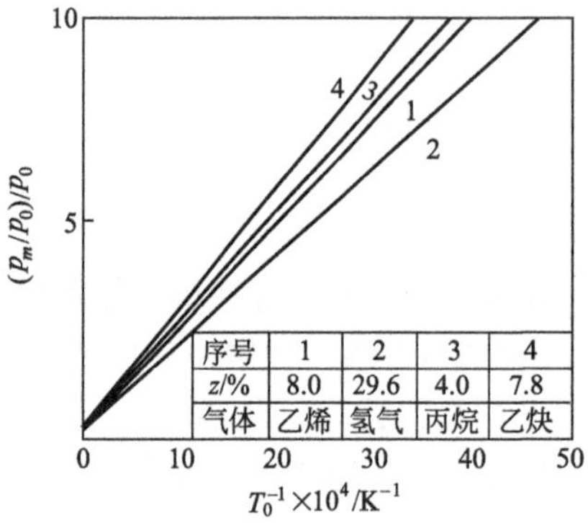

图 3-12 爆炸压力与初始温度关系

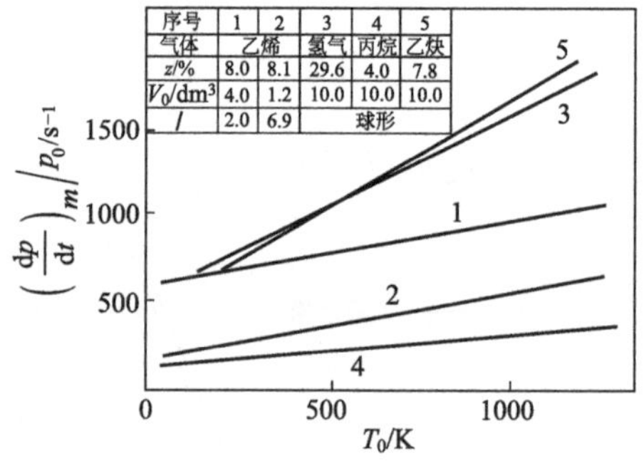

图 3-13 最大升压速率与初始温度关系

表 3-1 爆炸实验容器特性尺寸

容器编号	容器长度/mm	容器内径/mm	容器长径比 λ	容器体积/dm^3
1	190	160	1.2	4.0
2	500	72	6.9	2.0
3	765	109	7.0	7.1
4	980	143	6.9	15.7
5	1440	42	34.4	2.0

可见，计算结果与实验结果的偏差小于10%。实验结果中，随着容器长径比的增加，爆炸压力略低，主要是由于其容器壁散热量较球形容器长径比小得多的缘故。通过归纳总结以上规律，可得到以下结论。

① 依据图 3-8 和图 3-9 可知，可燃气体爆炸强度随气体浓度的变化呈现先增大后减小的趋势，在略大于化学计量浓度处达到极值点。

② 依据图 3-10 可知，理论计算上，容器内爆炸压力与容器体积无关，但容器长径比较大时，由于火焰过快接触管壁，散热较快，所以实际测得的爆炸压力偏低；

③ 依据图 3-11 可知，对不同容积的圆筒形容器内可燃气体爆燃，最大压力上升速率与容器体积及长径比之间存在如下关系

$$\left(\frac{\mathrm{d}p}{\mathrm{d}t}\right)_m V^{\frac{1}{3}}\lambda^{\frac{2}{3}}=K_G'=\text{常数} \tag{3-69}$$

对于长径比相同的圆筒形容器或球形容器内的可燃气体爆炸，可燃气的最大压力上升速

度与容器体积之间有如下关系

$$\left(\frac{\mathrm{d}p}{\mathrm{d}t}\right)_m V^{\frac{1}{3}}=K_G=\text{常数} \tag{3-70}$$

表 3-2 密闭球形容器内气体爆炸压力的计算与实验结果的比较

气　体	分子式	气体/空气 /z/%	p_e/MPa (computed)	p_e/MPa (Nabert's)	偏差/%
氢气	H_2	29.6	0.75	0.74	1.08
甲烷	CH_4	9.63	0.76	0.72	5.61
乙炔	C_2H_2	7.75	1.01	1.03	−1.91
苯	C_6H_6	2.73	0.91	0.90	0.78
丙酮	C_3H_6O	4.99	0.90	0.89	1.57
丙烯	C_3H_6	4.66	0.84	0.86	−2.56
丙烷	C_3H_8	4.03	0.83	0.86	−3.49
二甲苯	C_8H_{10}	1.96	0.83	0.78	6.41
乙酸乙酯	$C_4H_8O_2$	4.03	0.91	0.87	4.48
己烯	C_6H_{12}	2.28	0.83	0.86	−3.95
乙醚	$C_4H_{10}O$	3.38	0.93	0.92	0.76
庚烷	C_7H_{16}	1.87	0.83	0.86	−3.60
丁酮	C_4H_8O	3.38	0.86	0.85	0.71
己烷	C_6H_{14}	3.38	0.85	0.87	−2.07
环氧乙烷	C_2H_4O	7.75	0.94	0.99	−4.54
甲醇	CH_4O	12.29	0.79	0.74	6.76
硫化氢	H_2S	12.29	0.50	0.50	−1.00
二硫化碳	CS_2	6.55	0.75	0.78	−3.72

表 3-3 密闭球形容器内气体爆炸升压速率的计算与实验结果的比较

气　体	分子式	气体/空气 z/%	r_m/MPa (computed)	r_m/(MPa/s) (Naisey's)	偏差/%
氢气	H_2	29.6	70.2	67.3	4.1
乙炔	C_2H_2	8.0	70.6	68.0	3.7
丙烷	C_3H_8	4.0	17.5	16.3	6.8
乙烯	C_2H_4	8.0	57.9	57.8	0.2

即在可燃气体的混合浓度相同、可燃气与空气混合气的湍流度相同、点燃源相同的情况下，最大压力上升速率与容器容积的立方根的乘积等于常数。通常称 K_G 值为混合气体的爆炸特征值，工业上也称为爆炸指数（explosionidex），并以此值来衡量爆炸危险程度。一些可燃混合气的爆炸指数见表 3-4。

④ 依据图 3-12 可知，最大爆炸压力与初始压力、初始温度之间的关系可用下式表示

$$p_m=\left(1+\frac{C_1}{T_0}\right)p_0 \tag{3-71}$$

⑤ 依据图 3-13 可知，最大爆炸压力上升速率与初始压力、初始温度之间的关系可用下式表示

$$\left(\frac{\mathrm{d}p}{\mathrm{d}t}\right)_m=\left(C_2+\frac{C_3}{T_0}\right)p_0 \tag{3-72}$$

式中 C_1，C_2——取决于气体组成的常数；

C_3——取决于气体组成和容器特征尺寸的常数。

⑥ 依据图 3-12 和图 3-13 可知，对于同体积的容器，燃料活性越高，最大压力上升速率越大。

表 3-4 一些混合气的爆炸指数 K_G

可燃气名称	$K_G(10^5 Pa \cdot m/s)$	可燃气名称	$K_G(10^5 Pa \cdot m/s)$
甲烷	55	乙烷	106
丙烷	75	丁烷	92
甲苯	56	丁酮	56
甲醇	66	醋酸乙酯	67
乙苯	94	醋酸丙酯	40

以上计算方法只是从经典热力学角度出发，对爆炸过程进行了分析。对一些实际应用，这些模型的计算结果可以满足爆炸过程中的压力发展趋势。但是这些模型还存在下列缺点：

① 均没有考虑质点的运动速度，虽然气体质点的动能相对于气体内能和反应热来说是一个小量，但质点速度与火焰传播速度在同一个数量级，因此对升压过程有较大的影响；

② 假设整个容器内的压力是均匀的，这并不适应大型空间内可燃气体爆炸，因为大型空间内压力很难在极短时间之内达到均匀分布；

③ 没有考虑化学反应动力学问题，由于爆炸属于伴随有化学反应的不定常流动过程，火焰的传播机理以及火焰加速等都与可燃气体的燃烧反应有关，因此不能全面了解爆炸过程的本质以及火焰加速机理；

④ 当空间内有障碍物时，由于气体流动在障碍物下游形成湍流，当火焰到达湍流区时，燃烧速度得到极大增强，极大地增加了火焰速度，从而导致较高的压力增长速率。

对这些情况的计算需利用计算机进行数值模拟。

3.4 爆炸强度的测试

国家标准 GB/T 803—1989《空气中可燃气体爆炸指数的测定》和国际标准 ISO 6184/2-1985《Explosion protection systems - Part 2 ：Determination of explosion indices of combustible gases in air》都对可燃气体爆炸强度的测试方法作出了规定。标准测试装置如图 3-14所示。装置的主体是一个体积为 $1m^3$ 的圆柱形爆炸容器，其长径比通常为 1∶1。为

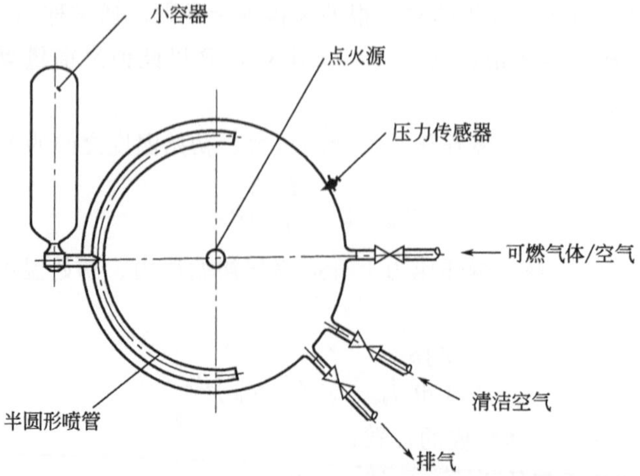

图 3-14 气体爆炸强度测试装置示意图

产生湍流，有一个5L的小容器通过快速动作阀与容器内半圆形喷管相连。半圆形喷管上开有$\phi 4 \sim 6$mm的小孔，小孔总面积约300mm^2。快速动作阀可以在10ms内打开，并将5L容器内的高压空气（通常为2MPa）喷入1m^{3}爆炸容器内。实验时利用电火花将可燃混合气体点燃。放电电极构成的火花间隙处于容器的几何中心，电极间隙为3～5mm。也可以利用300VA电压互感器作为点火源，产生高压为15kV（有效值），持续时间为0.5s左右的感应火花。若点火能量太大，会引起爆炸强度增大。

实验时，确保混合气体浓度的准确性和均匀性是很重要的。可以采用比较简单的分压方法配置混合气体，也可以通过色谱-质谱分析获得精确的浓度值。静止状态下爆炸实验要确保容器内气体处于静止状态。如果进行湍流状态下的爆炸试验，即点火前可燃混合气体处于湍流状态，则点火延迟时间t_v是衡量湍流程度的指标。湍流时间是指从开始向爆炸容器内喷射气体至点火时的时间间隔。点火延迟时间不同，实验结果也不同。湍流状态下的爆炸指数与静止状态下的爆炸指数之比称为湍流指数（turbulence index）。湍流状态下实验时，要考虑产生湍流的5L容器内气体对配比的影响。

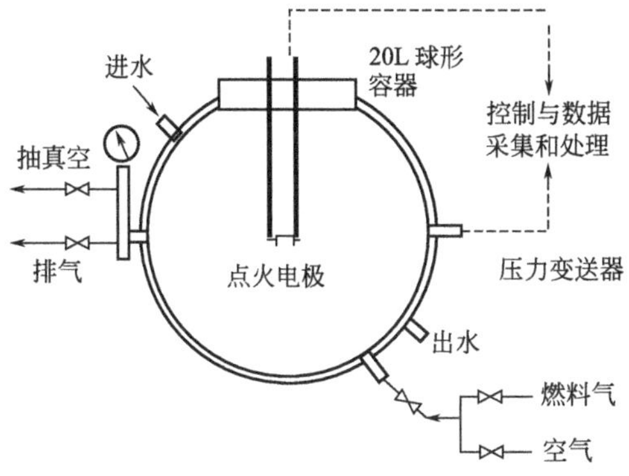

图3-15　20L球形实验装置工作原理

在确保实验精度的前提下，也可以用其他装置进行爆炸实验。例如，20L球形容器（图3-15）也常用来测定气体爆炸强度。它通常包括20L球形爆炸容器和控制与数据采集单元两大部分。爆炸容器通常为不锈钢双层结构，夹层（夹套）内可充水以保持容器内的温度恒定。容器上设有观察窗，通过观察窗可观察到点火和爆炸的火光。容器设有抽真空、排气、可燃气体引入、空气引入、压缩空气清洗接口。抽真空接口附近安装真空表。容器壁面安装有压力变送器，以测定喷粉进气和爆炸过程的动态压力。控制与数据采集单元包括可编程控制器、电火花发生器、触控屏、压力采集接线端子板等，可设置点火延时、充电电压等。容器内的压力变化过程经压力变送器感受并转变为电信号后由数据采集系统采集并保存在计算机中。通过对压力-时间曲线分析可以自动得到本次实验的最大爆炸压力和最大爆炸压力上升速率。

3.5　影响爆炸强度的因素

3.5.1　可燃气体活性

气体爆炸出现的可能性以及爆炸后产生的后果在很大程度上取决于气体活性。气体反应活性越强，分子扩散快，则它爆炸产生的火焰速度和超压值越大，产生爆轰的可能性也越大。图3-16是同一密闭容器内化学计量浓度的甲烷-空气和氢气-空气爆炸时的压力-时间曲线对比，表3-5是几种气体的爆炸指数$K_{G\max}$值。可见，氢气爆炸的升压速率远远大于甲烷爆炸的升压速率，从而爆炸指数也更大，这是因为氢气的反应活性更强。一般情况下，气体烃类分子结构中的价键越多，化学反应活性越强，燃烧速率越大，爆炸强度也越大，火灾爆炸的危险性越大。例如，炔烃、烯烃、烷烃的爆炸强度依次减小。

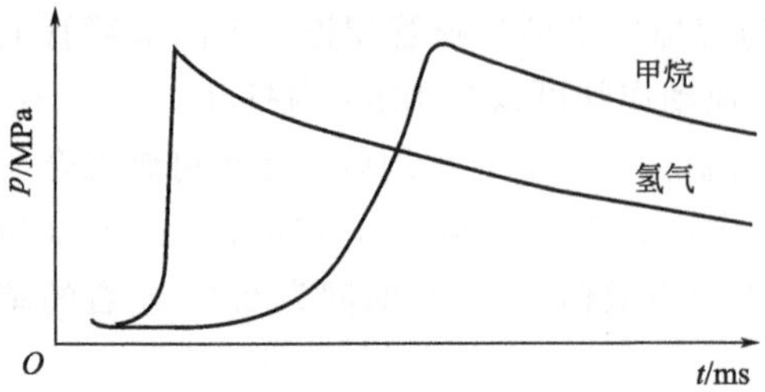

图 3-16 化学计量浓度甲烷-空气和氢气-空气爆炸压力-时间曲线

表 3-5 几种气体的爆炸指数 $K_{G\max}$ 值
（静止状态，点火能量 10J）

可燃气体	$K_{G\max}$/(MPa/s)
甲烷-空气	5.5
丙烷-空气	7.5
氢气-空气	5.5

气体活性还与助燃气体有关。图 3-17 和图 3-18 分别是 7L 密闭容器内甲烷-氧气和氢气-氧气最大爆炸压力 p_m 和最大爆炸升压速率 $\left(\frac{\mathrm{d}p}{\mathrm{d}t}\right)_m$ 随可燃气体浓度 y 的变化曲线。可见，把空气换成氧气后，爆炸强度明显增大。

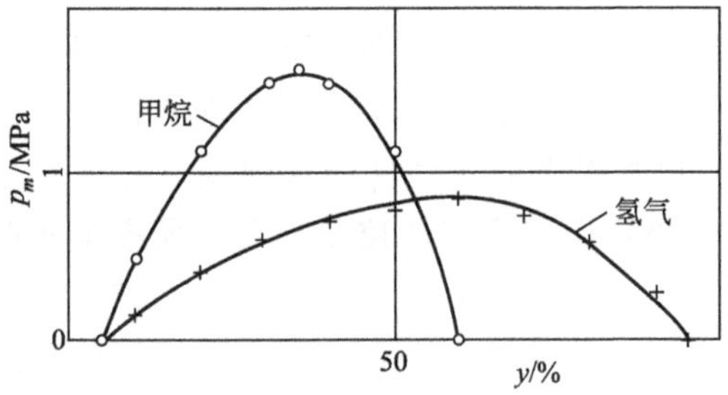

图 3-17 甲烷-氧气和氢气-氧气最大爆炸压力

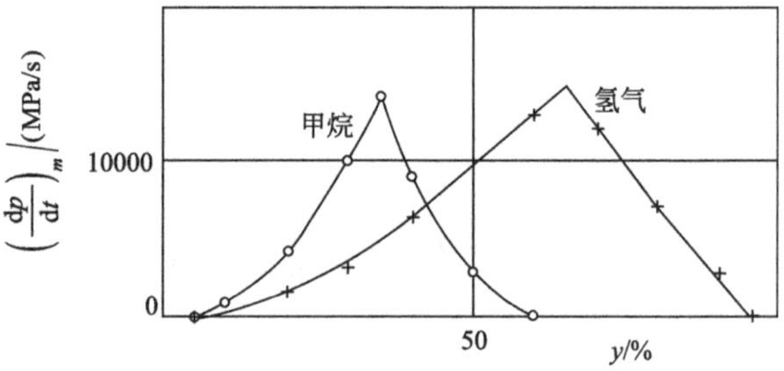

图 3-18 甲烷-氧气和氢气-氧气最大爆炸升压速率

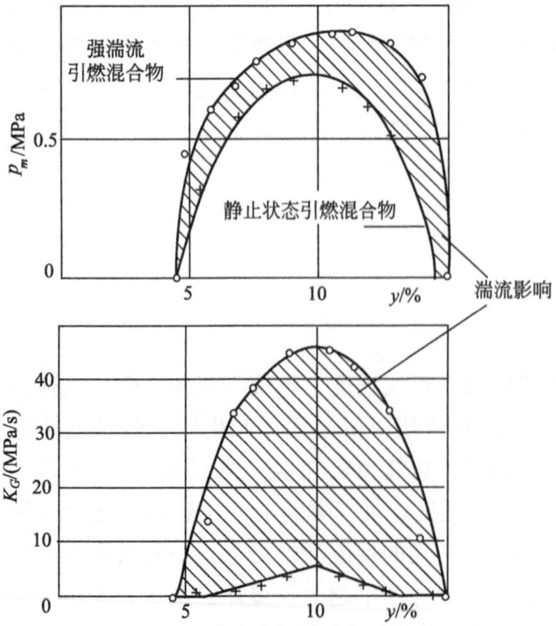

图 3-19 浓度和初始湍流对最大爆炸压力和爆炸指数的影响

3.5.2 可燃气体的浓度

可燃气体都有爆炸极限，混合浓度越接近爆炸下限或上限，燃烧速率、最大爆炸压力、最大爆炸升压速率和爆炸指数越低。图 3-19 是可燃气体浓度和初始湍流对最大爆炸压力 p_m 和爆炸指数 K_G 的影响，图 3-8、图 3-9、图 3-17 和图 3-18 也都反映了可燃气体浓度对爆炸强度的影响。每种气体都有一个产生最大爆炸威力的最危险浓度。这个浓度一般高于化学计量浓度 10%～20%，极端情况会高出 80%。

3.5.3 点火能量和位置

气体爆炸的三要素之一就是具有足够能量的点火源。一般气云所要求的最小点火能量很低，通常在毫焦数量级。图 3-20 示出了几种物质的最小点火能量。日常生活中的火焰、热表面、电火花、

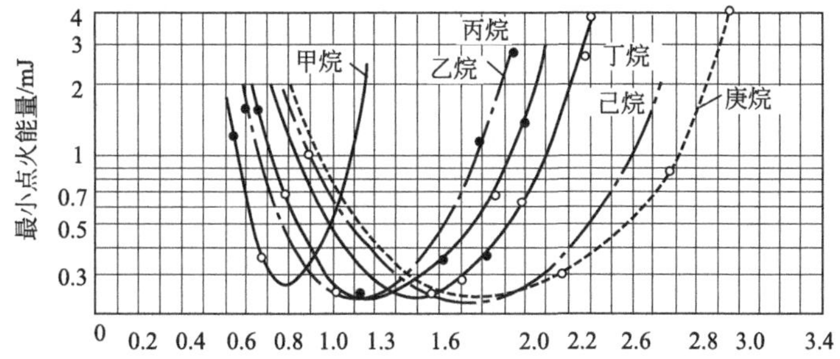

图 3-20 可燃气体的最小点火能量

切割和焊接、摩擦和撞击、电器开关打火、电机的电刷打火、化纤衣服的静电等产生的电火花均会产生大于 5mJ 的点火能量，从而可能点燃可燃气体。分别用电火花、100mg 火棉、250mg 火棉和 400mg 发光粉点燃甲烷-空气混合物的爆炸试验结果表明，这 4 种情况下的爆炸压力无明显差别。即在弱点火范围内，点火能量对气体爆炸压力的影响较小。但当由雷管、炸药等强点火源引爆时，就会直接发生爆轰。那就是燃料-空气炸弹的爆炸情况。

点火位置不同可以引起爆炸强度的变化。图 3-21 给出了点火位置对甲烷爆炸压力-时间曲线的影响。可见，在容器中心点火比在容器边缘点火产生的升压速率大。

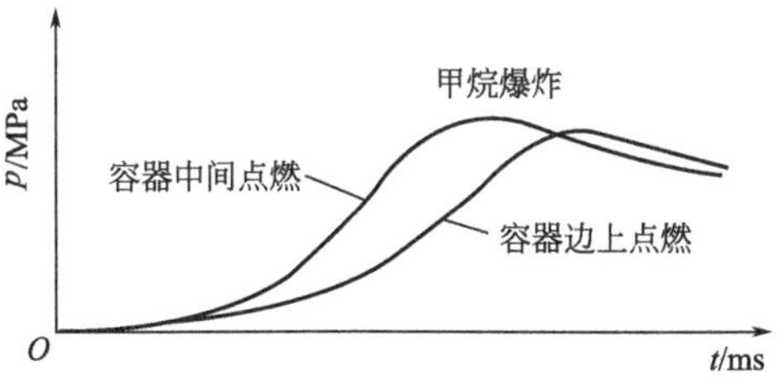

图 3-21 点火位置对甲烷爆炸强度的影响

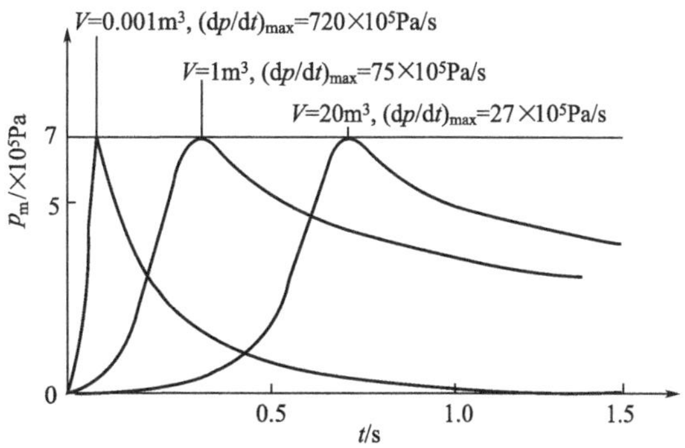

图 3-22 甲烷-空气爆炸压力-时间曲线

3.5.4 容器形状和容器

图 3-22 是几何相似的 3 个容器内甲烷-空气爆炸压力-时间曲线，图 3-23（a）是不同容器内甲烷-空气爆炸的最大爆炸压力上升速率$\left(\frac{\mathrm{d}p}{\mathrm{d}t}\right)_m$ 与爆炸容器容积的立方根的倒数 $1/V^{1/3}$ 之间的关系。可见，容器体积对最大爆炸压力没有影响，但对最大升压速率影响极大，其数值关系正如式（3-70）所示，即所谓的立方根定律。

$$\left(\frac{\mathrm{d}p}{\mathrm{d}t}\right)_m V^{\frac{1}{3}}=K_G=\text{常数}$$

使用该式时，需满足以下 4 个条件：ⅰ. 混合气体及其配比相同；ⅱ. 初始湍流程度相同；ⅲ. 容器几何相似；ⅲ. 点火能量相同。

如果考虑到圆筒形容器长径比的影响，则式（3-69）是更具普遍意义的关系式，图 3-11

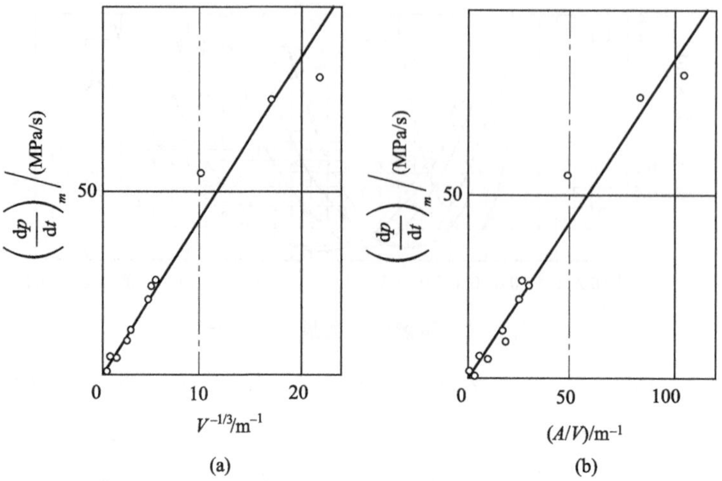

图 3-23　容器容积和形状对爆炸升压速率的影响

反映了这种关系。

对于长径比不同的圆筒形容器内气体爆炸，有如下关系

$$\left(\frac{\mathrm{d}p}{\mathrm{d}t}\right)_m V^{\frac{1}{3}}\lambda^{\frac{2}{3}}=K'_G=\text{常数}$$

图 3-23（b）是不同容器内甲烷-空气爆炸的最大爆炸压力上升速率$\left(\frac{\mathrm{d}p}{\mathrm{d}t}\right)_m$与爆炸容器的表面积与容积之比$A/V$之间的关系。可见$\left(\frac{\mathrm{d}p}{\mathrm{d}t}\right)_m$随$A/V$的增大而线性增大。

3.5.5　初始压力

初始压力对容器内可燃气体爆炸强度也有很大影响。初始压力越高，空间内可燃物质的量越多，爆炸后释放的能量越多，爆炸强度越大。图 3-24 初始压力对爆炸强度的影响中示出了丙烷-空气爆炸时初始压力p_0对最大爆炸压力和最大爆炸升压速率的影响。可见，爆炸强度与初始压力成正比。图 3-10 和图 3-11 的乙烯爆炸结果也反映了这种关系。

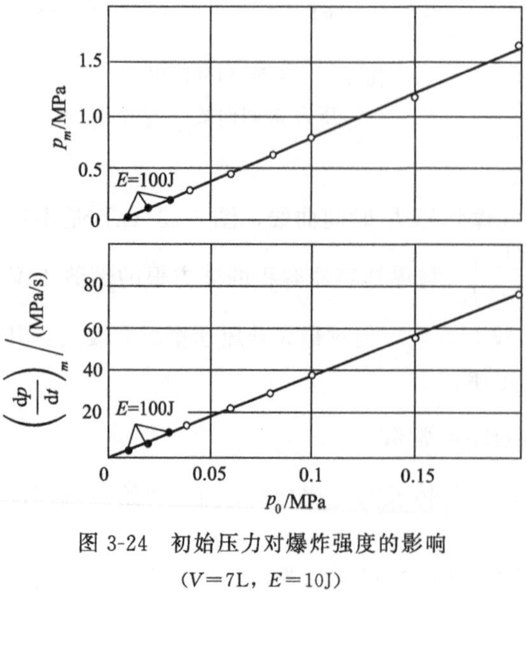

图 3-24　初始压力对爆炸强度的影响

（$V=7\mathrm{L}$，$E=10\mathrm{J}$）

3.5.6　初始温度

初始温度对爆炸强度有两方面的影响，对于定量的混合气来说，一方面，初始温度升高，则初始压力就升高，从而引起爆炸强度升高；另一方面，初始温度升高，燃烧热值有所降低，从而引起爆炸强度降低。图 3-12 和图 3-13 是乙烯爆炸结果，式(3-71）和式（3-72）综合反映了初始温度和初始压力对最大爆炸压力和最大爆炸升压速率影响的综合关系。

3.5.7　湍流状态

工程实际中，可燃气体在爆炸前经常处于湍流状态。即使在爆炸前处于静止状态，如果爆炸过程中遇到约束物（障碍物）也会产生扰动，或者爆炸火焰传播至另一个与之相连的容器使混合气压力升高并产生扰动。这种湍流或扰动会使爆炸强度大大增强，潜在的危害就更大。图 3-19 反映了甲烷爆炸过程中湍流对最大爆炸压力和最大爆炸升压速率的影响。可见，湍流会使升压速率大大增加。这是因为湍流使燃烧速率大大增加的缘故。从能量平衡的角度出发，湍流不应该引起爆炸压力升高，但实验结果却是爆炸压力也略有增加，这也是因为湍流条件下燃烧速率大大增加，从而大大缩短了燃烧时间，热损失减小的缘故。事实上，容器内障碍物越密集、几何形状越复杂，爆炸威力越大。

小　结

(1) 本章的研究对象是充满均匀可燃气体-助燃气体混合物的密闭空间内发生的爆燃情况，不包括发生爆轰的情况。衡量这种情况下爆炸威力或强度的指标主要是最大爆炸压力、最大爆炸升压速率和爆炸指数。

(2) 分析密闭空间内可燃气体爆炸的解析方法主要有等温爆炸模型和绝热爆炸模型。等温爆炸模型的基本假设是，在爆炸发展过程中，未燃气体的温度 T_u 始终保持为点火时的反应物初始温度 T_i 不变，已燃气体的温度 T_b 始终保持为由热化学方法计算得到的火焰温度 T_f 不变，其实也隐含了燃烧速率始终不变。绝热模型是在等温模型的基础上考虑了未燃气体和已燃气体温度随爆燃过程中压力不断升高的影响，假设整个过程是在绝热条件下进行的。这类方法的优点是形式简单，物理意义明确，容易进行定性分析讨论；缺点是误差很大。

(3) 几何微元方法是将爆炸容器分成大量体积微小的单元，每个单元就是一个燃烧单元。对每个单元来说，燃烧过程是在定压条件下进行的，而每个单元燃烧之后，整个容器内的参数都发生一个微小变化。经实验检验，这种方法可满足一般工程实际要求。这种方法只适用于密闭空间内没有障碍物的情况。

(4) 影响爆炸压力和压力上升速率的因素主要有：介质性质、初始温度与压力、浓度分布、点火能量等。

思 考 题

3-1　密闭容器内可燃气体爆炸过程是否已有精确的解析表达式进行描述？已提出的数学解析方法的优缺点是什么？

3-2　几何微元方法有何特点？主要适用范围是什么？

3-3　衡量密闭空间内可燃气体爆炸强度的指标有哪些？其影响因素有哪些？影响规律如何？

3-4　爆炸参数的测试方法有哪些？

3-5　立方根定律的适用条件是什么？

习　题

3-1　分别利用解析法和几何微元方法对球形容器内甲烷-空气爆炸过程进行计算，给出最大爆炸压力、最大爆炸压力上升速率，总结它们与初始压力、初始温度、甲烷浓度、容器体积之间的关系：

(1) 爆炸容器体积为 $0.05m^3$，初始压力为 0.1MPa，初始温度为 298K，甲烷浓度分别为 3%、5%、

7.5%、9.5%、12%、15%；

(2) 爆炸容器体积为 0.05m^3，甲烷浓度为 9.5%，初始温度为 298K，初始压力分别为 0.1MPa、0.2MPa、0.4MPa、0.8MPa、1.0MPa；

(3) 爆炸容器体积为 0.05m^3，甲烷浓度为 9.5%，初始压力为 0.1MPa，初始温度为 298K、348K、498K、548K、598K；

(4) 甲烷浓度为 9.5%，初始压力分别为 0.1MPa，初始温度分别为 298K，爆炸容器体积分别为 0.05m^3、0.40 m^3、3.20m^3、25.60m^3。

3-2 分别利用解析法和几何微元方法对圆筒形容器内甲烷-空气爆炸过程进行计算，给出最大爆炸压力、最大爆炸压力上升速率，总结它们与容器体积及其长径比之间的关系：

(1) 初始压力为 0.1MPa，初始温度为 298K，甲烷浓度 9.5%，爆炸容器体积为 0.05m^3、长径比分别为 1、2、3、4；

(2) 初始压力为 0.1MPa，初始温度为 298K，甲烷浓度 9.5%，爆炸容器体积为 0.40m^3、长径比分别为 1、2、3、4；

(3) 初始压力为 0.1MPa，初始温度为 298K，甲烷浓度 9.5%，爆炸容器体积为 3.2m^3、长径比分别为 1、2、3、4；

(4) 初始压力为 0.1MPa，初始温度为 298K，甲烷浓度 9.5%，爆炸容器体积为 25.6m^3、长径比分别为 1、2、3、4。

4 开敞空间可燃气云的爆炸强度

内容提要：介绍了影响开敞空间可燃气云爆炸强度的主要因素，预测方法、数值模拟方法、实验方法等几种目前常用的研究方法，对这些方法的研究过程、研究结果进行了讨论。

基本要求：①熟悉影响开敞空间可燃气云爆炸强度的几个主要因素；②掌握多能模型法预测气云爆炸强度的方法；③掌握无障碍物开敞空间气云爆炸数值模拟与密闭空间气体爆炸方法的联系与区别；④掌握对存在障碍物开敞空间气云爆炸数值模拟时，湍流模型的使用与对障碍物的处理方法；⑤熟悉开敞空间可燃气体爆炸过程中流场的分布规律。

4.1 影响可燃气云爆炸强度的因素

如果可燃气体或低沸点可燃液体泄漏到大气中，与大气混合后形成可燃气云，遇到合适的点火源，即可引发开敞空间可燃气云爆炸。开敞空间可燃气云爆炸是一个比密闭空间内爆炸更加复杂的过程，影响因素更多，例如可燃气云的特性、周围环境、天气情况以及点火源特性等。

4.1.1 可燃气云特性的影响

4.1.1.1 形成气云的可燃气体种类

可燃气云爆炸的可能性及后果在很大程度上取决于可燃气体种类。在相同的外界环境中，不同种类的可燃气云爆炸强度不同，主要是因为可燃气体的活性不同。可燃气体反应活性越强，分子扩散越快，则它爆炸产生的火焰速度和超压值越高，产生爆轰的可能性也越大。一般按反应活性高低，把可燃气体分为三类，见表 4-1。

表 4-1 可燃气体按照反应活性分类

反应活性	可燃气体
低反应活性	氨 甲烷 氯乙烯
中等反应活性	乙烷 丙烷 乙烯 n-丁烷 高烷烃
高反应活性	氢 乙炔 苯

可燃气体密度虽然不影响气云爆炸强度，但对可燃气云的形成有重要影响。密度比空气小的可燃气体在空气中将向上漂移，不会在地面上形成很大的气云，发生气云爆炸的概率较低；密度比空气大的可燃气体泄漏时贴着地面运动，可进入隧道、地下沟槽及其他一些受到限制的区域，这有利于在地面上形成体积较大的气云，潜在的危害就比较大。

在预测可燃气云爆炸危害时，需要综合考虑可燃气体的反应活性和密度。例如，氢气的密度很小，形成的气云也很小，但是它的反应活性很大，爆炸时在某些区域形成的局部压力很大，极易产生爆轰，所以其危害也很大。

4.1.1.2 可燃气体的浓度

预混气云只有可燃气体浓度适当（在上、下爆炸极限之间）时才能被引爆。可燃气体含量越接近上、下爆炸极限，燃烧速度越低，爆炸强度越低。在密闭容器中，当可燃气体以上、下可燃极限的比例与空气混合并且引爆，此时产生的压力是初始压力的4～5倍；当可燃气体与空气以化学计量浓度配比引爆时，产生的压力可达初始压力的7～8倍。

可燃气体和空气混合物的燃烧速度和放热量均随浓度而变化。化学计量浓度的1.1～1.5倍为最危险浓度，其燃烧速度及相应的爆炸反应热也将达到极大值，在此浓度下，爆炸强度最高，破坏效应最严重。

4.1.1.3 可燃气云的均匀度

可燃气体在高压下发生泄漏通常形成不均匀的预混气云，爆炸所产生的超压要小于相同条件下均匀气云爆炸时的超压。预混气云的均匀度通常受到泄漏气体喷射的方向和速度、气云的积存时间、可燃气与空气的密度差等因素的影响。

4.1.1.4 气云的尺寸

一般情况下，可燃气云尺寸越大，爆炸强度越高，但二者之间并不呈明显的正比例关系。绝对尺寸相差较大的小尺寸和大尺寸气云，爆炸模式及燃烧具体情况有较大差别，使得整个爆炸过程不具有相似性，所以它们不能够用尺寸缩放法来相互预测，存在障碍物的情况下尤其如此。

4.1.2 周围环境对爆炸的影响

4.1.2.1 地形条件的影响

地形条件对气云爆炸影响很大。例如在山洼处，可燃气泄漏时可燃气云发生积聚，容易形成体积较大的气云。爆炸过程中，产生的冲击波受到周围山体的反射，强度也会升高。

在可燃气体泄漏点附近，如果存在隧道、沟槽等地形情况，可燃气体进入这些区域并形成气云。如果在其内部点火，会产生较高的超压。爆炸波传播到地面引发二次爆炸，这样的爆炸强度要高于直接在地面点火时的情形。

4.1.2.2 约束物与障碍物对爆炸强度的影响

约束物（confinement）是指在气云边界，把气云限制成一定体积和形状的物体。如果可燃气体的泄漏发生在室内，墙壁就是约束物；如果泄漏发生在室外，比较高大的建筑物，或是附近的山体就可能是约束物。

障碍物（obstruction）是指在气云内部，在爆炸过程中火焰波会与其发生碰撞，并最终能够越过的物体。如果可燃气云在有外部约束的区域形成，则爆炸产生的超压上升，潜在的危害就要增大。气云所受的外界约束越多、越大、越复杂，爆炸产生的超压就越高。在其他条件相同的情况下，一维传播的可燃气云爆炸所产生的超压最高，二维传播时次之，而三维传播时最低。因此，管内气云爆炸超压最高，两平板之间气云爆炸超压次之，球形气云爆炸超压最小。

可燃气云爆炸时，在火焰到达障碍物之前，未燃混合物的平移流动就建立了速度梯度场和围绕障碍物的伴随流场；火焰到达障碍物后，随着火焰沿速度梯度场的汇聚，火焰表面被迅速拉伸，在尾迹流中剪切层使局部燃烧速度得到相当程度的增大。而随着火焰阵面在速度梯度场中传播，整个火焰阵面发生“伸长和折叠”。火焰的变形将在一个较大表面上消耗可燃气体和氧气，导致热释放率增加，燃烧速度增加；较高的燃烧速度又导致了火焰前面未燃混合物有较大的平移速度，引起速度梯度的进一步增大，导致了更强烈的火焰伸长和折叠，进而又使燃烧速度增加，从而使爆炸强度提高。这被称为气体流动与燃烧过程之间的正反馈机理，图 4-1 为机理方框图。

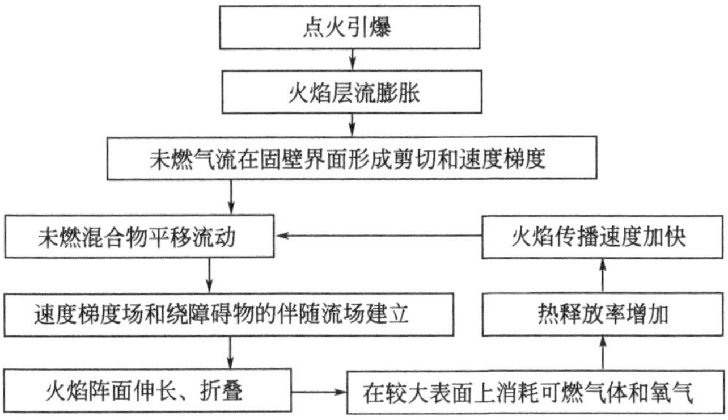

图 4-1 气体流动与燃烧过程之间的正反馈机理方框图

4.1.3 天气情况的影响

天气情况对可燃气云的形成与爆炸强度都有较大影响。可燃气体发生泄漏时，如果风力较大则不易形成可燃气云。气云引爆后，如果遇到雨、雪、雾等天气，空气中湿度较大，水汽蒸发吸收大量热量，使火焰温度降低，降低爆炸强度，甚至使火焰完全熄灭。

可燃气体在大气中扩散形成气云，大气温度越高，可燃气体与大气之间的扩散越快，越有利于可燃气云的形成和加速均匀化。温度越高，气云初始能量越大，越有利于点火和产生大的超压。Phylaktou 通过实验证实，三种碳氢化合物（C_2H_4，C_3H_8，CH_4）与空气的混合物燃烧，火焰速度 D_f 随初始温度 T_0 的升高而增加。它们之间的关系大致是：$D_f \propto T_0^m$，m 在 1.5～2 之间。欧共体进行的 MERGE 项目，采用实验分析的方法，确定了火焰速度和超压之间的关系。

4.1.4 点火能量、点火位置的影响

工业现场存在的静电、电闸跳电、电机启动引起的火花，以及高温物体表面都可作为点火源引发气云爆燃。这种工业现场存在的点火源被称为弱点火源，点火能量一般小于 100mJ。相对应，雷管等强点火源，点火能量一般大于 10^3J。

点火能量对可燃气云爆炸有重要影响。采用弱点火源时，可燃气云爆炸只能发生爆燃，超压在 kPa 量级。而采用强点火源（如高能炸药）点火时，则有可能直接引发爆轰，超压可达 MPa 量级。这主要用于军事目的，已超出工业可燃气云爆炸灾害研究范畴。

点火位置不同可以引起爆炸超压数量级的变化。在可燃气云中心点火，爆炸超压要高于在气云边缘处点火；在局部受约束区域（如一端开口的容器），在容器内部点火，超压要高于开口处点火。

4.2 气云爆炸强度的研究和预测方法

在大量实验基础上，研究者通过对实验规律的总结与分析，提出了一些预测可燃气云爆炸强度的方法。这类方法中，研究者把研究结果用公式或图表的方式表示出来。在适用范围内，使用者只要套用公式或查阅图表，即可计算出气云爆炸可能产生的超压。目前，常见的该类方法有如下几种。

4.2.1 实验方法

实验的目的，一是为理论研究提供基础数据或验证理论结果的正确性；二是获得一些具有工程意义的结论，同时寻求由小规模试验结果推测大规模工业气云爆炸的危害程度。目前见到的关于实验的报道有以下几类。

4.2.1.1 完全无约束开敞空间气云爆炸实验

这类实验中，研究者进行了球形、半球形和圆盘形气云爆炸实验，试验规模从直径为几毫米的肥皂泡气云到几米的塑料膜气云。基本结论是，最大超压很低，一般为几千帕，最大火焰速度也只有每秒几米到几十米，但气云爆炸的超压和火焰速度均随气云尺寸的增大而增大。例如，氢气-空气混合气云，直径从 3m 变化到 20m，最大爆炸压力由 2.2kPa 增大到 6.9kPa，最大火焰速度由 39m/s 增大到 84m/s。大连理工大学通过实验曲线拟合获得了无约束气云最大爆炸压力 p_{max} 与气云半径 r_0 和离开爆源中心的距离 L 之间的关系式，即

$$p_{max} = Ar_0^2/L \tag{4-1}$$

式中，A 取决于可燃气体性质的常数，例如乙炔气云爆炸，$A=0.0312$。可见开敞空间气云爆炸的威力与气云体积的 2/3 次方成正比。

实验结果表明，最大爆炸压力发生在 $L=2r_0$ 处。这样，最大爆炸压力就与气云半径成正比。表 4-2 给出了乙炔气云爆炸对建筑物的破坏性。

表 4-2 乙炔气云爆炸对建筑物的破坏性

部　件	损坏压力/kPa	气云半径/m	部　件	损坏压力/kPa	气云半径/m
玻璃窗	12.0	7.7	砖墙损坏	37	23.7
房顶破坏	24	15.5	混凝土墙损坏	76	48.7

4.2.1.2 有约束或存在障碍物时的气云爆炸实验

在有约束或存在降碍物时的气云爆炸实验中，研究者进行了一些特定工况下的气云爆炸实验。

Harrison 等进行了如图 4-2 所示的气云爆炸实验。它是由两面墙和聚乙烯膜围成的气室，内部设有由 ϕ315mm 管子组成的排管型障碍物，气云为天然气-空气混合物，形状为烤饼形。压力传感器和火焰探测仪置于底面，点火源位于气云的端部。实验结果表明，火焰速

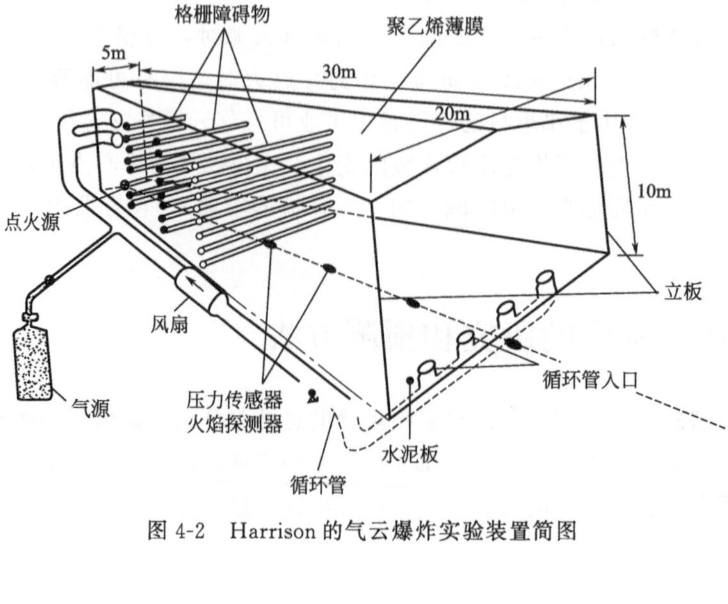

图 4-2 Harrison 的气云爆炸实验装置简图

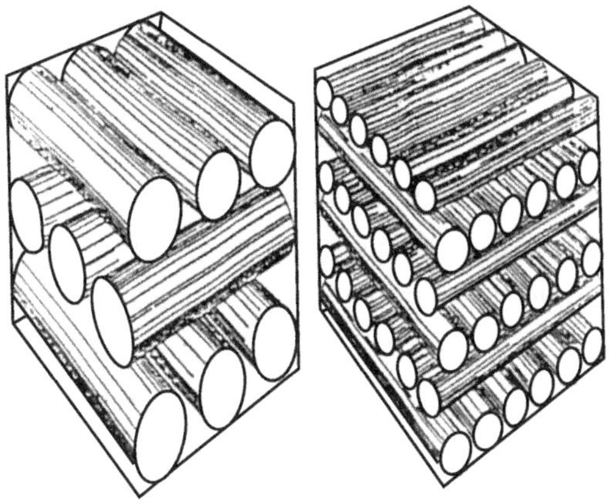

图 4-3 Hjertager 的实验装置简图

度超过 100m/s，超压达到 20kPa。

Hjertager 等进行了如图 4-3 所示的气云爆炸实验。该实验是在墙角处进行的，气云为甲烷-空气和丙烷-空气两种混合气，气云体积为 3m×3m×3m。障碍物采用了管径为 ϕ164、ϕ410 和 ϕ820mm 三种管束，管子体积与气云体积之比分别为 *VBR*＝0.1、0.2 和 0.5。实验结果为：随着管径的减少和 *VBR* 的增加，最大超压值增大。

Mercx 等进行了如图 4-4 所示的框架内气云爆炸实验。气云分别采用了甲烷-空气、丙烷-空气、乙烯-空气三种混合气体。气云体积分别为 2.1m×2.1m×1m、5m×5m×2.5m、10m×10m×5m 三种规模，试验中所用管径分别为 ϕ19、ϕ43、ϕ86 和 ϕ168 等几种，管间距采用 4.65 倍的管径。实验结果见表 4-3。

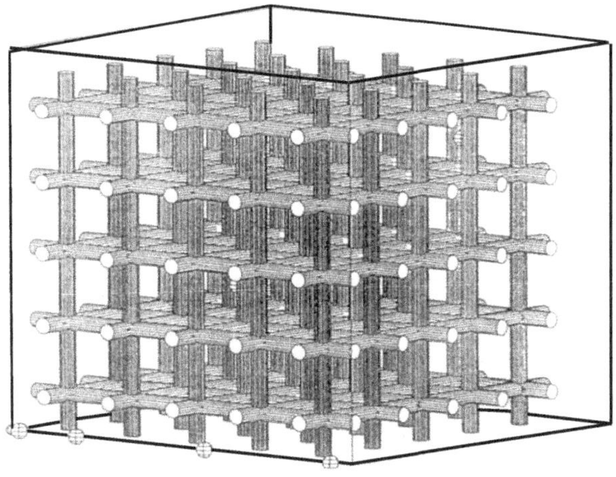

图 4-4 Mercx 的实验装备简图

表 4-3 气云爆炸实验结果 kPa

			障碍物密度		
			高*	中**	低***
可燃气体反应活性	C_2H_4	一维火焰(火焰只能沿 x 方向传播，y、z 两个方向受到刚性约束)	＞1000	＞1000	＞1000
	C_3H_6		＞800	400	200
	CH_4		＞800	200	40
	C_2H_4	二维火焰(火焰可以沿 x、y 两个方向传播，z 方向受到刚性约束)	400	200	100
	C_3H_6		200	100	8
	CH_4		100	80	4
	C_2H_4	三维火焰(火焰可沿 x、y、z 三个方向传播)	100	15	4
	C_3H_6		20	8	1
	CH_4		15	8	1

* 管径为 ϕ41，管间距为 133.25，管体积与其所占空间体积之比为 20%；

** 管径为 ϕ43，管间距为 182.75，管体积与其所占空间体积之比为 10%；

*** 管径为 ϕ86，管间距为 365.5，管体积与其所占空间体积之比为 10%。

由表4-3可知，ⅰ. 其他条件相同时，一维爆炸压力高于二维爆炸压力，二维爆炸压力又高于三维爆炸压力；ⅱ. 实验所用介质中，乙烯的反应活性最高，丙烷次之，甲烷最低，结果表明，气体反应活性越高，超压值越大；ⅲ. 障碍物密度越大，超压越高。

对开敞空间气云爆炸进行纯实验研究的难点在于：ⅰ. 气云爆炸实验危险性大，实验费用高，尤其是大规模实验难度较大；ⅱ. 由于气云爆燃过程的加速机制尚不清楚，目前无法通过实验室内的小型实验结果推算真实气云的爆炸威力；ⅲ. 气云爆燃过程的影响因素很多，如果完全依赖实验研究，工作量难以估算。因此，至今开敞空间气云爆炸的实验研究工作远未完善，尚不能定量描述气云爆炸压力与气云尺寸、气云性质以及障碍物等之间的关系，只能从定性上得出两条结论：第一，处于完全无约束条件下的气云爆炸，超压值较小，随着气云体积的增大，爆炸压力增大；第二，气云爆炸之所以会对物体造成损坏，是因为这些物体对火焰的传播起到了约束作用，从而引起了火焰变形与加速，导致爆炸威力增大。可见，研究开敞空间气云爆炸的关键是研究气云爆炸威力与气云体积之间的关系以及火焰与障碍物之间的相互作用。

4.2.2 经验与理论研究方法

4.2.2.1 TNT当量法

很长时间以来，在军事领域，人们一直注重高能炸药对物体的破坏性，先后进行了实验和理论研究，包括爆轰波传播理论、量纲分析与相似理论、数值模拟程序等，同时获得了大量实验数据，并应用量纲分析和相似定律对各种尺寸的TNT炸药爆炸场进行计算，量纲分析方法如下。

在任意给定的环境条件下，制约空气中爆炸波传播的各种可能的物理量见表4-4。

表4-4 爆炸波传播过程的物理量及量纲

符号	名　称	量　纲	符号	名　称	量　纲
E_0	爆源总能量	FL	p	爆炸波压力	FL^{-2}
R_0	装药尺寸	L	D	爆炸波速度	LT^{-1}
r	离爆心的距离	L	u	爆炸波后质点速度	LT^{-1}
p_0	大气环境压力	FL^{-2}	ρ	爆炸波后气体密度	FT^2L^{-4}
c_0	大气环境声速	LT^{-1}	t	时间	T

根据Ⅱ定律，去掉三个基本量，共能组成七个无量纲群，即

$$\Pi_1=\frac{r}{R_0},\quad \Pi_2=\frac{D}{c_0},\quad \Pi_3=\frac{D}{u},\quad \Pi_4=\frac{p}{p_0},$$

$$\Pi_5=\frac{pR_0{}^3}{E_0},\quad \Pi_6=\frac{\rho u^2}{p},\quad \Pi_7=\frac{tu}{R}$$

依据相似理论，在两个几何尺寸完全相似的爆源爆炸之间，这七个无量纲群保持不变，从而有

$$\Pi_1\rightarrow\frac{R_{01}}{R_{02}}=\frac{r_1}{r_2},\quad \Pi_2\rightarrow\frac{D_1}{D_2}=\frac{c_{01}}{c_{02}},\quad \Pi_3\rightarrow\frac{u_1}{u_2}=\frac{c_{01}}{c_{02}},$$

$$\Pi_4\rightarrow\frac{p_1}{p_2}=\frac{p_{01}}{p_{02}},\quad \Pi_5\rightarrow\frac{p_1R_{01}{}^3}{p_2R_{02}{}^3}=\frac{E_{01}}{E_{02}},\quad \Pi_6\rightarrow\frac{\rho_1u_1^2}{\rho_2u_2^2}=\frac{p_1}{p_2}$$

$$\Pi_7\rightarrow\frac{t_1u_1}{t_2u_2}=\frac{R_{01}}{R_{02}}$$

假设两次爆炸发生在相同的大气环境条件下，则

$$\frac{p_{01}}{p_{02}}=\frac{c_{01}}{c_{02}}=1$$

因此有

$\Pi_1 \rightarrow \frac{R_{01}}{R_{02}}=\frac{r_1}{r_2}$ 表示爆炸过程几何相似

$\Pi_2 \rightarrow \frac{D_1}{D_2}=1$ 表示爆炸波速度相等

$\Pi_3 \rightarrow \frac{u_1}{u_2}=1$ 表示质点速度相等

$\Pi_4 \rightarrow \frac{p_1}{p_2}=1$ 表示爆炸波压力相等

$\Pi_5 \rightarrow \frac{R_{01}^3}{R_{02}^3}=\frac{E_{01}}{E_{02}}$ 表示爆炸波能量成比例

$\Pi_6 \rightarrow \frac{\rho_1}{\rho_2}=1$ 表示爆炸波后密度相等

$\Pi_7 \rightarrow \frac{t_1}{t_2}=\frac{R_{01}}{R_{02}}$ 表示时间与空间比例相同

定义比例距离

$$\lambda=\frac{r}{W^{1/3}} \propto \frac{r}{E_0^{\ 1/3}} \tag{4-2}$$

这样，两个几何相似、成分相同的炸药，在相同的大气环境下爆炸时，在对应的时间上，爆炸波压力、速度等只是 λ 的单值函数。经过实验即可获得 TNT 爆炸时的 p-λ 关系曲线，如图 4-5 所示，用于其爆炸威力的计算。

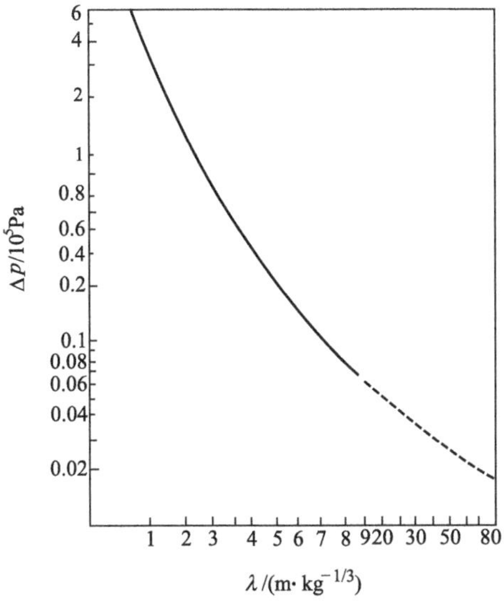

图 4-5 TNT 爆炸 p-λ 关系曲线

既然对 TNT 爆炸场及其对物体的破坏作用已能进行有效地预测。所以自然而然地，对于工业气体的爆炸事故，研究者就会想到根据气云爆炸的破坏作用推算爆炸力，并与 TNT 爆炸的破坏作用相比拟，从而把气云爆炸转化为一定量的 TNT 炸药爆炸，这个与气云爆炸破坏作用相当的 TNT 质量称为 TNT 当量。由于爆炸的威力与爆炸反应热直接相关。因此，TNT 当量可表示为

$$W_{TNT}=\alpha \frac{Q_f}{Q_{TNT}} W_f \tag{4-3}$$

式中，W_{TNT}为气云的 TNT 当量；α 为 TNT 当量效率，通常远远小于 1；W_f 为气云的质量；Q_f 为气云的爆炸热；Q_{TNT}为 TNT 的爆炸热，$Q_{TNT}=4.12 \sim 4.69$MJ/kg。这样，气云的爆炸威力就是质量为 W_{TNT}炸药的爆炸威力，只要获得了 W_{TNT}，其最大超压可由图 4-5 查取，图中 λ 如式（4-4）所示。

$$\lambda=\frac{r}{\sqrt[3]{W_{TNT}}} \tag{4-4}$$

A. Lannoy 等对 23 起事故的 120 余个点进行了统计分析，发现 TNT 当量效率分布在 0.02%～15.9%之间，当量效率低于 10%的情况占 97%，当量效率近似于 4%的情况占 60%。显然，α 值过于分散，实际应用中偏差过大。这是因为气云爆炸与 TNT 爆炸有本质的区别：ⅰ. TNT 爆炸时的爆源体积可忽略，而气云的体积较大，不能忽略，且随着爆炸的进行，爆源体积在增大；ⅱ. TNT 爆炸时能量是瞬间释放的，而气云爆炸过程中能量的释放速率有限；ⅲ. TNT 爆炸过程形成的冲击波强度大，但衰减速度快，而气云爆炸多属爆燃过程，压力波强度较小，升压速度和衰减速度均较小，所以 TNT 当量法往往高估了气云爆炸近场的超压，而低估了远场的超压；ⅳ. 气云爆炸是爆燃过程，在无约束的条件下，超压较低，有约束时，超压升高，TNT 当量法没有考虑这些影响。因此，TNT 当量法只适用于很强的气云爆炸，且用以描述远场时偏差小，用于近场时偏差较大。

4.2.2.2 自相似理论

为能在理论上有所突破，Kuhl 等人对气云爆炸过程进行了简化。对于一维点对称的爆炸过程，忽略点火过程和火焰加速，仅考虑火焰稳定传播的情况。假设火焰以球面向外传播，火焰面前方是未燃气体，火焰面后方是气体产物，且压力波阵面之前和燃烧波阵面之后的气体均是静止的。这样，球形火焰的扩展过程可简化为一个渗透性的假想球形活塞的运动过程，如图 4-6 所示。活塞的运动产生压强，从而诱导冲击波。这个冲击波的特性就完全由活塞（火焰）的速度所决定。当火焰稳定扩展时，冲击波就以恒速传播，流场中各参量波形的剖面随着时间的增加仍保持与自身相似，这样的流场称为自相似流场。在这种情况下，流体运动的偏微分方程可以转化为常微分方程，也就容易求解得多。图中 t 为时间坐标，r 为空间坐标，A 为点火点，AC 是火焰阵面，AB 是火焰诱导的冲击波阵面。虚线代表流体质点的轨迹。火焰面和压力波阵面作间断处理，能量释放在火焰面后瞬时完成。未燃气体经压力波绝热压缩后由状态 1 变为状态 2，在自相似流场中经定熵压缩后由状态 2 变为状态 3，再经过火焰阵面后，变为静止状态 4。

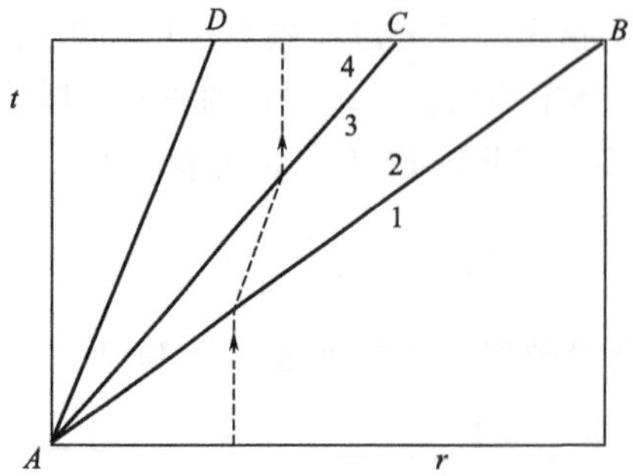

图 4-6 自相似流场示意图

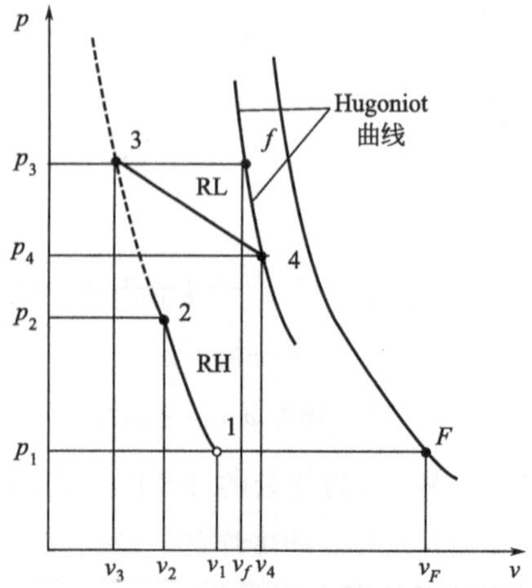

图 4-7 自相似流场的热力学过程

与图 4-6 对应的热力学过程如图 4-7 所示。1-2 表示压力波的绝热压缩过程，2-3 表示自相似流场的定熵压缩过程，3-4 表示通过火焰面的变化过程，即符合由冲击波动量方程推导出的瑞利方程，f 和 F 对应相应状态下的定压过程。所有气体均按比热容为常数的理想气体处理。Kuhl 引入等效活塞的概念，如图 4-6 中的 AD 即代表恒速运动的等效活塞。认为压力波的产生是由于与初始条件相对应的活塞引起的，活塞的运动与某个燃烧速度相对应。其解的关键部分是跨越火焰面的流场参数变化计算，给出了活塞以恒速运动时所产生的压力波的一般性质。徐胜利等在此基础上求出了流场的参数分布和火焰面位置，典型的自相似流场解如图 4-8 所示。图中 K_C 是在初始条件一定时与火焰速度相对应的常数，K_C 越大，火焰速度越小。

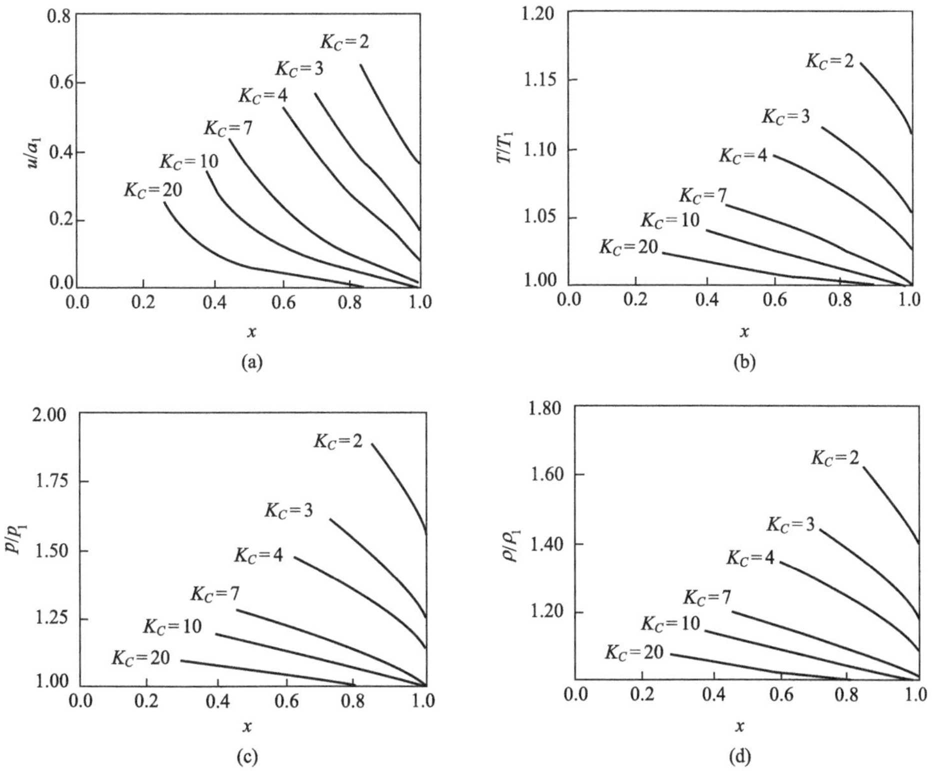

图 4-8 自相似流场解

自相似理论的缺陷在于：ⅰ. 实际火焰并非以恒速传播，而是在初始时刻以层流火焰速度传播，之后逐渐加速，从而产生较强的压力波；ⅱ. 只考虑了气云本身的发展过程，无法处理压力波和障碍物之间的相互作用。显然，自相似理论仅适用于火焰稳定传播的情况，这与通常的实际情况差距较大。

4.2.2.3 多能 (multi-energy) 模型

多能模型是 Van den berg 于 1985 年提出来的，已被公认为是比 TNT 当量法好的模型。其基本观点是，开敞空间气云是由于可燃气体泄漏而在大气中逐渐扩散形成的，较难形成均匀混合的气云，所以极难产生爆轰，而爆炸威力主要取决于边界条件。既然约束条件是增强气云爆炸的关键因素，所以，只有受约束的那部分气云才对爆炸强度的增强有作用，而不受约束的那部分气云对爆炸强度的增强几乎没有贡献。这样，如果受限气云的体积已知，就可计算对爆炸强度增强有贡献的燃烧能量。大多数化学计量比条件下烃类的平均燃烧能密度为 $E_0=3.5\mathrm{MJ/m^3}$。以此为依据，通过对不同火焰速度下爆炸的数值计算，得到了气云爆炸的最大超压与距离的关系曲线，如图 4-9 所示。

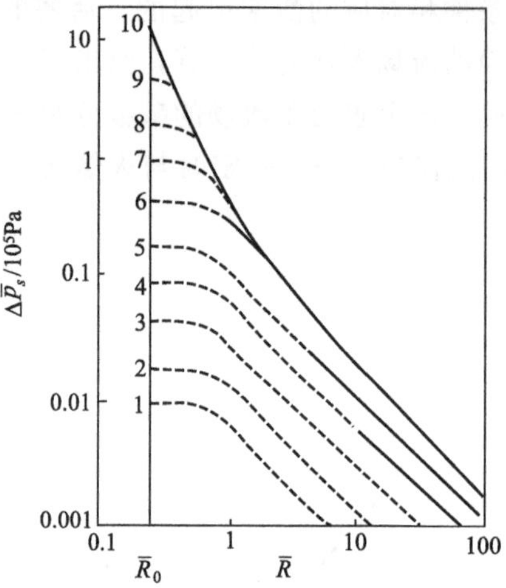

图 4-9 多能模型的超压与距离的关系

$$\Delta\overline{p}_s=\frac{\Delta p}{p_0} \tag{4-5}$$

$$\overline{R}=\frac{L}{(E_0/p_0)^{1/3}} \tag{4-6}$$

$$E_0=3.5V \tag{4-7}$$

$$\overline{R}_0=\frac{r_0}{(E_0/p_0)^{1/3}} \tag{4-8}$$

在图中，爆源强度以数字 1～10 表示，1 代表爆源强度极弱的情况；10 代表产生爆轰的情况，适用于对近场的保守估算；6 代表爆炸强度居中的情况，适用于对远场的估算。这样，如果受限气云的体积 V 已知，就可由式（4-7）计算出对爆炸有贡献的燃烧能量，由式（4-6）算得所关心点的 $\overline{R}$，然后从图 4-9 查得 $\Delta\overline{p}_s$，再由式（4-5）得到超压值。

多能模型在理论上比较合理，已受到广泛地关注，但在具体应用中仍存在以下缺点。

① 该模型认为，处于完全开敞空间的气云是混合不均匀的气体混合物，不会维持爆轰的传播，因而可以忽略其对爆炸强度的贡献。这对大多数反应不太激烈的气云（如氨、甲烷、氯乙烯等）的爆炸是正确的，但如果气云形成的时间较长，尤其是反应激烈的气云，在完全开敞的空间内形成了均匀混合物，则也可能产生爆轰。这种现象在工业实际中已出现过。

② 如何确定受限区域的尺寸是个难以解决的问题。

③ 如果将整个气云分成了几个爆炸源，它们的总强度如何叠加尚无定论。

④ 爆炸强度图中的 10 个级别如何选取？

⑤ 爆炸强度与障碍物的大小、形状、密度等有关，实际情况与图中的 10 条曲线无法对应。

可见，多能模型要获得真正应用，还有很多工作要做。

4.2.2.4 比例缩放方法

这种观点认为，气云的爆炸威力可根据气云的尺寸进行缩放。密闭容器内可燃气体爆炸时升压速度与容器体积之间存在立方根定律，即升压速度与容器体积的1/3次方成反比。与此类比，气云爆炸的当量距离与气云体积的1/3次方成反比。例如，以1000m^3的气云进行爆炸实验，测得压力与距离的关系曲线。对其他体积为V的气云爆炸，按实际气云体积与1000m^3的比值的1/3次方计算所关心点的当量距离，即

$$L_{eq}=L\left(\frac{1000}{V}\right)^{1/3} \tag{4-9}$$

然后根据L_{eq}从已测得的1000m^3气云爆炸的压力-距离关系曲线上查出爆炸压力，如图4-10所示。

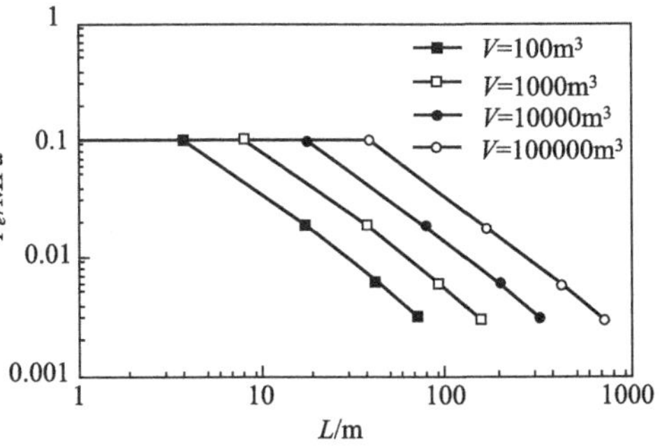

图4-10 爆炸压力缩放规律

小 结

(1) 影响可燃气云爆炸的因素有可燃气云性质、周围环境、天气情况、点火源性质等。可燃气云所受影响条件的不同，爆炸超压可产生量级上的区别，极端情况下甚至可引发爆轰。

(2) 无约束气云爆炸压力与气云初始半径的平方（体积的2/3次方）成正比，与离开爆源中心的距离成反比，即$\Delta p=AR_0{}^2/L$。对按化学计量配比的乙炔与空气气云，$A=0.0312$。气云爆炸的最大压力发生在距爆源中心的距离为气云初始半径的2倍左右之处。只要气云体积足够大，无约束气云爆炸也具有 较大的杀伤力。

(3) TNT当量法。由于对TNT炸药的爆炸威力已进行了大量研究工作，目前已能有效地预测其爆炸场和对物体的破坏作用。因此研究者设想把气云爆炸的破坏作用转化成TNT爆炸的破坏作用，从而按气云的质量确定TNT的量，称为TNT当量。这样，气云的爆炸威力就是当量质量TNT炸药的爆炸威力，其最大超压已有图可查。经过对实际气云爆炸事故的统计分析表明，实际爆炸压力是按TNT法计算值的0.2%～20%。可见分散度较大。这是由于TNT爆炸产生的是爆轰波，而气云爆炸通常是爆燃波的缘故。所以这种方法用于气云的爆燃情况偏差较大。

(4) 多能模型。这种模型认为，约束条件是增强气云爆炸威力的关键因素，只有受约束的那部分气云才对爆炸强度有作用，而不受约束的那部分气云对爆炸强度几乎没有贡献。它以半球形气云为模型，假设中心点火，火焰以恒定速度传播，从而以数值方法计算不同燃烧

速度下的气云爆炸强度，获得了一组爆炸强度曲线。图中按火焰速度的不同给出了10条曲线，代表了10个不同的爆炸级别，涵盖了从较弱的爆燃波到激烈爆炸以致产生爆轰波的情况。

(5) 缩放实验法。这种观点认为，气云的爆炸威力可根据气云的尺寸进行缩放。以 $1000m^3$ 的气云进行爆炸实验，测得压力与距离的关系曲线。对其他体积的气云爆炸，按实际气云与 $1000m^3$ 的比值的1/3次方计算所关心点的当量距离，然后从已测得的 $1000m^3$ 气云爆炸的压力-距离关系曲线上查出爆炸压力。

(6) 数值模拟已成为科学研究的一个重要手段，通过数值模拟可以得到火焰传播、气体膨胀流动以及超压等各个流场参数。目前存在的主要问题是计算模型还有待完善，计算精度还有待改进。

思考题

4-1 影响可燃气云爆炸强度，主要有哪些因素？

4-2 什么是TNT当量模型？其基本思路是什么？在实际中如何使用？

4-3 什么是多能模型？其基本思路是什么？在实际中如何使用？

4-4 什么是自相似模型？其基本思路是什么？在实际中如何使用？

4-5 开敞空间气云爆炸强度的预测难点是什么？

4-6 开敞空间气云爆炸强度的数值模拟的难点是什么？

4-7 什么是气云爆炸的正反馈机制？

4-8 常压燃烧、爆燃、爆轰、定容爆炸的本质区别是什么？

5　粉尘的爆炸强度

内容提要：介绍粉尘爆炸基础知识，包括粉尘爆炸的特点、粉尘爆炸发生条件、影响粉尘爆炸极限和爆炸强度的因素以及粉尘爆炸参数的测试方法等。

基本要求：①了解粉尘的概念；②熟悉粉尘爆炸的特点及其与气体爆炸的联系与区别；③掌握粉尘爆炸发生条件；④掌握粉尘爆炸极限的概念及其影响因素；⑤掌握粉尘爆炸强度的影响因素；⑥了解粉尘爆炸参数的测试方法。

5.1　粉尘爆炸的特点

5.1.1　粉尘的概念

粉尘（dust）是指悬浮在空气中的固体微粒，如灰尘、尘埃、烟尘、矿尘、砂尘、粉末等。至于固体微粒的大小，国际上还没有统一的规定。在英国标准 BS 2955 里规定，当物质的颗粒尺寸小于 1000μm 时被定义为粉末（powder）；当颗粒直径小于 76μm 时，被称为粉尘（dust）。而在美国防火协会标准 NFPA 68 里则定义直径小于 420μm 的固体颗粒为粉尘，二者在数量上相差接近 6 倍。

不同物质的粉尘形状不同，针对不同的形状，粉尘粒径有多种测试方法，同一粉尘按不同的测定方法和定义所得的粒径，数值上可能相差很大。从防爆安全的角度来看，人为限制粉尘粒径的大小，可能影响到研究结果的应用范围。因此，在本书中“粉尘”泛指能够在空气中悬浮的颗粒，粒径从十分之几微米到数百微米，甚至超过 1000μm 也是可以被接受的。

地球上的粉尘千差万别，种类繁多，按粉尘的成分可以分为以下几类。

（1）无机粉尘

无机粉尘包括矿物性粉尘、金属性粉尘及人工无机粉尘。

① 矿物性粉尘，如石英、石棉、滑石、煤、石灰石、黏土尘等。

② 金属性粉尘，如铁、铅、锌、锰、铜、锡粉等。

③ 人工无机粉尘，如金刚砂、水泥、石墨、玻璃粉尘等。

（2）有机粉尘

有机粉尘包括动物性粉尘、植物性粉尘和人工有机粉尘。

① 动物性粉尘，如兽毛、鸟毛、骨质毛发粉尘等。

② 植物性粉尘，如谷物、棉、麻、烟草、茶叶粉尘等。

③ 人工有机粉尘，如 TNT 炸药、合成纤维、有机染料粉尘等。

（3）混合性粉尘

混合性粉尘是指上述两种或多种粉尘的混合物。混合型粉尘在生产环境中会常常遇到，如铸造厂用混砂机混碾物料时产生的粉尘，既有石英砂和黏土粉尘，又有煤尘；又如用砂轮机磨削金属时产生的粉尘，既有金刚砂粉尘，又有金属粉尘。

粉尘按所处状态，可分成粉尘层和粉尘云两类。粉尘层（或层状粉尘）是指堆积在某处的处于静止状态的粉尘，而粉尘云（或云状粉尘）则指悬浮在空间的处于运动状态的粉尘。由于存在重力作用，多数云状粉尘会很快降落在设备表面或地面上而形成层状粉尘；而原来沉积的层状粉尘也会在扰动（如机械振动、人为清扫、冲击波等）作用下“卷扬（disturbing）”起来形成云状粉尘。

5.1.2 粉尘爆炸发生的条件

粉尘为什么会爆炸呢？用图 5-1 来说明这一问题。图 5-1（a）是一根木头燃烧的情况，很难点燃，而且点燃后燃烧的也很缓慢；同样是这根木头，如果将其劈成很多小块，并且相互交叉的堆在一起，各个小块木材之间有一定的孔隙，这堆木材就变得比较容易点燃，而且点燃后燃烧的也比较旺，见图 5-1（b）；进一步，如果将这些细小的木块粉碎成细小的锯末粉尘，比如粒径为 0.1mm 甚至更小，首先将这些细粉堆积起来，用明火点燃后，燃烧只会从外层向内部缓慢扩展，甚至是无火焰的焖燃；但是，如果将这些细粉在一个相对有限的空间里卷扬起来形成“粉尘云”，并将其点燃，这时会发现这些粉尘云不仅变得特别容易点燃，而且点燃后，火焰在各个粉尘之间传播地非常快，瞬间释放大量的热量，引起局部空间的气体急剧受热膨胀，从而发生粉尘爆炸，见图 5-1（c）。

(a) 缓慢燃烧　(b) 快速燃烧　(c) 爆炸

图 5-1　相同质量不同形态木材的燃烧

从这个例子可以看出，从缓慢燃烧到快速燃烧，直至发生爆炸，木材本身并没有发生化学性质的变化，只是由一根木头变成了无数细小的粉尘，也就是物质的表面积增大了。以边长为 1m 的正方体为例，其总表面积为 $6m^2$，当把它切割成边长为 $500\mu m$ 的小正方体时，所有这些小正方体颗粒的总表面积为 $12000m^2$ 以上，为原来的 2000 多倍。每一个细小的粉尘颗粒均有与空气中的氧气充分接触的机会，当受到高温作用时就会与氧气迅速发生燃烧反应，使得燃烧速度急剧加快，最终导致爆炸。一般来讲，粉尘颗粒越细小，越容易被引燃，燃烧的也越猛烈。颗粒越粗大，越不易引燃。

大量的实践和实验研究表明，粉尘发生爆炸必须同时具备以下 5 个条件：

① 可燃粉尘，更广泛一点说，能够被氧化的粉尘；

② 氧化物，比如空气中的氧就是很好的氧化物；

③ 粉尘呈悬浮状态，堆积成“层”状的粉尘不会发生爆炸，只有粉尘被卷扬起来呈悬浮状态并与空气充分混合时才能发生爆炸；

④ 点火源，其能量必须达到一定的数值；

⑤ 空间的相对密闭性。

描述粉尘发生爆炸的五个条件通常用“爆炸五边形”表示，如图 5-2 所示。

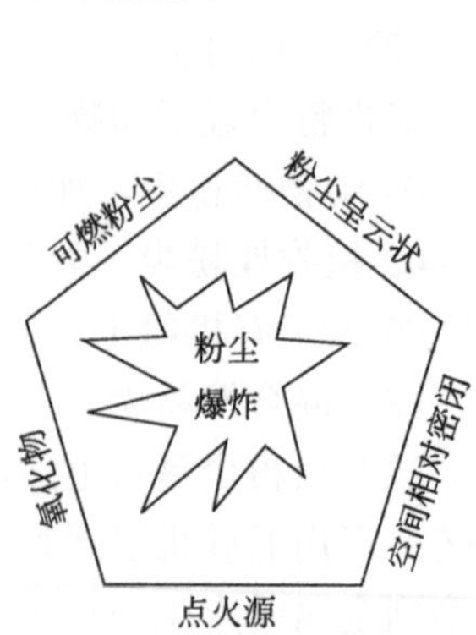

图 5-2　粉尘爆炸“五边形”

工业生产过程中的粉尘有时候是混合物，其中有可燃粉尘，也有不可燃粉尘，比如粮食转运过程中产生的伴生粉尘，既有有机粉尘，也有无机的灰分。这种粉尘能否发生爆炸通常需要通过实验测试来确认。笔者曾经对含酚醛树脂 20%的人造大理石粉尘进行过爆炸性能测试，发现这种混合性粉尘能够发生爆炸。

5.1.3 粉尘爆炸的特点

同气体爆炸一样，粉尘爆炸也是氧化物（如空气中的氧）和可燃物的快速化学反应。但是粉尘爆炸与气体爆炸的引爆过程不同，气体爆炸是分子反应，而粉尘爆炸是表面反应，因为粉尘粒子比分子大几个数量级。粉尘爆炸需经历以下过程：ⅰ. 给予粒子表面热能，表面温度上升；ⅱ. 粉尘粒子表面分子热分解并放出气体；ⅲ. 放出的气体与空气混合，形成爆炸性混合气体，遇到火源发生爆炸；ⅳ. 燃烧火焰产生的热量促进粉尘的分解，不断放出可燃性气体使火焰得以继续传播。可见，粉尘爆炸虽然是粉尘粒子表面与氧发生的反应，但归根结底属气相爆炸，可看作粉尘本身中储藏着可燃性气体。爆炸过程中粒子表面温度上升是条件，热传递在爆炸过程起着重要作用。这也是粉尘爆炸比气体爆炸需要更大点火能量的原因。

与可燃混合气体爆炸过程相比，粉尘爆炸过程与其有很多相似之处，主要表现在：ⅰ. 存在燃烧/爆炸极限；ⅱ. 存在层流、湍流燃烧速度和淬火距离；ⅲ. 存在爆轰现象；ⅳ. 大小相当的绝热定容爆炸最大压力值；ⅴ. 存在最小点火能和最低着火温度。

两者最大的区别在于可燃物形态和反应方式两个方面。一方面气体爆炸的可燃物处于气态，只有在混合物中占有足够的体积（处于爆炸极限之内）才能发生爆炸；而粉尘爆炸的可燃物处于固态，在混合物中所占的体积极小，基本上可以忽略不计，此外，粉尘粒径比气体分子大很多。另一方面气体爆炸反应是气相反应，属于分子反应；而粉尘爆炸反应是一种表面反应，影响因素更多。

（1）混合物的均匀性

由于分子扩散运动，可燃气体和空气很容易混合，且一旦混合后很难再分离或分层。而粉尘和空气混合后，由于惯性力（如重力）作用悬浮状态的粉尘会很快沉降下来，惯性力的大小与粉尘粒径和材料密度有很大关系。因此粉尘浓度分布只能保持较短的时间，若要保持粉尘的悬浮状态必须有连续的扰动因素。这种特征导致粉尘爆炸性环境的形成要比气体难。

（2）颗粒度

气体可燃物由分子组成，而粉尘可燃物由固体物质构成。粉尘的粒度、形状及表面条件都是变量，都是影响爆炸发生难易及爆炸后果严重与否的重要参数。气体燃料和氧反应是分子反应，而氧和粉尘粒子间的反应却受氧的扩散控制，因此与表面积密切相关，表面积越大(粒径越小)，反应速率越高。粉尘粒度对最小点火能量也有很大影响，一般当可燃粉尘粒度大于 400μm 时就较难发生爆炸。

（3）爆炸浓度

气体的爆炸浓度范围相对来说比较固定，比如甲烷/空气混合物的爆炸极限范围为 5%～15%，在化学计量浓度附近时混合物爆炸最猛烈；而粉尘发生爆炸时，爆炸极限难以严格确定，这是由于粉尘爆炸的浓度只能考虑悬浮粉尘与空气之比，而工业生产实际中，悬浮粉尘的量是不断变化的。例如料仓，底部可能堆积有大量粉尘，只有上部才有粉尘悬浮于空气中，如果没有扰动，由于粉尘沉降，粉尘浓度会不断下降，而一旦遇到扰动，沉积的粉尘就会扬起，粉尘浓度增大。从这种意义上讲，粉尘爆炸下限难以确定，爆炸上限更是没有意义。可见，对于特定的粉尘储存空间来说，难以事先确定粉尘是否处于可爆浓度范围内。一般工业粉尘的爆炸下限介于15～60g/m³之间，爆炸上限介于2000～6000 g/m³之间，通常认为粉尘爆炸上限为其下限的100倍。粉尘爆炸范围极宽是和气体爆炸的重要区别之一。粉尘爆炸的最佳浓度通常远高于计量浓度，根据粒径分布情况，可以达到3～4倍计量浓度。

(4) 爆炸能量

对于料仓而言，由于底部有大量堆积的粉尘，可以说可燃组分供应充足，直至氧气消耗殆尽，因此爆炸释放出的总能量一般比气体爆炸大，造成的危害也大。

此外，堆积的可燃性粉尘通常是不会爆炸的，但由于局部的爆炸，爆炸波的传播使堆积的粉尘受到扰动而飞扬形成粉尘雾，从而会连续产生二次三次爆炸。一系列粉尘爆炸事故结果表明，单纯悬浮粉尘爆炸产生的破坏范围较小，而层状粉尘发生爆炸的范围往往是整个车间或整个巷道，对生命和财产造成的危害和损失巨大。

由于粉尘粒子远远大于分子，所以粉尘爆炸总是伴有不完全燃烧，会产生大量CO，极易引起中毒。而且粉尘爆炸时，若有粒子飞出，更容易伤人或引爆其他可燃物。

5.2 粉尘爆炸参数的确定

表征粉尘爆炸特性的参数主要有以下几种。

① 粉尘云最低点燃温度（minimum ignition temperature of a dust cloud，MITC），指的是测试炉内粉尘云发生点燃时炉子内壁的最低温度。

② 粉尘层最低点燃温度（minimum ignition temperature of a dust layer，MITL），指规定厚度的粉尘层在热表面上发生点燃的热表面的最低温度。

③ 粉尘云爆炸极限（limiting explosion concentration，LEC），包括粉尘云爆炸下限和粉尘云爆炸上限。由于粉尘在重力作用下会沉积，这种趋势随粉尘云浓度的增加而增大，名义上很高的粉尘云浓度依然会爆炸，所以通常实践中只有粉尘云爆炸下限才具有实际意义。本书将重点介绍粉尘云爆炸下限（minimum explosion concentration，MEC），其定义是：在特定测试条件下，爆燃火焰能够在其中持续传播的粉尘云的最低浓度。

④ 粉尘云最小引燃能量（minimum ignition energy，MIE），指电容储存的能够点燃最敏感浓度粉尘云的电极间释放的最低火花能量。

⑤ 粉尘最大爆炸压力（maximum explosion pressure，p_{max}），封闭容器内，最佳浓度粉尘云爆燃时的最大超压值。

⑥ 粉尘最大爆炸压力上升速率［maximum rate of pressure rise，$(dp/dt)_{max}$］，封闭容器内，粉尘云爆燃时压力-时间曲线最陡的上升斜率。

以上参数总体上可以分为两类，一类是敏感度参数（sensitivity parameters），包括粉尘最低着火温度，粉尘云最小引燃能量和粉尘云爆炸下限，这些参数反应粉尘云发生着火爆炸的难易程度；另一类是猛度参数（severity parameters），包括最大爆炸压力及其上升速率，反应粉尘云着火后的爆燃猛烈程度。前者对于评估粉尘发生爆炸的可能性具有重要意义，也是粉尘爆炸事故预防措施的依据；后者是评估爆炸后果严重度的重要参数，是制定爆炸防治措施，比如泄爆和隔爆需要考虑的因素。

在粉尘爆炸研究进程中，学者们使用了多种不同的测试装置和评价方法。为了使测试结果具有一致性和可比性，国际标准化组织（ISO）和国际电工委员会（IEC）相继出版了粉尘爆炸性参数测试的相关标准，我国“等效”或“等同”采用国际标准也颁布了相应的国家标准，对照如表 5-1 所示。

表 5-1 粉尘爆炸性参数测试标准

测试内容	国际标准	国家标准
粉尘最低着火温度	IEC 61241-2-1 Electrical apparatus for use in the presence of combustible dust-Part 2: Test methods-Section 1: Methods for determining the minimum ignition temperature of dust, 1994	GB 12476.8—2010 可燃性粉尘环境用电气设备 第 8 部分：试验方法 确定粉尘最低点燃温度的方法
粉尘层电阻率	IEC 61241-2-2 Electrical apparatus for use in the presence of combustible dust -Part 2: Test methods-Section 2: Method for determining the electrical resistivity of dust in layers, 1993	GB/T 16427—1996 粉尘层电阻率测定方法
粉尘云最小着火能量	IEC61241-2-3, Electrical apparatus for use in the presence of combustible dust-Part 2: Test methods-Section 3: Method for determining the ignition energy of dust/air mixtures, 1994	GB/T 16428—1996 粉尘云最小着火能量测定方法
最大爆炸压力和爆炸压力上升速率	ISO 6184/1 Explosion protection systems, part 1: Determination of explosion indices of combustible dusts in air, 1985	GB/T 16426—1996 粉尘云最大爆炸压力和最大压力上升速率测定方法
爆炸下限	IEC 31H(draft)	GB/T 16425—1996 粉尘云爆炸下限浓度测定方法

5.2.1 粉尘云浓度的测试

目前对粉尘云浓度的测量有多种方法，大致可分为取样法和非取样法两大类。取样法即从待测区域中抽取部分具有代表性的含尘气样并送入随后的分析测量系统来测量的方法。非取样法就是利用粉尘的物理、光学等特性直接测量粉尘浓度的方法。取样法有过滤称重法、β射线法、压电振动法等。非取样法主要有光散射法、光透射法、MESA（mass concent ration extinction size analyzer）法、静电法等。特别是粉尘浓度传感器的出现，解决了粉尘采样器、直读式测尘仪不能实时监测作业场所粉尘浓度的问题。下面介绍几种主要方法。

（1）称重法

称重法就是将定量体积内的粉尘通过过滤方法分离并收集起来，称出粉尘的重量，再除以粉尘云的体积，就得到了粉尘云浓度。比如爆炸下限、爆炸压力等参数测量中都是利用喷入设备内的粉尘总质量除以设备有限容积得到实验条件下的浓度值，该方法虽然有些误差，但由于简便易行，得到了普遍应用。但该法满足不了自动、连续、无人操作以及数据的自动记录和传输的需要。该方法也无法确定粉尘分散的均匀程度。

（2）β射线法

β射线通过介质层时，由于介质层的吸收作用，其射线强度将会减弱，减弱程度与介质层的质量厚度（单位面积上介质质量）有关。β射线粉尘测量仪系统由β射线探测、粉尘采样、信号处理与单片机（微处理器）系统组成，结构示意图见图 5-3。β射线由探测仪探测，用滤膜夹将待测滤膜置于放射源与探测仪之间进行测量。β射线粉尘测量仪系统的工作流程可分为 3 个具体步骤：ⅰ. 透过空白滤纸样品介质的β射线由探测器探测，由计算机系统分析处理并记录透过空白滤纸样品介质β射线的强度；ⅱ. 在空白滤纸样品测量过程的同时，以恒定流量通过采气气路抽入一定量的被采样气体，气体中颗粒不断吸附在被测滤纸样品面上其吸附量与控制采样抽气时间有关；ⅲ．经过一定的采样抽气时间后，对吸附气体颗粒（粉尘）的被测滤纸样品进行探测、处理。所得结果送计算机处理，输出粉尘浓度测量结果。该方法可以直接测出粉尘的质量浓度而不受粉尘种类、粒度、分散度、形状、颜色、光泽等因素的影响。

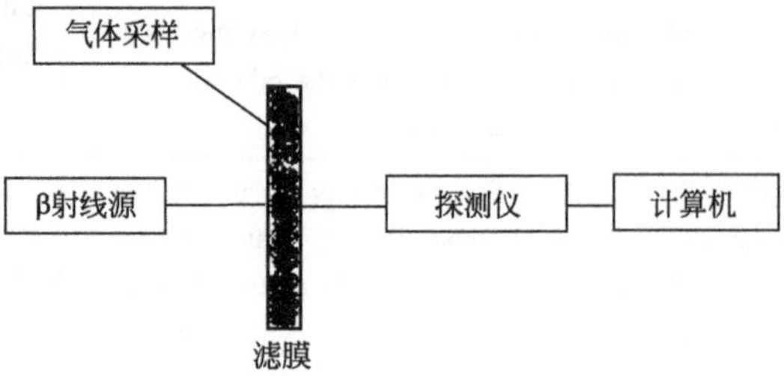

图 5-3　β 射线法测量粉尘浓度工作原理示意图

（3）光透射法

光学方法是根据粉尘对光线的吸收作用而设计的，即光线强度通过粉尘区后会明显降低。光透射法由红外发光二极管、被测粉尘云管、光电接收二极管组成，如图 5-4 所示。红外发光二极管发出的光通过透镜会聚成平行光，它透过被测粉尘云后通过透镜聚焦于光电接收二极管。发光强度和接收到的光强度之差就是粉尘云吸收的光强度，即直接与粉尘浓度有关。为了防止粉尘粘附在透镜上影响测量，两透镜安装在测量管中，通过压缩空气对两透镜及测量管进行清扫。

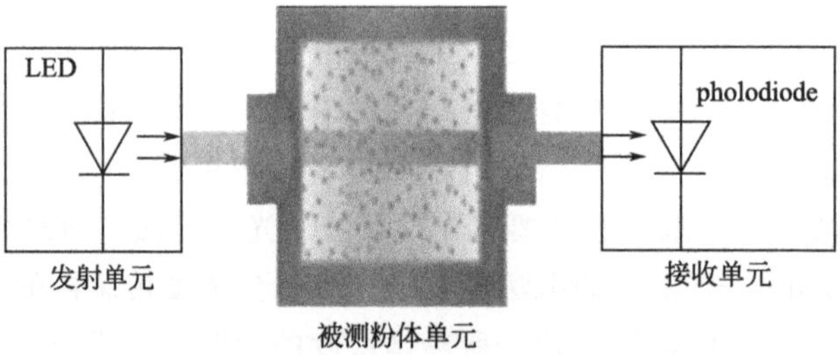

图 5-4　光透射法测量粉体浓度原理

（4）光散射法

大家都有这样的生活经验，顺光线方向看不见空气中的灰尘，而垂直于光线方向就会看到大量灰尘。这就是光散射造成的。有两种类型的光散射测尘仪——光前散射法和光后散射法。光前散射法是指接收器位于发射器前面，接收前向散射的光；光后散射法是指接收器接收后向散射的光。粉尘浓度越大，散射的光越多，接收器接收到的光越强，这和光透射法正好相反。光散射法的工作原理如图 5-5 所示。光源发射的光束通过含尘气体时，光被尘粒子散射，在前方用接收器测量散射光的光强，光强与粉尘粒子数成正比。

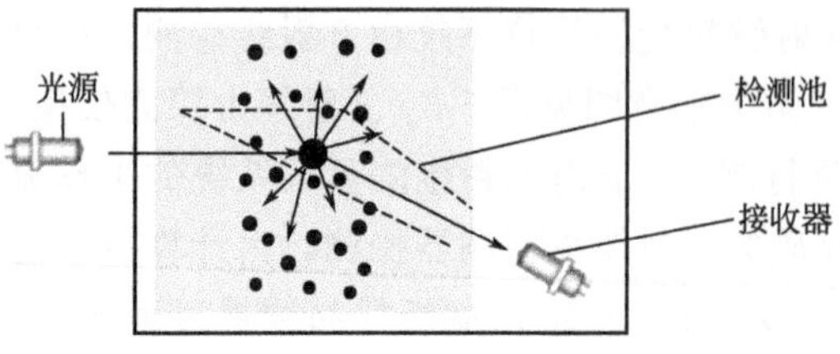

图 5-5　光散射法测量粉体浓度原理

光透射法和光散射法从原理上不适合测量高粉尘浓度烟气。因为在高浓度情况下，光在通过烟气时，光强衰减很快，测量的非线性增加，测量精度很难保证。

光学方法是一种间接测量方法，必须进

行标定方能使用。然而，目前对于高浓度粉尘云的测定仪器，粉尘浓度的精确标定是很困难的，因为要给出一个具有已知浓度的均匀粉尘源。目前通常采用的标定方法是：将精确称重的粉尘均匀分散在已知体积的透明树脂中，经特殊处理，固化成光学粉尘浓度标样量块，然后用不同粉尘浓度的标样量块对粉尘浓度测量仪进行标定。制作光学粉尘标样量块，应保证粉尘分布均匀、树脂固化后不能产生气泡、透光面要平行等。

5.2.2 爆炸下限（LEC）的测试

粉尘爆炸下限早期曾广泛利用长 300mm、内径 68mm、体积 1.3L 的哈特曼（Hartmann）管进行测试。由于哈特曼装置的主体是管状结构，粉尘在管内的分散和湍流状态很不均匀；另外，容积较小，爆炸时器壁的冷却效应也比较明显，测试结果与其他测试设备相比明显偏小。因此，现行的中国标准和欧美一些国家标准推荐最早由瑞士 Kuhner 公司 Siwek 研发的 20L 球形爆炸测试装置来测试粉尘的爆炸下限和爆炸强度诸参数。

20L 球形爆炸测试装置结构原理和实物如图 5-6 所示。装置主要由球形爆炸腔体、粉尘分散系统、点火系统和数据采集系统四部分构成。爆炸腔体通常为不锈钢双层结构，夹层（夹套）内可充水或油以保持容器内的温度恒定。容器底部装有高速气动两向阀，控制向腔体内喷粉动作。容器内安装 Siwek 式喷嘴，可将粉尘均匀分散在爆炸容器中。容器壁面安装有压电式瞬态压力变送器，以测定喷粉进气和爆炸过程的动态压力。进粉、点火、采样触发等均由可编程控制器控制，时间精度 10ms 以内。

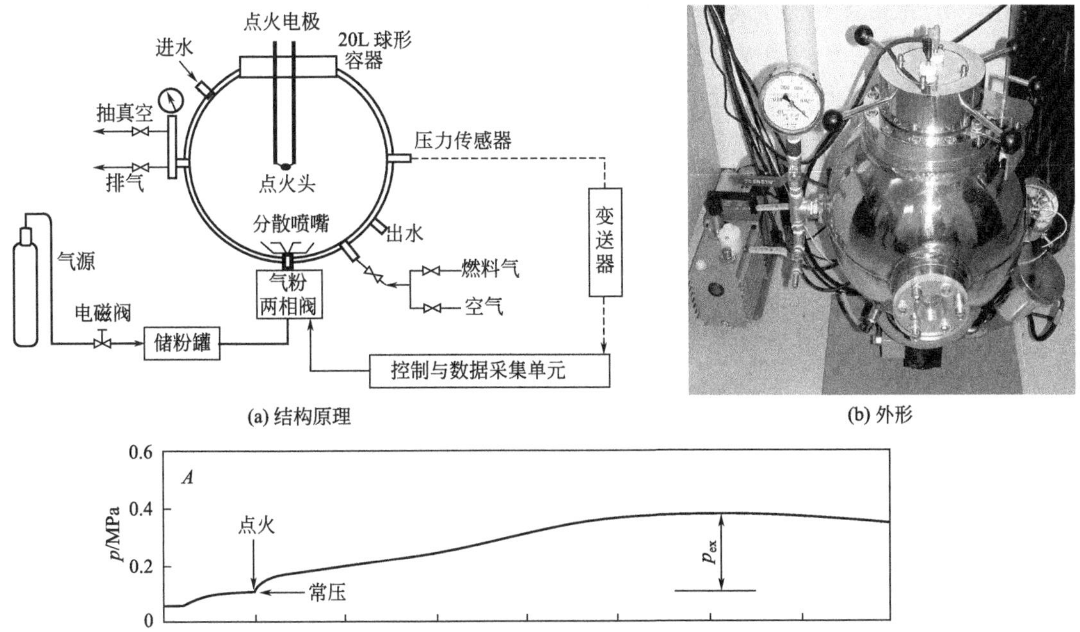

(a) 结构原理　(b) 外形

(c) 典型的爆炸下限压力-时间曲线

图 5-6　20 升球形爆炸测试装置原理及下限测试曲线

试验时，用 2MPa 高压空气将储粉罐内的可燃粉尘经气粉两向阀和分散喷嘴喷至预先抽成真空的 20L 球形装置内部；同时开始计算机采样并点火引爆气粉混合物；最后，对采样结果进行分析、计算，完成一次试验。

根据标准规定，20L 球形爆炸测试装置采用化学点火头测试粉尘的爆炸下限，化学点火头的成分为锆粉、硝酸钡和过氧化钡，三种成分按照 4∶3∶3 的比例混合而成。测试爆炸下限时采用质量为 0.48g 的点火头（点火能量约 2000J），其空爆超压为 0.2～0.3bar（1bar=100kPa），有粉尘加入时超压会增大，当超压 p_{ex} 达到 0.5bar 时，即可认为该浓度的粉尘发生了爆炸。典型的粉尘爆炸下限附近浓度的压力时间曲线如图 5-6（c）所示，压力上升过程较缓慢。

爆炸下限浓度 LEC 需通过一定范围不同浓度粉尘的爆炸试验来确定。初次试验时按 $10g/m^3$ 的整数倍确定试验粉尘浓度，如测得的爆炸压力等于或大于 0.05MPa 表压，则以 $10g/m^3$ 的级差减小粉尘浓度继续试验，直至连续 3 次同样试验所测压力值均小于 0.05MPa。如测得的爆炸压力小于 0.05MPa 表压，则以 $10g/m^3$ 的整数倍增加粉尘浓度试验，直至压力值等于或大于 0.05MPa 表压。然后，以 $10g/m^3$ 的级差减小粉尘浓度继续试验，直至连续 3 次同样试验所测压力值均小于 0.05MPa 表压。所测粉尘试样爆炸下限浓度 LEC 则介于 C1（3 次连续试验压力均小于 0.05MPa 表压的最高粉尘浓度）和 C2（3 次连续试验压力均等于或大于 0.05MPa 表压的最低粉尘浓度）之间，即：C1<LEC<C2。

当所试验的粉尘浓度超过 $100g/m^3$ 时，按 $20g/m^3$ 的级差增减试验浓度。

5.2.3 爆炸强度的测试

衡量爆炸强度的指标主要有最大爆炸压力 p_{max}、最大压力上升速率 $(dp/dt)_{max}$ 及爆炸指数 K_{st}。测试粉尘云的最大爆炸压力和最大爆炸压力上升速率，实验室也首选 20L 球形爆炸测试装置。与测试爆炸下限过程不同的是需要采用质量为 2.4g 的化学点火头（能量约为 10kJ）。

利用 20L 球形爆炸测试装置测得的典型粉尘爆炸压力时间曲线如图 5-7 所示，图中 A 点为开始喷粉时刻，B 点为喷粉完成时刻，此时球内的压力正好接近常压，随即点火引爆；C 点是实验爆炸压力上升速率最大的时刻，D 点是实验爆炸超压达到最大值的时刻。A、B 两点之间的时间差为喷粉时间，该时间对于爆炸性测试结果非常重要，时间过长，喷入到球体内部的粉尘有一部分会沉积下来，同时气粉两相流的湍流度也会降低；时间过短，粉罐内的粉尘可能不能全部喷入到球体内部，另外也可能导致点火爆炸时球体和粉罐之间的两向阀不能完全关闭，形成连通器，影响测试结果。按照国际标准的建议，此段时间应为 60ms±10ms。

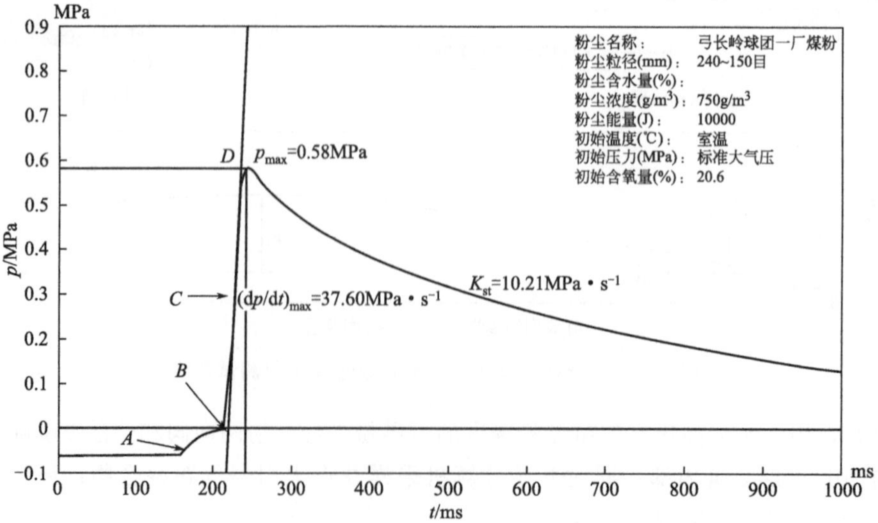

图 5-7　20 升爆炸测试装置测得的煤粉爆炸压力时间曲线

为了得到某种粉尘的最大爆炸压力和最大爆炸压力上升速率，需要改变测试粉尘的浓度，一般在 300～2500g/m^3之间变化。

1m^3 爆炸测试装置是国际标准化组织（ISO）推荐的另一种粉尘云爆炸烈度参数的测试装置，该装置长径比近似 1∶1，容积接近工业设备量级。结构如图 5-8 所示。

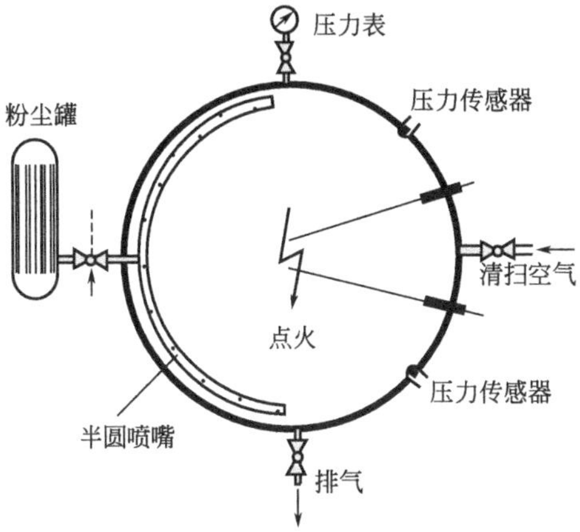

图 5-8　1m^3 爆炸测试装置

实验粉尘预先装在 5L 粉尘罐里，通过一根内径为 19mm 的管子与爆炸室内安设的半圆喷管相连通，中间有气动快开阀门。半圆形喷管上分布着孔径为 4～6mm 的喷尘孔，可将粉尘均云分散在爆炸测试容器中。使用的点火头是和 20L 装置上一样的总能量为 10kJ 的化学点火头（或两只各 5kJ 的点火头），安装在爆炸室的几何中心。点火源在开始喷粉后延迟 0.6s 的时间点燃粉尘/空气混合物。爆炸室壁上装有压力传感器以测定爆炸压力，压力传感器与计算机相连，用于数据采集和分析。

为了取得和 ISO 推荐的 1m^3 爆炸测试装置一致的测试结果，美国测试与材料协会（ASTM）要求 20L 球形爆炸测试装置必须使用和 1m^3 测试装置上完全一样的化学点火头，包括点火头外壳包裹材料。按此条件，Siwek 比较了某种细粉尘的最大爆炸压力和最大爆炸压力上升速率在两种装置上的测试结果（图 5-9），对于最大爆炸压力上升速率数据两者一致性很好，对于最大爆炸压力数据，当超过 0.55MPa 后，20L 上测得的数据略微偏小，可采用下述经验公式进行校正。

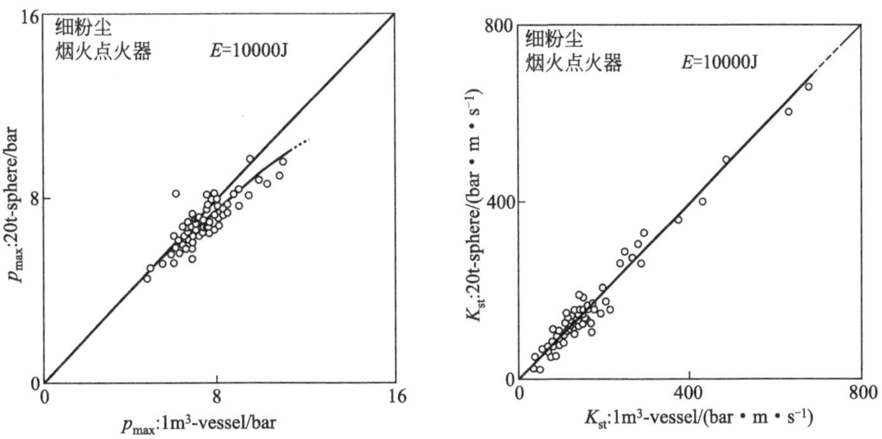

图 5-9　最大爆炸压力和爆炸压力上升速率在 20L 和 1m^3 装置上测试结果比较

$$p_{max,修}=0.775p_{max}^{1.15}(bar) \tag{5-1}$$

粉尘爆炸的猛烈程度（也称“爆炸强度”）可以利用爆炸指数 K_{st} 来表征。K_{st} 是一个常数，根据 ISO 6184-1 可利用式（5-2）计算：

$$K_{st}=(dp/dt)_{max}V^{1/3} \tag{5-2}$$

式中，V 表示测试装置的容积；$(dp/dt)_{max}$ 表示在该装置上测得的最大压力上升速率值。

需要注意的是，如果测试装置的长径比大于 2，或者测试装置的容积小于 $1m^3$，K_{st} 可能不是一个常数。

工业上根据 K_{st} 的大小，将粉尘的爆炸强度分为 3 级，如表 5-2 所示。

表 5-2 粉尘爆炸强度分级表

粉尘爆炸等级	K_{st} 值/(MPa·m/s)
st 1	>0～20
st 2	>20～30
st 3	>30

5.2.4 最小点火能（MIE）的测试

粉尘能够被电气开关的火花或电弧引燃是公认的事实，而且有些形式的静电放电也能够引燃粉尘。粉尘层被引燃时一般只能发生火灾，而粉尘云被引燃时可引发爆炸，因此，人们通常测试粉尘云的最小引燃能量值，进而了解电气火花或静电释放引燃粉尘的危险性。

国标 GB 12476.10 推荐采用充电电容器释放储存的能量产生的火花来测试粉尘云的最小引燃能量，并且推荐了 4 种产生火花的电路原理，分别是：电压升高触发放电（也称涓流放电，trickle discharge）；辅助电极触发放电；移动电极触发放电；高压击穿低压续弧放电。

无论采用哪种电路，以下条件必须满足：

线路电感≥1mH，电阻<5Ω；

电极材料为不锈钢、铜、或钨；

电极间距 2～6mm 可调；

储能电容低感，耐浪涌电流。

在 4 种电路原理中，高压击穿低压续弧法对电气元件的耐压能力要求较低，容易实现放电和形成粉尘云的同步，本书只介绍本方法，其原理如图 5-10 所示。首先利用高压电源对储能电容 C 充电至 V_i（通常小于 2500V，不会在间隙 G 时放电），当 C 充分充电后储存的能量 $W=0.5CV_i^2$。为了触发放电，电路设置一辅助电容 C_{Tr}（一般为 0.47μF），充电后通过 1L 压变压器 T 放电，此时会在电极间隙 G 间形成一高压脉冲使得两电极短路，并引发主储能电容 C 释放原来储存的能量 W。辅助电容触发放电引入的能量一般小于 5mJ。开关 S 的通断可以很方便地实现放电和粉尘云形成的同步。

最小引燃能量与电极之间存在一个最佳电极间隙。电极间隙过大，火花能量不集中，能量密度较低，不易引燃粉尘云；间隙太小，火花能量过于集中，产生的“膨胀波”会将粉尘云驱散，形成无粉尘的“真空”状态也不易引燃粉尘云。研究表明，对一般粉尘，电极间隙一般在 4～6mm 为宜。

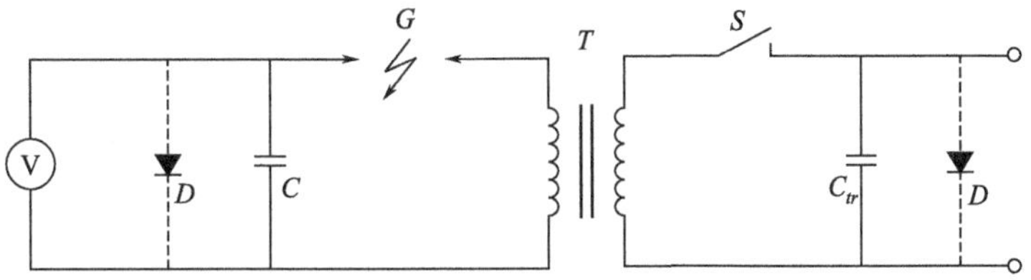

图 5-10 粉尘云最小引燃能量测试电路（高压击穿低压续弧）

如果不考虑系统消耗的能量，可以近似认为引燃粉尘的火花能量等于电容 C 储存的能量。如果需要比较精确的确定火花的能量，可以按式（5-3）计算

$$E=\int_0^{t_d}(VI-I^2R)\mathrm{d}t \tag{5-3}$$

式中，V 和 I 分别是电极两端的电压和电流，R 是放电回路中的电阻。

5.2.5 粉尘最低着火温度（MIT）的测试

一些工业设备比如炉子、干燥机、电器会产生过热表面，有些设备发生故障，如轴承缺油、皮带跑偏等，也会产生热表面。粉尘如果粘附在这些表面并产生堆积，则有可能被这些正常或故障条件下产生的热表面引燃。掌握粉尘最低着火温度有助于在生产中采取措施提前加以预防。

由于粉尘在工业现场通常有粉尘云和粉尘层两种状态，不同状态发生着火的温度是不一样的。根据粉尘状态的不同，标准 GB 12476/8 规定了粉尘云最低着火温度和粉尘层最低着火温度两种测试方法。

（1）粉尘云最低着火温度测试

按照标准，粉尘云最低点火温度是在 Godbert-Greenwald 炉（又称 G-G 炉）中测试。G-G 炉的炉管为下口敞开的石英玻璃管，外管壁绕有加热用的镍烙电阻丝。为保证管内温度的均衡性，炉丝两端较密而中间较疏。管上端通过 90°渐扩弯头与装粉样的粉室相连。粉室后部依次是电磁阀、储气室和手动调节阀（在面板上）。炉管中部有两只热电偶，一只紧贴外壁和控温仪连接用于检测和控制炉温，另一只与第一只呈 90°紧贴内壁和高温表连接用于测试实验温度。装置原理和外形如图 5-11 所示。

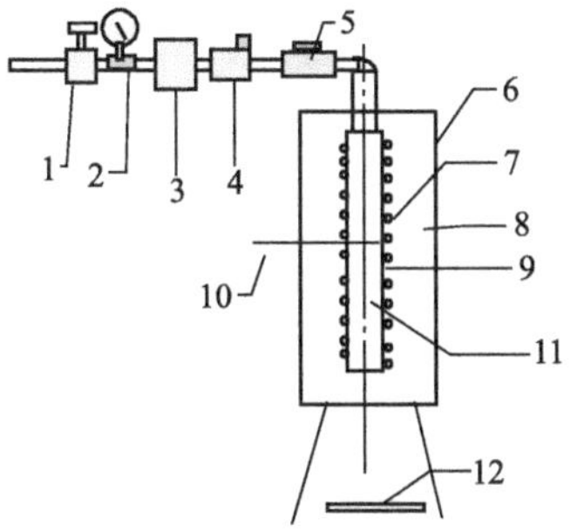

图 5-11 粉尘云着火温度测试装置

1—针阀；2—压力表；3—储气罐；4—电磁阀；5—盛粉室；
6—炉壳；7—加热电阻丝；8—绝热材料；9—控温用热电偶；
10—炉壁温度记录用热电偶；11—石英炉管；12—反射镜

测试时，首先将炉内温度加热到一恒定值，然后利用 2～50kPa 的高压气体将盛粉室粉尘（0.01～1.0g）喷入炉膛，形成悬浮的粉尘云状态。经过加热的炉管时，如果 3 秒以内从炉管下端敞口处有火焰喷出，则认定该次试验点火成功。如果仅有零星的火星出现，则不认为发生了着火。不着火的温度必须经过连续 10 次测试确认。通过调整粉尘质量和喷吹压力，使得粉尘云着火的最低炉管内壁温度即为粉尘云的最低着火温度。记录时，最低的着火温度需要调整到不引起粉尘着火的最高温度，当炉温高于 300℃时减去 20K，当炉温低于 300℃时减去 10K。

（2）粉尘层最低着火温度测试

为了了解粉尘堆积状态时被引燃的情况，需要测试粉尘层最低着火温度。测试装置如图 5-12 所示。主要部件为一铝或不锈钢材料制作的热板 2，热板由下部的加热器 3 来加热。加热器由智能温控仪来控制升温速率。热板上方有一盛粉环 1，高度为 5mm 和 12.5mm。在热板内部靠近中心处有两支热电偶 5 分别用于热板的温度控制和记录，粉尘层的温度用埋在粉尘层中的热电偶 6 来记录。

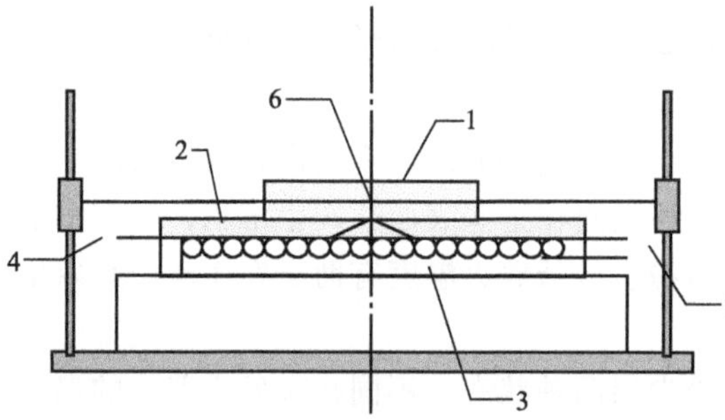

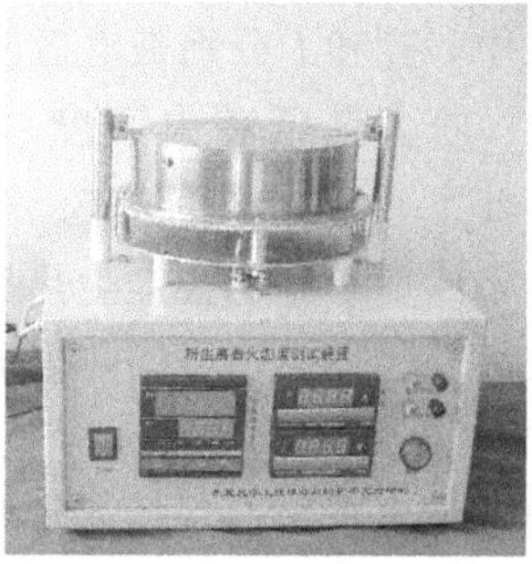

图 5-12 粉尘层最低着火温度测试装置

1—盛粉环；2—热板；3—加热器；4—加热器控温用热电偶；
5—热板温度记录用电偶；6—粉尘层温度记录用电偶

在较高环境温度下，粉尘在着火之前或多或少总是要经历一段持续的自热过程，也即粉尘氧化放热自热，自热后又提高了本身的温度，使氧化速率进一步加快。在接近最低着火温度时，还要经过比粉尘云或气体长许多倍的“诱导阶段”。

在特定温度热表面上粉尘是否着火决定于这种粉尘层在该环境中的氧化放热速率 q_1 和粉尘层向外散热的速率 q_2，当 $q_1=q_2$ 时处于临界状态，因为当 $q_1<q_2$ 时，粉尘的温度不会升高，当 $q_1>q_2$ 时温度则一直会升高到着火，如图 5-13 粉尘层 A 所示。

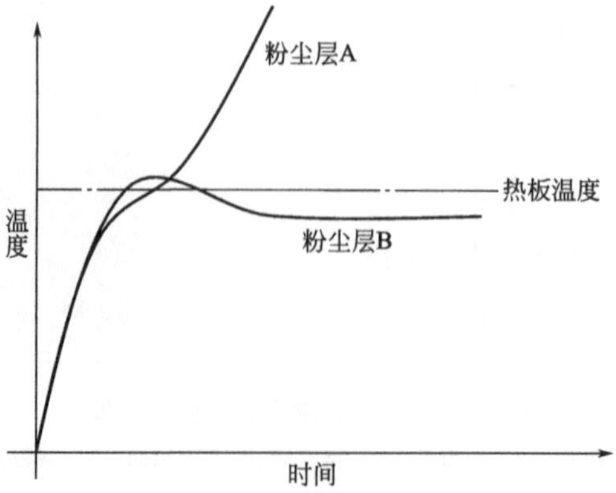

图 5-13 粉尘层温度上升曲线

根据标准，判断粉尘层是否着火，一是观察是否有明火和火星，此时测得的粉尘层温度变化曲线应为图 5-13 粉尘层 A 曲线所示，比较容易确定粉尘层是否着火；但有些粉尘实验时温度增至超过热表面温度，然后又缓慢降至比热板温度低的温度，如粉尘层 B 温度曲线。这就是粉尘层的自热表现，通常粉尘会碳化变色，但看不到火星，需要根据粉尘能够达到的最高温度进行判断，比如粉尘最高温度达到 450℃或者超过热板设定温度值 250K，都认为粉尘层发生了着火。

5.3 粉尘爆炸的影响因素

粉尘爆炸是多相流的爆燃过程，远比气体爆炸复杂得多。正因为如此，5.2 节里提到的粉尘爆炸性参数并不是粉尘的固有特性，很多因素会影响粉尘爆炸发生的可能性和引燃后的后果严重度，主要有以下因素：粉尘粒度、粉尘性质及浓度、氧化剂浓度、点火能量、粉尘湍流度、混合的惰性粉尘浓度、存在可燃气体。

5.3.1 粉尘粒度

粒度越细的粉尘其单位体积的表面积越大，分散度越高，爆炸下限值越低。对于某些分散性差的粉尘，其粒度在一定范围内，随粒度的减少其爆炸下限值降低。图 5-14 是镁粉粉尘粒径对其爆炸下限的影响情况。但当粒径低于某一值时随粒度的降低，爆炸下限值基本不变，有时反而增加。这是由于以下两个原因引起的，一是当粉尘粒度很小时，颗粒之间的范德华力和静电引力变大，相互之间的“凝并”现象非常显著。从实验过程中可以明显看到这种凝聚现象的存在。另外一个原因是细粉易发生黏壁现象，即粉尘在管内弥散时粘附在管壁上，使弥散在管内的粉尘实际浓度降低，从而在现象上表现为爆炸下限升高。

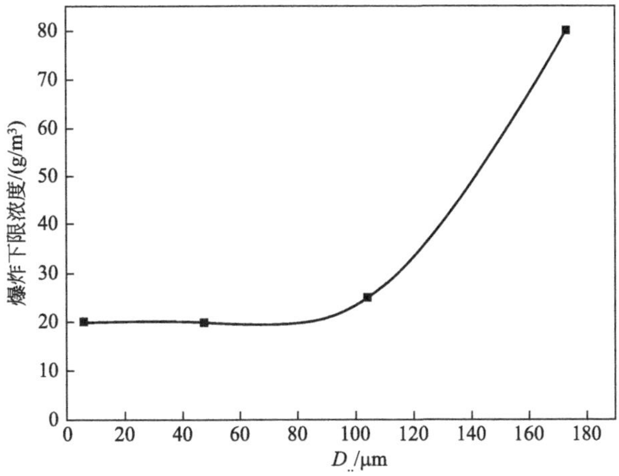

图 5-14 粒径对镁粉爆炸下限浓度的影响

5.3.2 粉尘性质和浓度

粉尘爆炸强度及其造成的后果很大程度上取决于参与爆炸反应粉尘的性质。粉尘活性越强，越容易发生爆炸，且爆炸威力越大。图 5-15 是几种粉尘的爆炸实验结果。可见粉尘本身的性质对最大爆炸压力和最大爆炸升压速率影响很大。与气体爆炸类似，粉尘爆炸强度也随粉尘浓度而变化。图 5-16 是面粉爆炸试验结果。可见，当粉尘浓度达到某一值（最危险浓度）时，爆炸压力和上升速率会达到最大值。

5.3.3 氧化剂浓度

对于一般工业粉尘，氧气/氮气之比对粉尘爆炸极限的影响如图 5-17 所示。可见，当氧气/

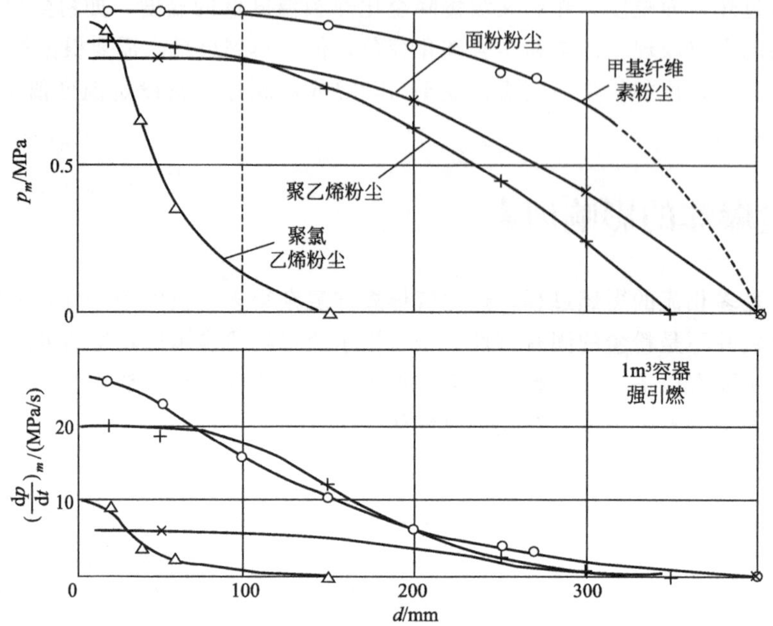

图 5-15 几种粉尘的爆炸压力和升压速率与粒径关系的实验结果

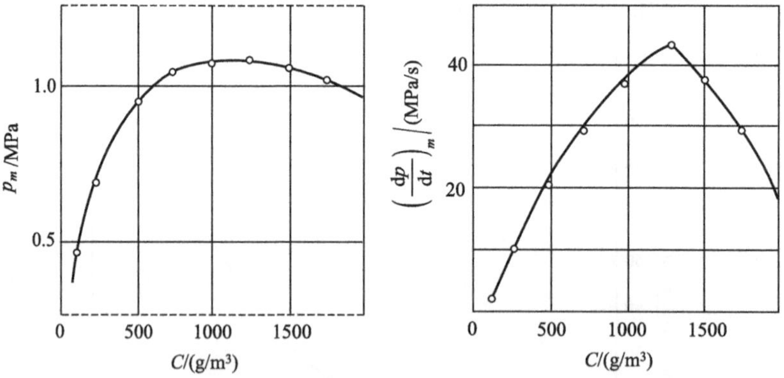

图 5-16 面粉爆炸压力和压力上升速率与浓度的关系

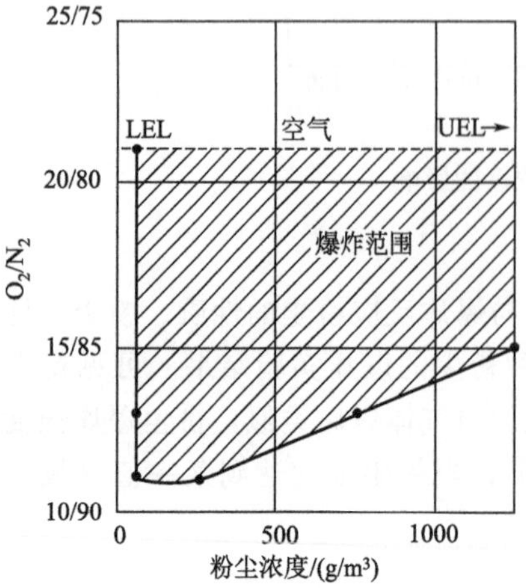

图 5-17 O_2/N_2 对粉尘爆炸极限的影响

氮气之比很低时，粉尘云不会发生爆炸；当氧气/氮气之比达到基本要求（极限氧浓度）之后，它对爆炸下限的影响不显著；但随着氧气/氮气之比的增大，爆炸上限迅速增大。

当加入惰性粉尘时，由于其覆盖阻隔冷却等作用，从而起到阻燃、阻爆的效果，使爆炸下限升高。

对能自身供氧的火炸药粉尘，因为它们能靠自身供氧使反应继续下去，所以空气中的氧浓度对其粉尘的爆炸极限影响不大。

5.3.4 点火能量

与气体爆炸一样，火花能量、热表面面积、火源与混合物的接触时间等，对爆炸极限均有影响。对于一定浓度的爆炸性混合物，都有一个引起该混合物爆炸的最小能量。点火能量越高，加热面积越大，作用时间越长，则爆炸下限越低。

5.3.5　含杂混合物的影响

含杂混合物是指粉尘/空气混合物中含有可燃气或可燃蒸气。工业上由含杂混合物引发的爆炸事故很多，煤矿瓦斯爆炸大多都属这种情况。在大多这类爆炸事故中，可燃气或可燃蒸气的含量远远低于爆炸下限。

研究表明，粉尘/空气混合物中含有可燃气或可燃蒸气时，其爆炸下限随可燃气（或蒸气）浓度的增加急剧地下降，大致可按下式估算

$$y_{L2}=y_{L1}\left(\frac{y_G}{y_{LG}}-1\right)^2 \tag{5-4}$$

式中，y_{L2}是含杂混合物中粉尘爆炸下限；y_{L1}是非含杂混合物粉尘的爆炸下限；y_G是可燃气浓度；y_{LG}是可燃气爆炸下限。图 5-18 是测得的可燃气含量与 PVC 粉尘爆炸下限的关系（$1m^3$，化学引爆，点火能量 10000J）。可见，使用强引燃源都不能引爆的粒径为 125μm 的 PVC 粉尘/空气混合物，当混入体积分数为 0.9%的丙烷气体时就变成了爆炸性粉尘，其爆炸下限约为 160g/m^3。

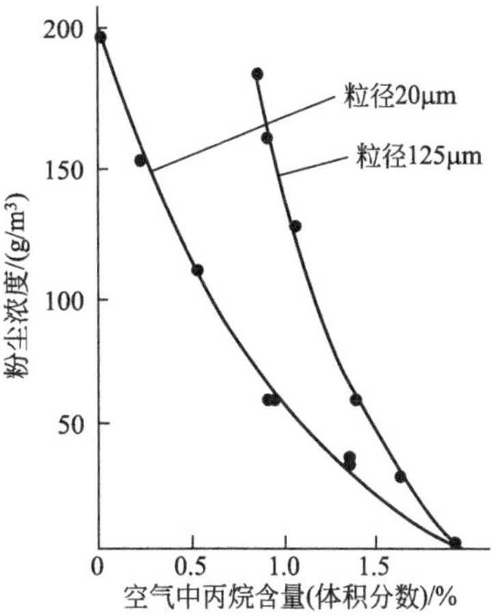

图 5-18　含杂混合物的爆炸下限

含杂混合物的爆炸危险性具有叠加效应，即两种以上爆炸性物质混合后，能形成危险性更高的混合物。这种混合物的爆炸下限值比它们各自的爆炸下限值均低。表 5-3 列出了某种煤粉-甲烷混合物的爆炸下限值，可见，甲烷的存在使得煤粉的爆炸下限明显降低，同时，煤粉的存在也使甲烷的爆炸下限值降低。叠加效应会直接导致爆炸性混合物的爆炸极限区间的扩大，从而增加了物质的危险性。因此，对于存在叠加效应的场所必须考虑可能的最低爆炸下限值。

另外，含杂混合物的最小点火能量，远远低于粉尘的最小点火能量。

表 5-3　煤尘-甲烷混合物在空气中的爆炸极限

可燃物	爆炸下限					
悬浮煤尘/(g/m^3)	0.00	10.30	17.40	27.90	37.50	47.80
甲烷(体积分数)/%	4.85	3.70	3.00	1.70	0.60	0.00

5.3.6　爆炸空间形状和尺寸

密闭容器中粉尘爆炸的最大压力，若忽略容器的热损失，与容器尺寸与形状无关，而只与反应初始状态有关。但容器尺寸和形状对压力上升速率有很大影响。图 5-19 是容积对煤粉爆炸强度影响的实验结果。与气体爆炸类似，密闭球形空间容积对爆炸升压速率的影响仍然存在立方根定律

$$(\mathrm{d}p/\mathrm{d}t)_{\max}V^{1/3}=K_{st} \tag{5-5}$$

使用该式时，同样需满足以下 4 个条件：ⅰ. 粉尘及其浓度相同；ⅱ. 初始湍流程度相同；ⅲ. 容器几何相似；ⅳ. 点火能量相同。对于不同长径比 λ 的圆筒形容器有

$$(\mathrm{d}p/\mathrm{d}t)_{max}V^{1/3}\lambda^{2/3}=K'_{st} \tag{5-6}$$

密闭容器爆炸压力上升速率与容器的表面积与体积比（S/V）成正比。容器尺寸和形状对达到最大压力的时间也有较大影响。S/V 越大，达到最大压力的时间越短。

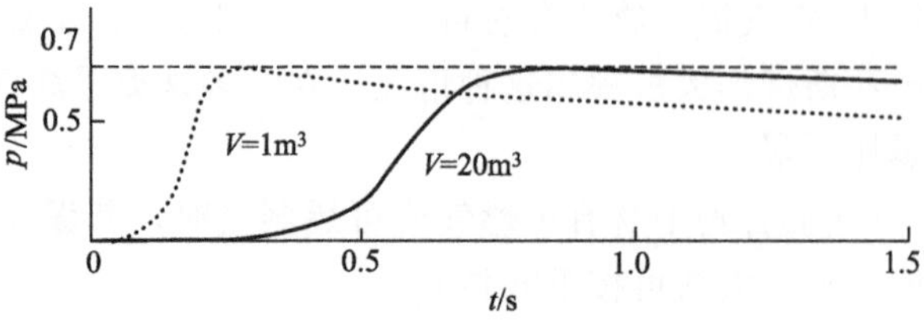

图 5-19 容器容积对煤粉爆炸强度的影响

5.3.7 初始压力的影响

与可燃气体爆炸相似，粉尘最大爆炸压力和压力上升速率也与其初始压力 p_0 成正比。图 5-20 是初始压力对淀粉爆炸强度的影响，图 5-21 和图 5-22 是煤粉云的最大爆炸压力和压力上升速率与初始压力的关系。粉尘的初始压力增大，将使最大爆炸压力和压力上升速率大致与之成正比增长。

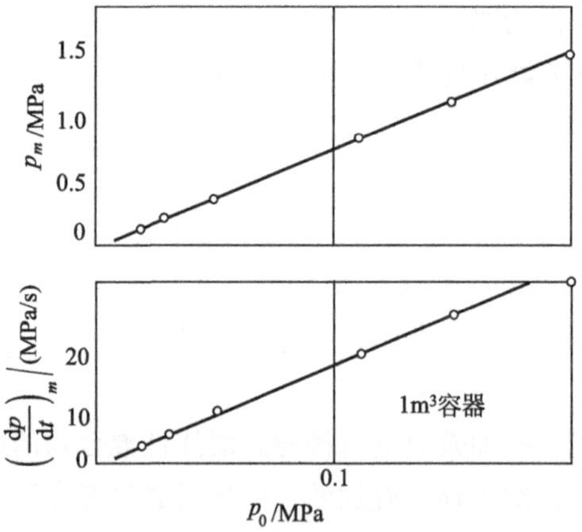

图 5-20 初始压力对淀粉爆炸强度的影响

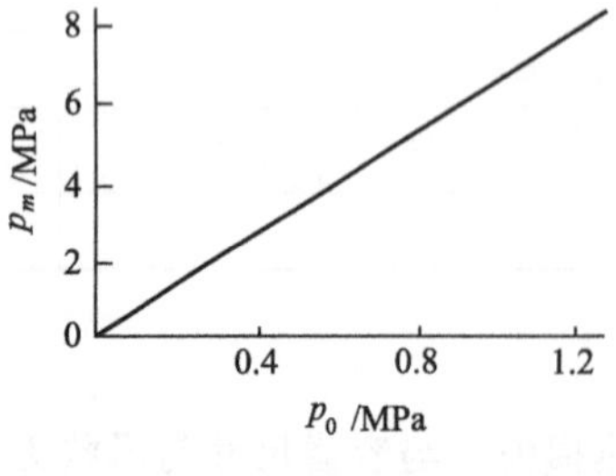

图 5-21 初始压力对最大爆炸压力的影响

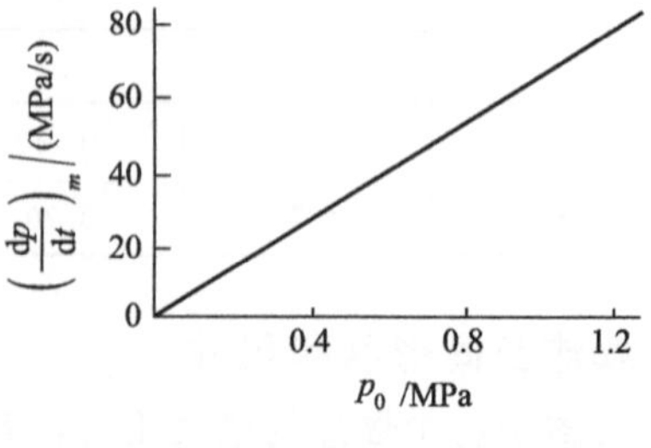

图 5-22 初始压力对压力上升速率的影响

5.3.8 湍流度的影响

湍流实质上是流体内部许多小的流体单元，在三维空间不规则地运动所形成的许多小涡流的流动状态。有以下 3 种情况：一是初始湍流，是在粉尘云开始点燃时流体的流动状态；二是如果粉尘发生爆燃，周围的气体就会膨胀，加剧了未燃粉尘云的扰动，从而使湍流度增大；三是粉尘云在设备中流动，由于设备有各种形态，也会增加粉尘云的湍流度。如果湍流度增大，粉尘中已燃和未燃部分的接触面积增大，从而加大了反应速度和最大压力上升速率。图 5-23 是煤粉湍流对爆炸压力-时间曲线的影响。

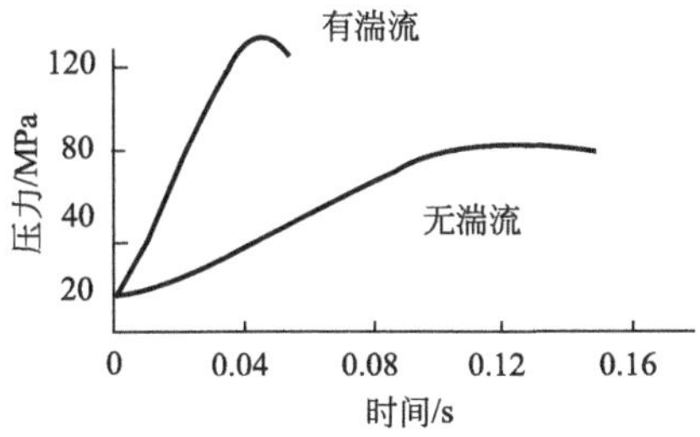

图 5-23 湍流对压力-时间曲线的影响

小 结

(1) 在工业防爆领域中，粉尘是固体物质细微颗粒（通常指球形颗粒粒径小于 850μm）的总称，如面粉、铝粉、聚乙烯微粒、煤粉等。粉尘按所处状态，可分成粉尘层和粉尘云两类。粉尘层（或层状粉尘）是指堆积在某处的处于静止状态的粉尘，而粉尘云（或云状粉尘）则指悬浮在空间的处于运动状态的粉尘。

(2) 在粉尘爆炸研究中，把粉尘分为可燃粉尘和不可燃粉尘（或惰性粉尘）两类。可燃粉尘是指与氧发生放热反应的粉尘。除含有 C、H 元素的有机物粉尘外，某些金属粉尘也可与空气（氧气）发生氧化反应生成金属氧化物，并放出大量的热。不可燃粉尘或惰性粉尘是指与氧不发生反应或不发生放热反应的粉尘。

(3) 处于静止堆积状态的粉尘不会发生爆炸，只有粉尘悬浮于空气之中，并达到一定浓度时，才会发生爆炸，粉尘爆炸的浓度只能考虑悬浮粉尘与空气之比。一般工业粉尘的爆炸下限介于 15～60g/m^3之间，爆炸上限介于 2000～6000 g/m^3之间。

然而，由于粉尘会沉降，所以在防爆工程中，主要考虑粉尘爆炸下限，关心粉尘爆炸上限是没有实际意义的。此外，一旦在某个局部发生了粉尘爆炸，爆炸产生的冲击波就会扬起原本静止堆积的粉尘，从而产生二次爆炸。从这种意义上讲，粉尘爆炸下限也难以确定。

爆炸下限还受到点火能量、初始温度和惰性气体含量的影响。点火能量越大，初始温度越高、惰性气体含量越少，爆炸下限越小。

如果粉尘环境中有可燃气体即可形成含杂混合物。含杂混合物所需的最小点火能量远远低于纯粉尘，爆炸下限也远远低于纯粉尘。

(4) 粉尘的粒度是一个很重要的参数。对一定量的物质来说，粒度越小，表面积越大，化学活性越高，氧化速度越快，燃烧越完全，爆炸下限越小，爆炸威力越大。同时，粒度越小，越容易悬浮于空气中，发生爆炸的概率也越大。可见，即使粉尘浓度相同，由于粒度不同，爆炸威力也不同。

(5) 与气体爆炸相比，粉尘爆炸具有一些特殊的性质。燃烧速度和爆炸压力通常较小，但燃烧时间长，尤其是爆炸波会卷扬起周围沉积的粉尘，引发二次爆炸，造成破坏程度加剧；爆炸时，由于燃烧粒子在燃烧中飞散，可能烧伤人体，破坏半径较大；容易产生不完全燃烧，生成 CO，使人有中毒的危险；粉尘所需的点火能量较大，一般大于 5mJ。影响粉尘点火能量的因素，除了温度、浓度、压力和惰性气体含量之外，还有粒度和湿度。粉尘粒度越小、湿度越小，最小点火能量越小。

(6) 粉尘浓度的测量方法分为取样法和非取样法两大类。取样法即从待测区域中抽取部分具有代表性的含尘气样并送入随后的分析测量系统来测量的方法。非取样法就是利用粉尘的物理、光学等特性直接测量粉尘浓度的方法。取样法有过滤称重法、β射线法、压电振动法等。非取样法主要有光散射法、光透射法等。

(7) 粉尘爆炸的最小点火能量、爆炸极限、爆炸强度等参数可利用 20L 球形爆炸容器或 $1m^3$ 容器等装置进行测试。大容器内爆炸测试实验结果更接近工程实际，但测试成本更高，对实验场所的安全要求也更高。

(8) 粉尘活性越强，越容易发生爆炸，且爆炸威力越大。粉尘爆炸强度随粉尘浓度的变化呈现上凸的抛物线关系，当粉尘浓度达到某一值（最危险浓度）时，爆炸强度最大。

(9) 密闭容器中粉尘爆炸的最大压力，若忽略容器的热损失，与容器尺寸及形状无关。但容器尺寸和形状对压力上升速率有很大影响。密闭球形容器容积对爆炸升压速率的影响仍然存在立方根定律

$$(\mathrm{d}p/\mathrm{d}t)_{\max}V^{1/3}=K_{\mathrm{st}}$$

使用该式时，同样需满足以下 4 个条件：ⅰ. 粉尘及其浓度相同；ⅱ. 初始湍流程度相同；ⅲ. 容器几何相似；ⅳ. 点火能量相同。对于不同长径比 λ 的圆筒形容器有

$$(\mathrm{d}p/\mathrm{d}t)_{\max}V^{1/3}\lambda^{2/3}=K'_{\mathrm{st}}$$

(10) 密闭容器爆炸压力上升速率与容器的表面积与体积比（S/V）成正比。容器尺寸和形状对达到最大压力的时间也有较大影响。S/V 越大，达到最大压力的时间越短。

(11) 粉尘最大爆炸压力和压力上升速率也与其初始压力 p_0 成正比。

(12) 未燃粉尘湍流度越大，粉尘爆炸强度越大。

思考题

5-1 什么是粉尘？工业中会发生爆炸的粉尘有哪几类？

5-2 发生粉尘爆炸要满足哪些条件？

5-3 粉尘爆炸的机理是什么？

5-4 影响粉尘爆炸极限的主要因素有哪些？

5-5 粉尘爆炸的主要特点有哪些？与气体爆炸的相同点和不同点是什么？

5-6 粉尘爆炸参数的测试方法有哪些？各有什么特点？测试精度如何？

5-7 影响粉尘爆炸压力、爆炸压力上升速率、爆炸指数的主要因素有哪些？影响规律如何？

5-8 使用立方根定律的条件是什么？

6 爆炸灾害的防护与控制原理及应用

内容提要：从爆炸发生的5个要素出发阐述了爆炸灾害的防护与控制原理，包括可燃介质浓度控制、氧化剂浓度控制、惰化技术、火源控制、存储控制等，介绍了一些典型的抑爆和隔爆原理、方法与技术。

基本要求：①了解爆炸预防和减灾的概念；②熟悉可燃物质浓度控制原理和方法；③熟悉氧化剂浓度控制原理和方法；了解遇水、遇空气发生燃烧爆炸反应的物质；④熟悉惰化技术的基本原理与应用；⑤熟悉点火源的控制原理和方法；⑥理解爆炸抑制技术原理与应用方法；⑦理解隔爆技术原理与应用方法。

爆炸灾害防治技术可分为两类，其一是预防技术，即在生产过程中防止出现爆炸发生的条件；其二是减灾技术，即尽量避免或减小爆炸发生后的灾害。前者是最根本、最有效的方法，后者是不可或缺的辅助方法。

处于爆炸极限之内的混合物遇上大于其最小点火能量的火源就会发生爆炸。如果爆炸发生在密闭空间（如容器内）或相对封闭的空间（如煤矿巷道）或压力波的传播受到阻碍就会显现出爆炸威力。从爆炸威力形成的角度出发，可以把工业介质发生爆炸的必要条件细化为5个因素，即可燃介质、氧化剂、两者混合（对于粉体来说，还必须是悬浮状态）、点火源、相对封闭的空间。从预防的角度看，如果控制住了这5个条件之一，就可以防止爆炸灾害的发生。常用的预防性技术措施有混合物浓度控制、氧气含量控制、工艺参数（尤其是温度）控制、泄漏控制、储存控制、惰性气体保护等。减灾技术主要有抑爆、隔爆、泄爆、抗爆等。工程实际中所用的某些技术，如惰化技术，既可以作为预防技术，也可以作为减灾技术。

6.1 可燃物质浓度控制

第2章介绍了爆炸极限的概念及其计算方法。如果能够控制混合物的浓度处于爆炸极限之外，就能防止爆炸的发生。控制混合物浓度的方法主要有操作参数控制、防止物料泄漏、减少粉尘产生、防止粉尘飞扬等。

惰化技术是控制氧化剂浓度的主要手段之一，将在6.3节专门介绍。

控制可燃介质浓度系统的设计和使用应考虑以下因素。

① 弄清系统应控制的可燃介质浓度。附录8给出了部分可燃介质的爆炸极限数据；一般来说，应保持系统内可燃介质浓度不高于爆炸下限的25%；如果系统设置有可燃介质监测安全联锁装置，可保持系统内可燃介质浓度不高于爆炸下限的60%；按NFPA651标准设计和操作的铝粉生产系统，可保持系统内可燃介质浓度不高于爆炸下限的50%。

② 过程中工艺参数，例如压力、温度、组分等的变化。

③ 可燃介质控制系统的安装、操作、控制、试验、检查和维护。

④ 当使用催化氧化装置时，每个装置入口应设置火焰捕捉器，且定期进行检查和

维护。

⑤ 对于需要通风稀释的场合，应避免通风机入口吸入可燃介质。

⑥ 应设置可燃介质浓度监测仪器，并定期校准。

⑦ 可燃介质泄漏对周围环境的影响。

6.1.1 操作参数控制

对于单一气体，投料前要注意设备和管道的置换，防止可燃气体与设备或管道内空气形成可燃性气体混合物。对于多种气体反应器，要特别注意投料的配比关系、投料速率和投料程序。例如由乙烯和氧气反应生成环氧乙烷的生产中，其正常反应浓度就接近爆炸范围，因此必须控制好投料速率，尤其是在开车、停车过程中稍有疏忽就会形成可爆混合物。投料速度过快，除影响反应速度外，还会造成尾气吸收不完全，导致后续工序内形成可燃性气氛。

此外，对某些反应，投料程序也很重要。生产氯化氢必须先投放氢气后再投放氯气；生产三氯化磷应先投磷后再投氯；磷酸酯与甲胺反应须先投磷酸酯后再投甲胺。反之就会发生爆炸。

催化剂对化学反应影响很大。催化剂投放过量也可能引起反应速度增大，造成化学反应失控进而引起爆炸。

由于种种原因导致操作参数（例如压力、温度、流量、液位等）变化时，都会引起组分变化从而形成爆炸性混合物。尤其是开停车过程中，由于催化剂、反应温度、压力等的影响，既会导致浓度的不断变化，也会引起爆炸极限的变化。采取自动检测、报警、调节与控制措施对安全生产是至关重要的。

6.1.2 防止泄漏

工业生产中的很多重大事故都是由泄漏引起的。按流向泄漏可分为由设备内部向大气泄漏、设备内部之间泄漏和大气被吸入设备内部。按操作状态泄漏可分为正常运行时泄漏、开停车期间泄漏、辅助系统异常引发泄漏和突发事件（如停电）引发泄漏。泄漏的危险程度取决于所泄漏的可燃物质的性质和泄漏量。可燃物质活性越高、泄漏空间内气体密度与被泄漏空间内气体密度越接近、泄漏量越大，危险性越高。例如，氢气活性高，极易发生爆炸，且爆炸升压速度很大，危害性就大；设备内乙烷气体泄漏至大气，由于乙烷密度与空气密度接近，就会在空气中形成均匀混合的可燃气云，遇到火源就会发生燃烧或爆炸。如果甲烷气泄漏至大气，由于甲烷气比空气密度小得多，只要隔一段时间，甲烷气就会飘至高空中，发生爆炸的概率就小一些；如果泄漏的可燃气体密度大于空气，就会在水沟、渠道、坑、槽等地积聚，而且不易扩散，危险性很大。此外，即使泄漏的是液体，由于可燃物质都具有挥发性，会很快在大气中形成爆炸性气体混合物，也是极其危险的。总之，任何可燃气体泄漏都是很危险的，必须采取正确措施防止泄漏。

如果设备安装在厂房或包围体、半包围体内，则保持良好通风是防止爆炸的重要措施。通风可分为自然通风和强制通风。如果选用强制通风，则通风机的选择要符合防火防爆规范。

如果设备在负压下工作，则密封是防止爆炸的关键。泄漏至设备之外的可燃气体可以在风力的作用下迅速扩散，不一定每次泄漏都会发生燃烧或爆炸，而泄漏至设备内的空气却无法清除，一定会和设备内的可燃介质充分混合，故其危险性极高。

导致设备泄漏的因素有很多。在设备方面有腐蚀、疲劳、蠕变、脆性转化、裂纹、设计结构或计算有误、结垢等。在设备维护方面有检查失误、判断失误、维修方法不当、保养不当等。在操作方面有操控失误、堵塞、排放不当、操作参数监控失误等。

6.1.3 除尘

可燃粉尘浓度的控制主要通过除尘设备完成。除尘器是用于捕集气体中固体颗粒的一种设备。除尘设备按其作用原理分成以下 5 类：ⅰ. 机械力除尘器包括重力除尘器、惯性除尘器、离心除尘器等；ⅱ. 洗涤式除尘器包括水浴式除尘器、泡沫式除尘器，文丘里管除尘器、水膜式除尘器等；ⅲ. 过滤式除尘器包括布袋除尘器和颗粒层除尘器等；ⅳ. 静电除尘器；ⅴ. 磁力除尘器。这些类型的除尘器都有各自的特点，需要针对具体情况进行选择。

旋风除尘器是一种干式气固分离装置，工作原理是利用旋转的含尘气体所产生的离心力，将粉尘从气流中分离出来的。它具有结构简单、制造容易、造价和运行费较低，在实际应用过程中操作、维护方便，性能稳定，对含尘气体的浓度和温度等因素的变化适应性强等优点。

袋式除尘器是过滤式除尘器的一种，20 世纪中叶开始应用于工业生产，其运行可靠稳定，使用灵活，操作简单，除尘效率高，最小可捕集 10μm 左右的粉尘。袋式除尘器是一种能够满足严格的环保要求且最可信赖的除尘器，以其适应性强之特点，广泛应用于冶金、机械、化工、建材、粮食及其他工业部门。在大气污染、环境保护及人体健康、回收利用物料等方面发挥着重要作用。

湿式除尘器是用液体吸附粉尘的除尘装置。许多粉尘都可以被水或其他液体吸附，湿式除尘器不但可以高效地吸附亲水性粉尘，而且对非亲水性的粉尘也可以吸附，只是效率有所降低。水除了吸附粉尘之外，还可以吸收热量，高温含尘气体与水相接触进行热量的交换，气体温度急剧降低。

静电除尘是利用高压直流电源产生的强电场使气体电离，产生电晕放电，进而使悬浮尘粒荷电，并在电场力的作用下，将悬浮尘粒从气体中分离，并加以捕捉的除尘装置。其特点是除尘效率高，设备阻力小，总能耗低，处理烟气量大，耐高温，能捕集腐蚀性大、黏附性强的气溶胶颗粒。

磁力除尘器是利用强磁场高梯度使磁性颗粒受到很大的磁力从而达到除尘的目的。而对非磁性粉尘——燃煤粉尘，先通过磁种雾化器使非磁性粉尘上磁，然后进行磁分离除尘，除尘效率也可达到 90%以上。它具有占地面积小、处理气量大、不会堵塞、投资小等优点。

6.2 氧化剂浓度控制

根据燃烧爆炸原理，除了控制可燃组分浓度之外，还可以通过控制混合气中氧化剂的含量来为防止可燃气体爆炸。如果能够控制混合物中的实际氧含量低于其极限氧含量，就不会发生燃烧爆炸事故。

值得注意，从一般概念来说，氧化剂是指在反应中得到电子（或电子对偏向）的物质，也就是反应后所含元素化合价降低的物质。氧化剂具有氧化性，反应时本身被还原，其生成物为还原产物。还原剂是指在反应中失去电子（或电子对偏离）的物质，也就是反应后所含元素化合价升高的物质。还原剂具有还原性，反应时本身被氧化，其生成物为氧化产物。氧化剂和还原剂是性质相反的一对物质，如图 6-1 所示，它们作为反应物共同参加氧化还原反应。在反应中，还原剂把电子转移给氧化剂，即还原剂是电子的给予体，氧化剂是电子的接受体。物质夺取电子的能力越强，其氧化性就越强。因此氧化剂除了氧之外，还有很多，如水、氯、氟等。本节主要介绍遇水发生燃烧爆炸的物质和混合过程易于发生燃烧爆炸的物质。

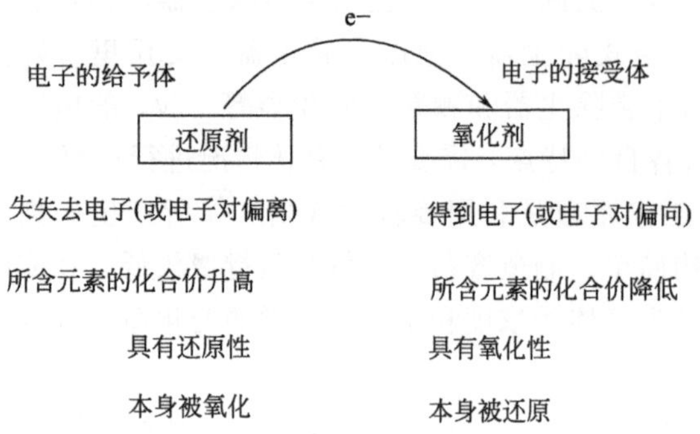

图 6-1　氧化剂与还原剂

控制氧含量系统的设计和使用应考虑以下因素。

① 弄清系统应控制的极限氧化剂浓度。附录 9～附录 11 给出了部分可燃介质的极限氧含量数据；一般来说，如果系统内氧化剂含量受到连续监测，则当极限氧含量不低于 5%时，惰化后氧含量应低于极限氧含量 2 个百分点；当极限氧含量低于 5%时，惰化后氧含量应低于极限氧含量的 60%；如果系统内氧化剂含量不能受到连续监测而是定期监测，则当极限氧含量不低于 5%时，惰化后氧含量应低于极限氧含量 60%；当极限氧含量低于 5%时，惰化后氧含量应低于极限氧含量的 40%。

② 过程中工艺参数，例如压力、温度、组分等的变化。

③ 惰化介质与工艺介质的匹配，惰化介质不应污染工艺介质或对工艺过程构成危害。

④ 惰性介质的供应情况。

⑤ 惰化系统的安装、操作、控制、试验、检查和维护。

⑥ 惰化介质泄漏对周围环境的影响。

⑦ 由于缺氧环境不能维持生命，所以必须考虑人员的安全，尤其是应用于厂房和建筑的情况。

⑧ 当惰化技术应用于可燃介质收集并直接送往火炬或焚烧炉时，应采取回火防治措施。

氧含量控制方法主要包括操作参数控制、防止空气向生产设备内泄漏、惰化技术等。其中操作参数控制和防止空气向生产设备内泄漏是最基本的氧含量控制方法，6.1 节已做了充分介绍，本节不再赘述。惰化技术是控制氧化剂浓度的主要手段之一，将在 6.3 节专门介绍。本节主要介绍遇水发生燃烧爆炸的物质和混合过程易发生燃烧爆炸的物质。

6.2.1　遇水发生燃烧爆炸的物质

某些物质遇到水或潮湿空气中的水分就会发生剧烈的分解反应，产生可燃气体，放出热量，这类物质统称为遇水发生燃烧爆炸的物质。这类物质的火灾危险程度决定于物质的化学组成和性质。组成不同，与水反应的剧烈程度不同，产生的可燃气体也不同。按其遇到水后发生化学反应的激烈程度、产生可燃气体以及放出热量的多少分成两个级别。一级物质遇到水后，发生激烈的化学反应，产生大量的易燃气体，放出大量的热量，容易引起燃烧或爆炸。如化学性质活泼的碱金属及其合金、碱金属的氢化物、硼氢化合物、碳化钾、碳化钙、磷化钙、镁铝粉等。二级物质遇到水后发生的化学反应比较缓慢，释放出的热量也比较少，产生的可燃气体也不那么容易发生燃烧或爆炸。如铝粉、锌粉、氢化铝、硼氢化钠、碳化铝、磷化锌等。

金属与水的反应能力取决于金属化学活泼性的强弱。金属活泼性强，容易失去电子，也就容易与水发生化学反应。金属活泼性最强的碱金属与水反应激烈，而金属活泼性差一些的碱土金属和重金属在高温下才与水反应，活泼性很差的贵金属则不能与水反应。表 6-1 给出了几种金属与水的反应能力。

表 6-1 金属与水的反应能力

金属名称	与水反应能力	金属名称	与水反应能力
锂、钠、钾、钙等	常温下与水反应剧烈	铜、银、金、铂等	与水不发生化学反应
镁、铝、锌、铁等	高温下或粉末状与水反应		

常见的遇水发生燃烧爆炸的物质可分为如下几类。

① 活泼金属及其合金，如钾、钠、锂、铷、钠、汞齐、钾钠合金等。它们遇水即发生剧烈反应，生成氢气，并放出大量的热，其热量能使氢气自燃或爆炸。以钠为例，其反应方程为

$$2Na+2H_2O=2NaOH+H_2\uparrow+371.5kJ$$
$$2H_2+O_2=2H_2O+483.6kJ$$

② 金属氢化物，如氢化钠等活泼金属的氢化物遇水反应剧烈并放出氢气。氢化钙、氢化铝的反应剧烈程度稍差。以氢化钠为例，其反应方程为

$$2NaH+H_2O=2NaOH+H_2\uparrow+132.2kJ$$

③ 硼氢化合物，如二硼氢、十硼氢、硼氢化钠等。二硼氢和十硼氢与水反应激烈，放出氢气和大量热，能发生燃烧和爆炸，而硼氢化钠反应激烈的程度差些。反应方程为

$$B_2H_6+6H_2O=2H_3BO_3+6H_2\uparrow+418.4kJ$$
$$NaBH_4+3H_2O=NaBO_3+5H_2\uparrow$$

④ 金属碳化物，如碳化钾、碳化钠、碳化钙、碳化铝等。碱金属的碳化物遇水即发生分解爆炸。碳化钙（电石）、碳化铝遇水反应，放出可燃的乙炔、甲烷气体，它们接触火源能导致燃烧。反应方程为

$$K_2C_2+2H_2O=2KOH+C_2H_2\uparrow$$
$$CaC_2+2H_2O=Ca(OH)_2+C_2H_2\uparrow$$
$$Al_4C_3+12H_2O=4Al(OH)_3+3CH_4\uparrow$$

⑤ 金属磷化物，如磷化钙、磷化锌等。它们与水作用生成磷化氢，磷化氢在空气中容易自燃。反应方程为

$$Ca_3P_2+6H_2O=3Ca(OH)_2+2PH_3$$
$$Zn_3P_2+6H_2O=3Zn(OH)_2+2PH_3$$

⑥ 金属粉末，如铝粉、镁粉、铝镁粉等。纯铝粉或镁粉与水反应除放出氢气外，还生成氢氧化铝或氢氧化镁，它们在金属粉末表面形成一个保护膜，阻止反应继续进行，不利于发生燃烧。铝镁粉混合物与水反应则同时生成氢氧化铝和氢氧化镁，这两者又能起反应生成偏铝酸镁，偏铝酸镁能溶于水，从而破坏了氢氧化镁和氢氧化铝的保护膜作用，使铝镁粉不断地与水发生剧烈反应，放出氢气和大量的热，引起燃烧和爆炸。反应方程为

$$2Al+6H_2O=2Al(OH)_3+3H_2\uparrow$$
$$Mg+2H_2O=Mg(OH)_2+H_2\uparrow$$
$$Mg(OH)_2+2Al(OH)_3=Mg(AlO_2)_2+4H_2O$$

⑦ 保险粉，学名为低亚硫酸钠（$Na_2S_2O_4$）。分子中的硫原子易于失去电子，所以保险粉是一种强还原剂。它在潮湿的空气中会自行分解放热，使可燃物质着火。保险粉遇水呈炽

热状态，并分解出氢气和硫化氢气体，有燃烧爆炸危险。

⑧ 生石灰、无水氯化铝、过氧化钠、苛性钠、发烟硫酸、氯磺酸、三氯化磷等与水接触时，虽不产生可燃气体，但放出大量热量，能将邻近的其他可燃物质引燃。

必须指出，一般来说，遇到水发生燃烧爆炸的物质，也能与酸类或氧化剂发生剧烈的反应，而且比与水的反应更剧烈，所以发生燃烧爆炸的危险性就更大。

存放遇水发生燃烧爆炸的物质时，必须严密包装，置于通风干燥处，切忌和其他可燃物混合堆放。当它们着火时，严禁用水、酸碱灭火器、泡沫灭火器灭火，必须针对着火物质的性质有针对性地选用灭火剂和采取灭火措施。

6.2.2 混合危险性物质

两种或两种以上的物质，由于混合或接触而发生燃烧爆炸的物质称为混合危险性物质。由于混合发生燃烧爆炸有两种典型情况。其一是物质混合时，即发生化学反应，形成不稳定的物质或敏感的爆炸性物质。其二是物质混合后，形成了与混合炸药相类似的爆炸性混合物。这种混合物可能在混合的同时，即发生燃烧或爆炸，也可能在运输、储存、使用时遇到火源引发燃烧或爆炸。常见的混合燃烧爆炸有以下几类。

(1) 氧化剂和还原剂混合

当强氧化剂与还原剂混合时，极其容易形成爆炸危险性混合物。常见的无机氧化剂有硝酸盐、亚硝酸盐、氯酸盐、高氯酸盐、亚氯酸盐、高锰酸盐、过氧化物、发烟硫酸、浓硫酸、浓硝酸、发烟硝酸、液氧、氧、液氯、溴、氯、氟、氧化氮等。还原剂也就是通常所说的可燃物，常见的有苯胺类、醇类、醛类、有机酸、石油产品、木炭、金属粉等以及其他有机高分子化合物。混合形成的常见爆炸性混合物有：黑火药（硝酸钾、硫黄和木炭）、高氯酸铵混合炸药（高氯酸铵、硅铁粉、木粉、重油）、铵油炸药（硝酸铵、矿物油）、液氧炸药（液氧、炭粉），照明用闪光剂（硝酸钾、镁粉）。硝酸和苯胺也是混合危险性物质，这二者一经混合，极易着火，而且激烈地燃烧，故常用作液体火箭燃料。

氧化剂的氧化性越强，所形成混合物的危险性也越大。无机氧化剂氧化性的强弱如下。

非金属物质的非金属性越强，得到电子的能力也越强，其氧化能力也就越强。例如，卤族元素中氟、氯及其含氧酸盐的氧化能力较强，而溴、碘及其含氧酸盐的氧化能力较弱。

$$\xrightarrow[\text{非金属性增强，氧化能力增强}]{I_2 \quad Br_2 \quad Cl_2 \quad F_2}$$

含氧酸盐类氧化剂，如氯酸钾、硝酸钠等的氧化能力除了和分子中的非金属元素有关外，还和其中的金属元素有关。在同一类氧化剂中，分子中所含的金属元素的金属性越强，也就是金属越活泼，它的氧化性也就越强。因此活泼金属锂、钠、钾等的硝酸盐和氯酸盐都为强氧化剂，而活泼性差一些金属的盐类（如氯酸镁、硝酸铁、硝酸铅等）的氧化能力则较弱。

同一种元素在不同的化合物中可以有多种化合价，具有高化合价的元素的化合物往往氧化能力较强，如：

$$\xrightarrow[\text{氮的化合价升高，氧化性增强}]{\overset{-3}{N}H_3 \quad Na\overset{+3}{N}O_2 \quad Na\overset{+5}{N}O_3}$$

一般来说，硝酸盐的氧化能力较强，亚硝酸盐的氧化能力较弱，而氨可作还原剂。

有机氧化剂，如过氧化二苯甲酰[$(C_6H_5CO)_2O_2$]和过甲酸（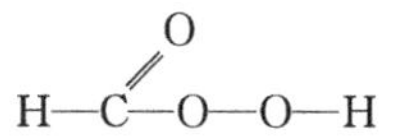）等，它们大都含有过氧基（—O—O—），可作强氧化剂，同时在分子中含有可作还原剂的其他原子，因此它们极不安定，遇热、撞击、摩擦就能爆炸。若它们和有机物接触，经摩擦、撞击也能立即发生燃烧爆炸。

（2）不安定物质的混合

大多数氧化剂会遇酸分解，反应常常是很猛烈的，往往能引起燃烧或爆炸。如强酸（硫酸）和氯酸盐，过氯酸盐等混合时，能够生成 $HClO_3$、$HClO_4$ 等游离酸或污水的 Cl_2O_5、Cl_2O_7 等。它们显出极强的氧化性，若与有机物接触，则会发生爆炸。反应式如下：

$$3KClO_3+3H_2SO_4 = 3KHSO_4+HClO_4+2ClO_2\uparrow+H_2O$$

$$2ClO_2 = Cl_2\uparrow+2O_2\uparrow$$

又如氯酸钾与氨、铵盐、银盐、铅盐接触，也会生成具有爆炸性的氯酸铵、氯酸铅等。

（3）其他

有些物质尽管本身不是强氧化剂或强还原剂，但相互接触会生成敏感性化合物。如乙炔与铜、银、汞盐反应能生成敏感而易爆炸的乙炔铜（银或汞），所以在乙炔发生器上禁用铜的器件。

6.3 惰化技术

在爆炸气氛中加入惰化介质时，一方面可以使爆炸气氛中氧组分被稀释，减少了可燃物质分子和氧分子作用的机会，也使可燃物组分同氧分子隔离，在它们之间形成一层不燃烧的屏障；当活化分子碰撞惰化介质粒子时会使活化分子失去活化能而不能反应。另一方面，若燃烧反应已经发生，产生的游离基将与惰化介质粒子发生作用，使其失去活性，导致燃烧连锁反应中断；同时，惰化介质还将大量吸收燃烧反应放出的热量，使热量不能聚积，燃烧反应不蔓延到其他可燃组分分子上去，对燃烧反应起到抑制作用。因此，在可燃物/空气爆炸气氛中加入惰化介质，可燃物组分爆炸范围缩小，当惰化介质增加到足够浓度时，可以使其爆炸上限和下限重合，再增加惰化介质浓度，此时可燃空气混合物将不再发生燃烧。

惰化系统的基本构成包括惰化介质源、介质输送与分配管网、介质喷洒机构、氧含量检测装置、控制系统。

采用惰化方法的关键有 3 点，ⅰ．要采用恰当的方法形成惰化氛围，确保惰化介质喷洒均匀，使得在被保护的所有区域的介质浓度和氧含量符合惰化要求；ⅱ．要有正确的方法维持惰化氛围，确保惰化过程不会有潜在危险，不会对工艺过程、设备、设施、构成危害（例如，污染工艺介质、与工艺介质发生反应、与水接触会发生变化、腐蚀设备等），也不会对人员健康构成危害（例如发生窒息等）；ⅲ．要对惰化氛围有准确的监测和控制手段，要特别注意生产装置运行的可靠性和检测元件的可靠性，避免出现数据错误从而导致操作失误。

按惰化介质相态，惰化技术有两种，即气体惰化技术和固体惰化技术。气体惰化技术是指在可燃物所处环境中充入氮气、二氧化碳、卤代烃、氩气、氦气、水蒸气等惰性气体或灭火粉、化学干粉、矿岩粉等惰性粉尘，以稀释可燃组分并降低环境中氧含量，使之难以形成爆炸性混合物。如第 2.5 节所述，可燃物质不同或惰性气体不同，安全氧含量不同（附录 9～附录 11）。尤其值得指出，氮气对氯气、粉尘的爆炸下限几乎没有影响。固体惰化技术主要应用于粉体惰化，即把碳酸钙、硅藻土、硅胶等耐燃惰性粉体混入可燃粉体中，防止其爆炸。这是因为添加的粉体具有冷却效果和抑制悬浮性效果，有时候还有负催化作用。目前这种方法一般用于煤矿中防范煤尘爆炸，在一般工业中使用的例子还不多。

按惰化作用原理可分为降温缓燃型和化学抑制型两种。降温缓燃型惰化介质主要有氮气、氩气、氦气、水蒸气、矿岩粉等，它们不参与燃烧反应，主要起到稀释作用，一旦发生燃烧，它们会吸收反应热，使温度降低，反应速度减慢甚至使反应停止。化学抑制型惰化介质主要是卤代烃、碱金属盐类干粉、铵盐类干粉等，它们的分子或其分解产物可与燃烧反应的活化中心——原子态的氢和氧发生作用，形成稳定化合物，达到抑制燃烧的作用。

惰化技术可用于以下几种场合：

① 易燃固体物质的粉碎、筛选、混合与输送；

② 有燃烧爆炸危险的储存设备内进行惰性气体正压保护；

③ 易燃液体的惰性气体充压输送；

④ 处理易燃介质的设备或管路检修前惰性气体置换；

⑤ 对泄漏的可燃气体进行稀释；

⑥ 设置阻爆装置，发生燃烧爆炸危险时，及时激发启动开关，喷出惰性气体，起到抑制和阻断作用。

惰化介质应具有合理的纯度和充足的数量储备，其用量与以下因素有关：

① 被保护介质的爆炸下限或极限氧含量；

② 要有足够的安全裕度；

③ 泄漏损失；

④ 操作条件；

⑤ 操作方法，即间断操作还是连续操作；

⑥ 处理量。

6.4 点火源控制

点火源是可燃物质发生燃烧爆炸的另一个必要条件之一，控制和消除点火源是最有效的预防措施之一。第 2 章介绍了物质的最小点火能量。一般可燃气体的最小点火能量都在毫焦数量级，一般粉尘的最小点火能量都在焦数量级。工程实际中具有这个数量级的点火源时时处处都存在，例如铁器或石器的撞击火花、电器开关、电热丝、火柴、静电、雷电等，甚至化纤衣物之间的摩擦火花都足以点燃可燃气体。因此，控制点火源的措施必须是相当严格的。

按点火能量的大小，点火源分为强点火源和弱点火源。前者直接引发爆轰，后者引发爆燃。按点燃形式，点火源可分为电点火源（包括电火花、雷电、静电等）、化学点火源（包括明火、自然着火等）、冲击点火源（包括撞击火花、摩擦火花、压缩引起温度升高等）、高温点火源（包括高温表面、热辐射等）。

6.4.1 防止明火

明火是指一切可见的发光发热物体，例如看得见的火焰、火星或火苗之类。在生产企业，焊接火焰、摩擦火星、燃烧火焰、火炉、加热器、火机火焰、火柴火焰、电气火花、未熄灭的烟头、辐射火源、机动车尾气管喷火等都是常见的明火火源。必须加强管理。

加强加热用火和维修用火火源管理。加热可燃物料时严禁使用明火，可采用中间载体

（如水、蒸汽、重油、联苯等）。如果必须采用明火加热，则必须做好隔离措施，避免明火与可燃物料接触。明火加热装置（如锅炉）应与易燃物料区相隔足够的安全距离，并设置在物料区的上风向。

维修动火时，应将设备或管道拆卸到安全的场所维修。如果必须直接在设备上动火，应将设备内的物料清除，并利用惰性气体置换，达到要求后才能动火。同时采取措施防止焊渣和割下的铁块落到设备内。当维修设备与其他设备连通时，必须采取隔断措施，防止物料进入检修设备。在不停车的条件下动火检修时，必须保持良好通风，设备内处于正压状态，设备内易燃组分处于爆炸上限以上，含氧量处于极限氧含量之下。同时周围备有足够的灭火装置。

在爆炸危险环境应禁止使用电热电器。电炉、电锅等的加热丝表面温度可达800℃，足以点燃各种可燃气体和粉尘。200W的白炽灯泡可以点燃纸张，100W的白炽灯泡可以烤着10cm之外的聚氨酯泡沫塑料。

电气设备过热也是常见火源。严禁在燃烧爆炸危险场所产生烟火的电气设备。各类电器在设计和安装过程中都采取了一定的通风或散热措施，正常运行时，发热量和散热量是平衡的，最高温度都会得到有效控制。例如，橡皮绝缘线的最高温度不超过60℃，变压器油温不超过80℃。但一旦散热措施失灵，导致散热不良，设备就会过热，成为引发事故的火源。引发电气设备过热的主要因素有短路、过载和接触不良。

加强设备维护，防止出现碰撞、摩擦等产生火花。防止皮带机的皮带和发生故障的托辊摩擦发热导致火灾或爆炸。

电火花是更常见的点火源。电火花的温度可达3000℃以上。大量电火花汇聚在一起就是电弧，它不仅能点燃可燃气体和粉尘，甚至会使金属熔化。常见的电火花有：开关、启动器、继电器闭合或断开时产生的火花、电气设备接线端子与电线接触产生的火花、电线接地或短路产生的火花等。

为了控制电器火源，应根据有关防火防爆规范，例如GB 12476.1《爆炸性粉尘环境用防爆电气设备-粉尘防爆电气设备》，选择使用防爆电气设备。

6.4.2 防止静电

电子脱离原来的物体表面需要能量（通常称为逸出功或脱出功）。物质不同，逸出功也不同。当两种物质紧密接触时，逸出功小的物质易失去电子而带正电荷，逸出功大的物质增加电子则带负电荷。各种物质逸出功的差异是产生静电的基础。

静电的产生与物质的导电性能有很大关系。电阻率越小，则导电性能越好。根据大量实验资料得出结论：电阻率为$10^{12}\Omega \cdot cm$的物质最易产生静电；而大于$10^{16}\Omega \cdot cm$或小于$10^{9}\Omega \cdot cm$的物质都不易产生静电。如物质的电阻率小于$10^{6}\Omega \cdot cm$，因其本身具有较好的导电性能，静电将很快泄漏。电阻率是静电能否积聚的条件。附录15列举了一些常用物质的电阻率。

物质的介电常数是决定静电电容的主要因素，它与物质的电阻率同样密切影响着静电产生的结果，通常采用相对介电常数来表示。相对介电常数是一种物质的介电常数与真空介电常数的比值（真空介电常数为$8.85\times10^{-12}F/m$）。介电常数越小，物质的绝缘性越高，积聚静电能力越强。附录16列举了一些物质的相对介电常数。

静电的产生形式主要有以下几种。

① 接触起电，即两种不同的物体在紧密接触、迅速分离时，由于相互作用，使电子从一个物体转移到另一个物体的现象。其主要表现形式除摩擦外，还有撕裂、剥离、拉伸、撞

击等。在工业生产过程中，如粉碎、筛选、滚压、搅拌、喷涂、过滤、抛光等工序，都会发生类似的情况。

② 破断起电，即材料破断过程可能导致的正负电荷分离现象。固体粉碎、液体分裂过程的起电都属于破断起电。

③ 感应起电，即导体能由其周围的一个或一些带电体感应而带电。

④ 电荷迁移，即当一个带电体与一个非带电体相接触时，电荷将按各自导电率所允许的程度在它们之间分配。当带电雾滴或粉尘撞击在固体上（如静电除尘）时，会产生有力的电荷迁移。当气体离子流射在初始不带电的物体上时，也会出现类似的电荷迁移。某种极性离子或自由电子附着在与大地绝缘的物体上，也能使该物体呈带静电的现象。带电的物体还能使附近与它并不相连接的另一导体表面的不同部分也出现极性相反的电荷现象。某些物质的静电场内，其内部或表面的分子能产生极化而出现电荷的现象，叫静电极化作用。例如在绝缘容器内盛装带有静电的物体时，容器的外壁也具有带电性。

为防止静电引发燃烧爆炸事故，应依照标准 GB 12158《防止静电事故通用导则》进行防静电设计。一般来说，如果介质的最小点燃能力小于 10mJ，就应该考虑采用防静电措施。对工艺流程中各种材料的选择、装备安装和操作管理等过程应采取预防措施，控制静电的产生和电荷的聚集。

防静电技术大都是遵循以下三项原则：抑制、疏导、中和。因为普遍认为完全不让静电产生是不可能的，只能是抑制静电荷的聚集，如严格限制物流的传送速度和人员的操作速度，将设备管道尽量做到光滑平整，避免出现棱角，增大管道直径进而控制流速、减少弯道、避免振动等均可以防止或减少静电的产生等。若抑制不了就设法疏导，即向大地泄放，如将工作场所的空气增湿，将一切导体接地，在工作台及地面铺设导静电材料，操作人员穿导静电服装和鞋袜，甚至带导静电手环，对于导体，应对设备进行跨接，确保接地良好。盛装粉体的移动式容器应由金属材料制造，并良好接地，袋式除尘器和收尘器应采用防静电滤袋，防静电滤袋通过在普通滤布中织入金属丝的方法增强滤袋的导电性能，然后通过滤袋架将静电导入大地等。若疏导不了就设法在原地中和，如采用感应式消电器、高压静电消电器、离子风消电器等。对于塑料类等电阻率大的粉尘，可利用静电消除器产生异性离子来中和静电荷等。

尽管目前采取了一些消除静电的措施且取得了一定效果但并未完全杜绝静电危害。经过对各种防静电手段的应用及其效果进行多年的分析研究。人们终于认识到那些方法仍属局部防治，总有防治措施未保护到的区域可能会产生静电危害，于是人们设想能否找到全方位全环境的静电防治方法。与传统的静电防治观念不同的是，全方位全环境静电防治所关注的不再是一个个具体的产生静电的部位或工作面，而是整个工作区域的全部空间，其核心是致力于消除所有设备、物料、人员在各个环节所有工作过程中由于流动摩擦而产生静电聚集的可能性。这种全新的概念已成为现代工业以及办公自动化和家用电子设备防治静电危害的指导原则。根据这种指导原则，要实现全方位全环境静电防治必须开发以下关键技术：ⅰ. 在相对封闭的生产或工作环境中对地面、墙壁、天花板采取相应措施使其具有良好的导静电性能；ⅱ. 对所有设备工作台面坐椅等采取表面处理措施，有效地改变各种材料的表面阻抗使其受到摩擦作用时不产生静电或静电荷不能聚集；ⅲ. 对该环境中的操作或工作人员采取全面的防静电保护，使其人体静电达到最低程度。

6.4.3 防止自燃

每种物质都有自燃温度。当环境温度高于自燃温度时就会燃烧。自燃可分两种情况。

可燃物被外部热源间接加热达到一定温度时，未与明火直接接触就发生燃烧，这种现象叫做受热自燃。可燃物靠近高温物体时，有可能被加热到一定温度被烤着火；在熬炼（熬油、熬沥青等）或热处理过程中，受热介质因达到一定温度而着火，都属于受热自燃现象。在火电厂、炼铁厂和水泥行业的煤粉制备系统常常发生自燃，并引起火灾和爆炸。其原因是煤磨入口的热风管和煤磨之间连接处有积煤自燃。在高温处，必须要防止出现流动死角等易于造成粉尘堆积现象的结构。

可燃物在没有外部热源直接作用的情况下，由于其内部的物理作用（如吸附、辐射等）、化学作用（如氧化、分解、聚合等）或生物作用（如发酵、细菌腐败等）而发热，热量积聚导致升温；当可燃物达到一定温度时，未与热源直接接触而发生燃烧，这种现象叫做本身自燃。比如煤堆、干草堆、赛璐珞、堆积的油纸油布、黄磷等的自燃都属于本身自燃现象。黄磷活性很强，遇到空气就会发生化学反应并放出热量。当热量积聚到一定程度时就会发生自燃。烷基铝遇到水分就会发生化学反应，生成氢氧化铝和乙烷，并放出热量。当温度达到自燃点时即发生自燃。硝化纤维、赛璐珞、有机过氧化物及其制品，在常温下就会发生分解放热，在光、热、水分作用下分解速率更快，直至发生自燃。

煤粉、纤维等由于表面积大、导热性能差，如果堆积在一起，极易积聚热量引发自燃。烟煤、褐煤、泥煤都会自燃，无烟煤难以自燃。这主要与煤种的挥发性物质含量、不饱和化合物含量、硫化铁含量有关。煤种的挥发性物质、不饱和化合物、硫化铁都容易被氧化并放出热量，因此，它们的含量越高，自燃点越低，自燃可能性越大。煤中含有的硫化铁在常温下即可氧化，潮湿环境下氧化会加速。

$$FeS_2+O_2 = FeS+SO_2$$

$$2FeS_2+7O_2+2H_2O = 2FeSO_4+2H_2SO_4$$

煤在低温下氧化速度不大，但在60℃以上氧化速度就很快，放热量增大，如果散热不及时就会引发自燃。

植物和农产品，例如稻草、麦芽、木屑、甘蔗渣、籽棉、玉米芯、树叶等能够因发酵而放热，进而引发自燃。其机理是，这些物质在水分和微生物作用下发酵放热；当温度升到70℃以上时，他们中所含的不稳定化合物开始分解成多孔炭，多孔炭吸附气体和蒸汽并放出热量；当温度达到150℃以上时，纤维素开始分解氧化放热，最终引发自燃。

为防止煤自燃，应保持储煤场干燥，避免有外界热量传入，煤堆尺寸不要太大，一般高度应控制在4m以下。

本身自燃和受热自燃的本质是一样的，只是热的来源不同，前者是物质本身的热效应，后者是外部加热的结果。物质自燃是在一定条件下发生的，有的能在常温下发生，有的能在低温下发生。本身自燃的现象说明，这种物质潜伏着的火灾危险性比其他物质要大。在一般情况下，常见的能引起本身自燃的物质有植物产品、油脂类、煤及其他化学物质。磷、磷化氢都是自燃点低的物质。

6.4.4 防雷

雷电具有很大的破坏力，是燃烧爆炸危险场所不可忽略的点火源。石油和石油产品在生产、运输、销售、使用过程中都有可能因雷击而发生爆炸事故。防雷技术的选用，应考虑被保护设施的特点以及所处地理位置、气象条件和环境条件等具体情况。下面给出一些石油设施防雷措施。对于储存易燃、可燃油品的金属油罐，当其顶板厚度小于4mm时，要求装设防雷击装置；当其顶板厚度大于或等于4mm时，在多雷区或储存高硫易燃品时，宜装设防雷击装置。金属油罐必须防雷接地，其接地点不能少于两处；接地点沿油罐周长的间距，不应大于30mm，接地点（体）距罐壁的距离应大于3m。金属油罐的阻火器、呼吸阀、量油孔、人孔、透光孔等金属附件要保持等电位。当采用避雷针或用罐体做接闪器时，规定了其冲击接地电阻不能大于10Ω。对于浮顶油罐可以不装设避雷装置，但要求应用截面不小于25mm^2 的两根软铜线将浮船与罐体作电气连接。浮顶油罐的密封结构应该采用耐油导静电材料制品。非金属油罐应装设独立避雷装置，并且有独立的接地装置，其冲击接地电阻不得大于10Ω。当采用避雷网保护时，避雷网应用直径不小于8mm的圆钢或截面不小于24mm×4mm的扁钢制成，网格不宜大于6m×6m，引下线不得少于两根并沿四周均匀或对称布置，间距不得大于18m，接地点不能少于2处。避雷网要高出罐顶0.3m及以上，在油罐的呼吸阀、量油孔等金属附件处，应局部高出这些附件0.5m以上。避雷网的所有交叉点必须保持良好的电气连接。非金属油罐钢筋混凝土结构中的钢筋，应相互做电气连接，钢筋与接地网相连接点不能少于3点。非金属油罐必须装设阻火器和呼吸阀，油罐的阻火器、呼吸阀、量油孔、人孔、透光孔、法兰等金属附件必须作良好的接地。在人工洞石油库防雷技术措施中，对于人工洞石油库油罐的金属呼吸管和金属通风管的露出洞外部分，应装设独立的避雷针，其保护范围应高出管口2m。独立避雷针距管口水平距离小于3m。对于进入洞内的金属管路，从洞口算起，当其洞外埋地长度超过50m时，可以不设接地装置；当其洞外部分不埋地或埋地长度不足50m时，要在洞外作两地接地，接地点的间距不能大于100m，接地电阻不得大于20Ω。人工洞石油库用的动力照明和通讯线路用铠装电缆引入时，由进入点至转换处的距离不得小于50m。架空线与电缆的连接处应装设低压阀型避雷器。避雷器、电缆外皮和绝缘子铁脚应作电气连接并且与管路一起接地。其接地电阻不应大于10Ω。汽车槽车和铁路槽车在装运易燃、可燃油品时，要装设阻火器。铁路装卸油品设施，包括钢轨、管路、栈桥等应作电气连接并且接地。接地电阻不应大于10Ω。金属油船和油驳，其金属桅杆或其他凸出金属物与水线以下的铜板相连接。其所用的无线电天线也应装设避雷器。输油管路可以用自身作为接闪器，其法兰、阀门的连接处，应设金属跨接线。管路系统的所有金属件，包括护套的金属包覆层必须接地。管路两端和每隔200～300m处，应有一处接地，接地点最好设在管墩处，其冲击接地电阻不得大于10Ω。可燃性气体放空管路必须装设避雷针，并应安装在放空管支架上。避雷针的保护范围应高出管口2m，避雷针距管口的水平距离不得小于3m。

6.5　爆炸抑制技术

爆炸预防技术是最基本、最有效、最经济的防爆方法，但由于爆炸灾害发生发展的复杂性，工程实践中尽管采取了各种防保措施，爆炸灾害仍不断发生。因此，在实施爆炸预防技术的同时，还要配以减灾措施，以将受灾程度降到最小。抑爆技术是指在具有可燃介质爆炸危险的环境（如料仓、煤矿巷道）中安装传感器，通过及时向爆炸区喷射灭火剂，在爆炸初期就约束和限制爆炸燃烧的范围，避免大规模爆炸的发生。

6.5.1　爆炸抑制技术的有效性和局限性

在可燃气体或粉尘一旦发生燃烧，传感器即可感应并发出抑爆系统动作指令，从而在爆炸的初始阶段（压力尚未升高、火焰尚未加速）向着火处喷射灭火剂，使之熄灭或抑制燃烧爆炸的范围和强度。采用爆炸抑制措施后，可以有效地使密闭空间内的爆炸压力不超过其耐压强度，避免财产损失和人员伤亡。

爆炸抑制系统主要由爆炸探测器、爆炸控制器和爆炸抑制器三部分组成。爆炸探测器是在爆炸刚刚发生时能及时探测到爆炸危险信号的装置。探测灵敏度是其关键参数。控制器是接收探测器信号并能控制抑爆器动作的装置。抑爆器是装有抑爆剂并能迅速把抑爆剂送入被保护对象的装置。

爆炸抑制技术可应用于以下场合：

① 过程设备，例如反应器、混合器、搅拌器、粉碎机、研磨机、干燥器、烤炉、过滤器、筛分器、粉尘收集器等；

② 储存设备，例如低压储罐、高压储罐、移动储罐等；

③ 物料输送设备，例如风力输送装置、螺旋输送装置、链斗升降机等；

④ 实验室或试验场设备，例如发动机罩、手套箱、测试间等；

⑤ 喷雾剂添加室。

爆炸抑爆技术的主要优点有：

① 可以避免有毒的、易燃易爆的物料和灼热的气体或明火窜出到密闭空间之外，特别适合于对泄爆易产生二次爆炸和人员伤亡的情况；

② 避免产生大量窒息性气体，最大程度避免人身伤亡；

③ 避免产生高压，最大程度保护相关物品损坏或人身伤害；

④ 对使用场所要求不高，对所处位置不利于泄爆的设备同样适用。

但爆炸抑制技术也有很大的局限性：

① 爆炸抑制设备费、维护费比较高；

② 抑爆系统的可靠性和灵敏度是一对矛盾，频繁的误动作会造成无谓损失，动作失灵又会造成巨大灾害，因而合适的感应元件是关键；

③ 抑制爆炸技术主要适用于在气相氧化剂中发生爆燃的系统；

④ 抑制爆炸技术只适用于抑爆剂可以在着火初期均匀分散的场合；

⑤ 抑爆剂必须与可燃介质的物理和化学性质相匹配；

⑥ 当可燃物质的爆炸指数大到一定的程度，对爆炸就不能进行有效抑制。粉尘 $K_{max}>30MPa\cdot m/s$，或气体的 $K_{max}>7.5MPa\cdot m/s$ 时，不宜采用爆炸抑制技术。

爆炸抑制装置设计须考虑以下因素：

① 可燃介质的爆燃特性，弄清爆燃形式和危害性；

② 被保护设备的设计参数，包括几何结构、容积、操作条件；

③ 抑爆剂选择；

④ 安装、操作、试验、检查与维护程序，包括误操作的可能性和可能造成的危害；

⑤ 抑爆装置的动作是否会引起其他装置（例如隔离阀、传送带、泄放装置等）联锁动作；

⑥ 配备全时备用电源以实现停电条件下的所有操作；

⑦ 给出抑爆效果相关数据。

6.5.2 爆炸探测器的工作原理

可燃介质发生爆炸时，都会伴有光、热、辐射、压力和温度升高等现象。爆炸探测器是敏感感应爆炸所引起的这些参数中的一个或多个参数（例如光、压力、温度、辐射能等）变化的装置。常用的爆炸探测器有光敏探测器、温敏探测器、压敏探测器等。

6.5.2.1 光敏探测器

光敏探测器响应火灾的光特性，即探测火焰燃烧的光照强度和火焰的闪烁频率的一种火灾探测器。根据火焰的光特性，目前使用的火焰探测器有三种：一种是对火焰中波长较短的紫外光辐射敏感的紫外探测器；另一种是对火焰中波长较长的红外光辐射敏感的红外探测器；第三种是同时探测火焰中波长较短的紫外线和波长较长的红外线的紫外/红外混合探测器。对于火焰燃烧中产生的0.185～0.260μm波长的紫外线，可采用一种固态物质作为敏感元件，如碳化硅或硝酸铝，也可使用一种充气管作为敏感元件，如盖革-弥勒管。对于火焰中产生的2.5～3μm波长的红外线，可采用硫化铝材料的传感器。对于火焰产生的4.4～4.6μm波长的红外线可采用硒化铅材料或钽酸铝材料的传感器。根据不同燃料燃烧发射的光谱可选择不同的传感器。

由于光辐射是在发生爆炸的瞬间产生的，且以光速向外传播，所以会在爆炸发生的最初时刻即被发现，是一种敏感度高、动作迅速、适用范围大的探测器，工程应用比较广泛。

应用光敏探测器必须考虑光线的穿透能力，一旦探头被遮挡（例如粉尘浓度很高时），就会降低敏感性。

应用光敏探测器还要考虑其他辐射（例如周围是否有其他发热元件辐射相应的光线）的影响，以提高抗干扰性。否则会导致误动作。

6.5.2.2 温敏探测器

温敏探测器工作原理主要是利用热敏元件来探测爆炸的。在爆炸初始阶段，燃烧过程中释放出大量的热量，周围环境温度急剧上升。探测器中的热敏元件发生物理变化，从而将温度信号转变成电信号，并进行报警处理。温敏探测器种类较多，根据其感热效果和结构形式可分为定温式、差温式及差定温式三种。电子差定温探测器在设计中一般取两个性能相同的热敏电阻进行搭配，一个放置在金属屏蔽罩内，另一个放在外部。外部的热敏电阻感应速度快，内部的由于隔热作用感应速度慢，利用它们的变化差异来达到差温报警。

根据温感探测器工作原理，温感探测器可以分为定温式探测器、差温式探测器和差定温式探测器3类。

定温式探测器是在规定时间内，爆炸引起的温度上升超过某个定值（一般为60～80℃）时启动报警的火灾探测器。它有线型和点型两种结构。其中线型是当局部环境温度上升达到规定值时，可熔绝缘物熔化使两导线短路，从而产生火灾报警信号。点型定温式探测器利用双金属片、易熔金属、热电偶热敏半导体电阻等元件，在规定的温度值上产生火灾报警信号。

差温式探测器是在规定时间内，火灾引起的温度上升速率超过某个规定值时启动报警的火灾探测器。它也有线型和点型两种结构。线型差温式探测器是根据广泛的热效应而动作的，点型差温式探测器是根据局部的热效应而动作的，主要感温器件是空气膜盒、热敏半导体电阻元件等。

差定温式探测器结合了定温和差温两种作用原理并将两种探测器结构组合在一起。差定温式探测器一般多是膜盒式或热敏半导体电阻式等点型组合式探测器。

温敏探测器只有与火焰很近时才能有感应，因此其应用有很大的局限性。如果不知道起始爆炸点位置，就会造成反应迟钝。

应用温敏探测器还要考虑其他辐射（例如周围是否有其他发热元件）的影响，以提高抗干扰性。否则会导致误动作。

6.5.2.3 压力敏感探测器

对于密闭空间内可燃介质爆炸，压力会逐渐升高。如果在刚刚发生爆炸的瞬间即能监测到压力的微小升高并及时扑灭火焰，就能抑制爆炸。由于压力波以当地声速传播，所以比较容易感受到压力的升高。这种情况可以利用压力敏感探测器进行探测，即使是浓度很大的粉尘爆炸也能及时捕捉到。常用的压力敏感探测器有应变式压力探测器、压阻式压力探测器、压电式压力探测器、膜片式压力探测器。

应变式压力探测器主要由弹性元件、电阻式应变片、支架及接线装置等组成。电阻式应变片粘贴在弹性元件表面上，当弹性元件受力产生应变时，电阻式应变片会感受到该变化而随之产生应变，并引起应变片电阻的变化。通常由四个应变片粘贴在弹性元件上并接成电桥电路，可以从电桥的输出中直接得到应变量的大小，从而得知作用在弹性元件上的压力。

压阻式压力探测器是利用材料的压阻效应并采用集成电路工艺技术制成的感应元件。敏感芯体受压后产生电阻变化，再通过放大电路将电阻的变化转换为标准信号输出。通常是在敏感芯体上制造出四个等值的薄膜电阻并组成电桥电路，当不受力作用时，电桥处于平衡状态，无电压输出；当受到压力作用时，电桥失去平衡而输出电压，且输出的电压与压力成比例。压阻式压力传感器具有以下特点：ⅰ. 压阻式压力传感器的灵敏系数比金属应变式压力传感器的灵敏度系数要大 50～100 倍；ⅱ. 由于它采用集成电路工艺加工，因而结构尺寸小，重量轻；ⅲ. 压力分辨率高，它可以检测出像血压那么小的微压；ⅳ. 频率响应好，它可以测量几十千赫的脉动压力。

压电式压力探测器的工作原理是基于某些晶体材料的压电效应。目前广泛使用的压电材料有石英和钛酸钡等，当这些晶体受压力作用发生机械变形时，在其相对的两个侧面上产生异性电荷。此电荷经电荷放大器和测量电路放大和变换阻抗后就成为正比于所受外力的电量输出。它的优点是频带宽、灵敏度高、信噪比高、结构简单、工作可靠和重量轻等。缺点是某些压电材料需要防潮措施，而且输出的直流响应差，需要采用高输入阻抗电路或电荷放大器来克服这一缺陷。

6.5.3 爆炸信号控制器的工作原理

爆炸信号控制器接收来自爆炸探测器的信号，当火焰信号或者压力信号达到设定的阈值时，输出控制信号至爆炸抑制器，使之动作并喷射抑爆剂。爆炸信号控制器的关键技术是确定信号阈值和动态响应时间。爆炸信号控制器的设定阈值低或响应时间短会带来可靠性降低，容易产生误动作，影响正常工作；设定的阈值高或响应时间长又可能达不到抑爆要求。为了解决阈值和响应时间与可靠性这对矛盾，爆炸信号控制器设计必须选用合理的器件和方案。

控制器一般由通信模块、AD 转换模块、数字放大模块、数字滤波模块、存储模块和控制模块组成。通信模块的作用是接收和发出信号或指令。AD 模块实现模拟信号与数字信号的相互转换。存储模块用于接收或发出信号的保存与显示。控制模块完成信号的分析、运算和判断。

由于各种元器件、计算机、软件等发展极为迅速，所以控制器技术也不断升级，这里不再介绍具体元件性能和选用方法。

6.5.4 爆炸抑制器的工作原理

爆炸抑制器是自动抑爆系统的最终执行机构。它装有爆炸抑制剂且在动作时通过内压驱动将爆炸抑制剂迅速、均匀地分布到整个爆炸空间。内压可以是储藏的压力，也可以通过化学反应获得（如爆炸或烟火装置的激活）。常见的爆炸抑制器主要有爆囊式抑爆器、高速喷射抑爆器、水雾喷射抑爆器 3 种形式。

6.5.4.1 爆囊式爆炸抑制器

爆囊式爆炸抑制器是一种用发爆管触发的速动灭火器，其结构示意如图 6-2 所示。爆囊 1 通常装填液体抑制剂或粉状抑爆剂。丝堵 3 供堵塞装料孔用。起爆管 2 外加一根套管密封，电源通过接线盒 4 引入。当起爆管爆发时，爆囊应当完全破碎，抑爆剂喷向整个空间，从而抑制爆炸。技术要点是确保起爆管完全破碎，而不得只在某一处破裂。这个条件是使抑制剂均匀分布到整个空间所不可缺少的。抑制剂在爆囊爆破时的飞溅速度取决于起爆管能量的大小。爆囊可用玻璃、金属或塑料制成。为了使爆囊能均匀而又完全充分破碎，在爆囊的表面要做出刻槽。为了防止爆囊碎片的飞散，刻槽的布置要能使爆囊在爆破后破裂成一片片的花瓣形，每一瓣片能在根部向上翻起，而不妨碍抑制剂的均匀飞散。上面所介绍的几种爆炸抑制器，其有效容量可介于 100～5000cm^3 之间。

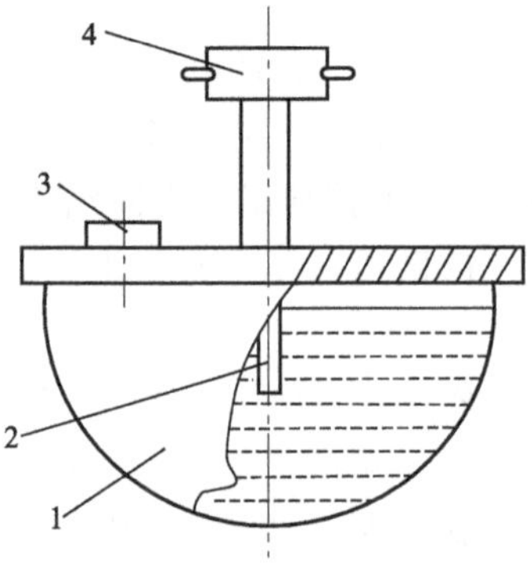

图 6-2 爆囊式爆炸抑制器示意
1—爆囊；2—起爆管；
3—丝堵；4—接线盒

爆囊能将液态抑爆剂在 5ms 内释放，其初始喷射速度超过 200m/s，但其作用范围小于 2m。由于爆囊安装在设备内部，它不适用于高温和腐蚀性的环境。主要适用于管道、传送带及斗提机等小容量设备。

爆囊式爆炸抑制器的最大缺点是，爆囊处在操作过程中，有可能遇到损坏，致使抑制剂全部漏光，这样，如果一旦自动抑爆系统产生误动作，就有可能由于起爆管的爆发而诱发设备内产生爆炸，因为爆囊损坏后起爆管就会完全裸露在爆炸性工艺介质之中。

根据采矿工业爆破工程的经验，有一种所谓的安全雷管，这种雷管生成的爆炸产物温度较低，因此不易引起某些可燃性气体和粉尘气体混合物燃烧。但是在化学工业中，这种雷管的安全可靠性往往显得不够，因为对于许多可燃性气体和蒸气来说，只要受到诱发，就可能燃烧起来。为了提高安全可靠性，有些研究者建议把起爆管插到一根套管里，两者之间留出足够大的间隙，然后再在间隙里填以烈性粉状抑制剂。烈性粉剂建议采用氯化钠、氯化铜、氯化铵、硫酸钠和硫酸钾。

6.5.4.2 气压式爆炸抑制器

气压式爆炸抑制器如图 6-3 所示。当控制器接收到探测器感应到的爆炸信号后，向抑爆器发出动作指令，阀门打开，钢瓶里的抑爆剂在高压喷射剂的作用下经喷嘴迅速射入爆炸空间。喷嘴的作用是确保抑爆剂分散均匀。钢瓶内充装的抑爆剂量约为其总容积的 3/4，其余的空间充以高压的惰性气体（喷射剂）。抑爆剂喷出后呈伞状，其展射角约为 90°。钢瓶形状和容积以及喷射剂压力应依据具体情况确定。

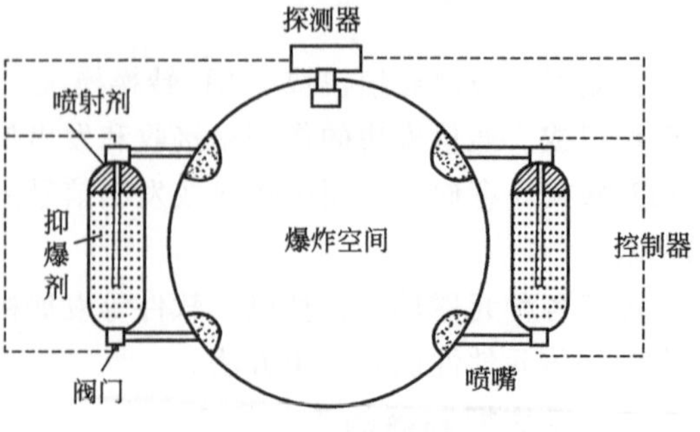

图 6-3 气压式爆炸抑制器示意图

喷射剂压力和阀门及喷嘴尺寸对抑爆器

工作性能影响很大。喷射剂压力越高、喷嘴尺寸越大，抑爆剂喷射速度和单位时间的喷射量越大，抑爆效果越好。常用气压式抑爆器的容积为 3～45L，喷射剂压力为 2～12MPa，喷射阀口径为 19～127mm。表 6-2 给出了常用气压式爆炸抑制器的技术数据。

表 6-2 常用气压式爆炸抑制器的技术数据

抑爆器出口直径/mm	储罐容积/L	抑爆剂装填量粉剂/kg,液态/L	推动压力/MPa
双出口 19	3,5	2,4 粉剂	6
双出口 19	5,8	4,8 粉剂	12
单出口 76	5.4,20,43	3.5,10,35 液态	2
单出口 76	5.4,20	4,16 粉剂	6
单出口 127	45	35 粉剂	6

与爆囊式爆炸抑制器相比，气压式爆炸抑制器的优点首先在于，气压喷雾器是安装在设备的外部，既不会对设备内部造成什么妨碍，也不会受到工艺介质的不利影响（如温度和腐蚀的影响）。其主要缺点是，对钢瓶的气密性提出了极为严格的要求，就是说，钢瓶在长期处于待用中不得有压力降低和抑爆剂泄漏等情况出现。

6.5.4.3 水枪式爆炸抑制器

水枪式爆炸抑制器如图 6-4 所示。当控制器发出抑爆信号时，火药包被引燃，燃烧室内的压力急速升高，从而推动滑动压帽下移，使密封膜破裂，抑爆剂沿喷头喷出。

由于火药包与抑爆剂被滑动压帽隔开，所以它燃烧后产生的气体不会进到设备之内。燃烧产生的气体唯有通过滑动压帽和爆炸抑制器壳体之间的间隙泄漏。只要对此间隙的大小和环隙宽度选用得当，就可以保证火药包爆发时安全无虞。

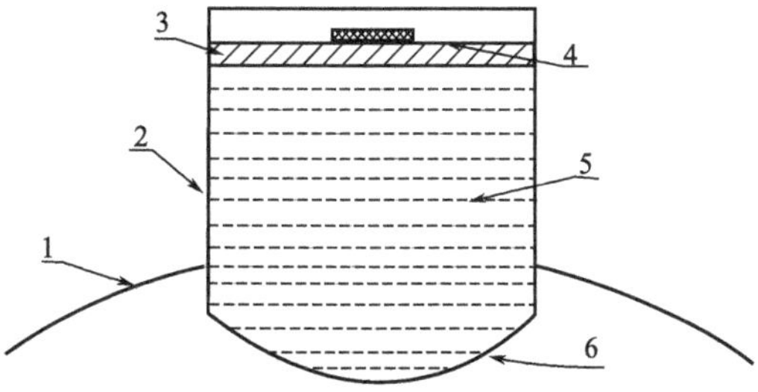

图 6-4 水枪式爆炸抑制器示意图
1—被保护空间；2—爆炸抑制器；3—滑动压帽；4—火药包；5—抑爆剂；6—密封膜和雾化喷头

水枪式爆炸抑制器的主要优点是灭火剂在平时没有压力，不会因泄漏而失效。

抑爆效果喷射质量取决于液流的散射形状、液滴的分散度和液滴在液流中的分布密度。液体的雾化是一个复杂的物理过程。液体通过小孔以高速射出后，在自身的湍流和空气动力的作用下，会分成质量不等和形状不同的几部分。质量小的部分受表面张力的作用呈球形液滴。如果液滴对气体的相对速度足够高，则大液滴还会继续变成更小的液滴。液滴能否继续分散，通常以韦伯数（Weber number）来判定。韦伯数的定义为

$$We=\frac{\rho v^2 d}{2\sigma} \tag{6-1}$$

式中 ρ——气体密度，kg/m^3；

v——液滴相对于气体的运动速度，Pa·s；

d——液滴的直径，m；

σ——表面张力，Pa。

非黏性液体的液滴是在 $We\approx6$ 时开始破碎，而黏性液体的液滴则在 $We\approx10$ 时开始

破碎。

水枪式爆炸抑制器的技术关键是如何使雾化喷头具有最佳的开孔分布方式，确保每个孔眼射出的每股分散的水流能融汇成整片密集的水流。

6.6 爆炸阻隔技术

爆炸阻隔（简称隔爆）技术是通过隔爆装置得以实施的一种爆炸减灾技术。常用的隔爆装置有阻火器、主动式（即监控式）隔爆装置和被动式隔爆装置等。阻火器常用于燃烧爆炸初期火焰的阻隔；主动式隔爆装置依靠传感器探测爆炸信号并发出指令使隔爆装置动作；被动式隔爆装置是在爆炸波本身的作用下引发隔爆装置动作。根据采用的隔爆装置不同，隔爆技术可分为机械隔爆和化学隔爆。

6.6.1 阻火器

阻火器是用来阻止易燃气体和易燃液体蒸气的火焰向外蔓延的安全装置。它由一种能够通过气体的、具有许多细小通道或缝隙的固体材料（阻火元件）所组成。关于阻火器的工作原理，目前主要有两种观点：一种是传热原理；另一种是器壁效应。传热原理认为，可燃介质只有达到其着火点才能维持燃烧。当介质温度低于其着火点时燃烧就会停止。因此，只要利用阻火元件的传热作用，将燃烧物质的温度降到其着火点以下就起到了阻止火焰蔓延的作用。设计阻火器内部的阻火元件时，应尽可能扩大火焰和通道壁的接触面积，强化传热，使火焰温度降到着火点以下。器壁效应原理认为，燃烧与爆炸并不是分子间直接反应，而是受外来能量的激发，分子键遭到破坏，产生活化分子。活化分子又分裂为寿命短但却很活泼的自由基。自由基与其他分子相撞，生成新的产物，同时也产生新的自由基再继续与其他分子发生反应。当燃烧的可燃气通过阻火元件的狭窄通道时，自由基与通道壁的碰撞概率增大，参加反应的自由基减少。当阻火器的通道窄到一定程度时，自由基与通道壁的碰撞占主导地位，由于自由基数量急剧减少，反应不能继续进行，也即燃烧反应不能通过阻火器继续传播。

阻火器分为机械阻火器、液封阻火器和料封阻火器。阻火器常用于阻止爆炸初期火焰的蔓延。一些具有复合结构的机械阻火器也可阻止爆轰火焰的传播。

6.6.1.1 机械阻火器

机械阻火器是由许多均匀或不均匀的微孔通道或孔隙的固体材料组成。火焰通过微孔通道熄灭的机理有以下两种解释。一是当火焰进入这些微孔通道后形成许多细小的火焰流，由于通道或孔隙的传热面积相对较大，火焰通过时加速了热交换，使温度迅速下降到着火点以下，从而被熄灭。二是可燃气体在外来热源（热能、辐射能、电能及化学反应能等）的激发下，分子键受到破坏，产生具备反应能力的分子（称为活性分子），这些具有反应能力的分子发生化学反应时，首先分裂为十分活泼而寿命短促的自由基。化学反应是靠这些自由基与其他反应分子碰撞作用来进行的。随着阻火器通道尺寸的减小，自由基与反应分子之间碰撞概率随之减少。而自由基与通道壁的碰撞概率反而增加，这样就促使自由基反应降低。当通道尺寸减小到某一数值时，这种器壁效应就造成了火焰不能继续进行的条件，火焰即被阻止。此时的通道尺寸即为火焰的最大灭火直径。

机械阻火器已被广泛应用于石油工业、矿山、水运、化学工业等，例如，输送易燃和可燃气体的管道、储存石油及石油产品的油罐、有爆炸危险系统的通风管口、油气回收系统、去加热炉可燃气体的管网、内燃机排气系统、火炬系统等。

阻火器的设计和选用关键是所处理可燃介质的最大熄灭直径。气体最大的熄灭直径是指火焰不能持续传播的通道直径。阻火器的阻火效能主要取决于气体的熄灭直径。如果阻火器只是用于阻止火焰传播，阻火器内阻火层上的通道或孔隙直径可采用气体熄灭直径；但是如果阻火器用于阻止爆燃火焰传播，则由于爆燃火焰速度比标准燃烧速度大得多，所以阻火层上的通道或孔隙直径应更小一些才能有效。一般情况下，阻火层上的通道或孔隙直径可选用气体熄灭直径的一半，当然也可以增加阻火层的厚度来提高阻火器的有效性。

几种常见可燃气体在常温、常压下的燃烧速度和最大熄灭直径列于表 6-3 中。可见，氢气代表了燃烧速度很大的气体，乙炔、城市煤气和乙烯代表了燃烧速度较大的气体，丙烷代表了燃烧速度中等的气体，也是大多数饱和烃的代表，甲烷代表了燃烧速度较小的气体。

值得注意，由于乙炔具有许多不同于一般易燃气体的特性，影响乙炔气体爆炸危险性的因素很复杂，所以不能按一般烃类气体对待，而应给予特殊考虑。

表 6-3　几种气体的标准燃烧速度和最大熄灭直径

气体名称	标准燃烧速度/(m/s)	最大熄灭直径/mm	气体名称	标准燃烧速度/(m/s)	最大熄灭直径/mm
甲烷/空气	0.365	3.68	乙炔/空气	1.767	0.78
丙烷/空气	0.457	2.66	氢/空气	3.352	0.86
丁烷/空气	0.396	2.79	丙烷/氧	3.962	0.38
己烷/空气	0.396	3.05	乙炔/氧	11.277	0.13
乙烯/空气	0.701	1.90	氢/氧	11.887	0.30
城市煤气/空气	1.127[1]	2.03[2]			

注：1. 含氢 63%的城市煤气。

2. 含氢 51%的城市煤气。

机械阻火器一般有以下几种结构。

(1) 金属丝网阻火器

金属丝网阻火器的阻火层由多层金属丝网构成，其示意图见图 6-5。一般情况下，丝网层数越多，阻火效果越好。研究表明，当丝网达到一定层数之后再增加金属网的层数，效果

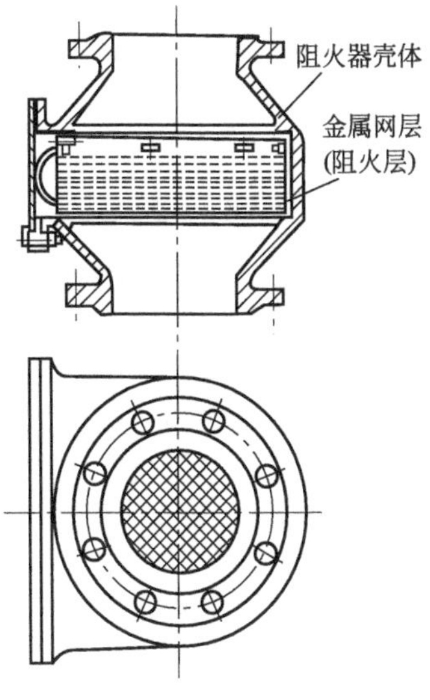

图 6-5　金属丝网阻火器

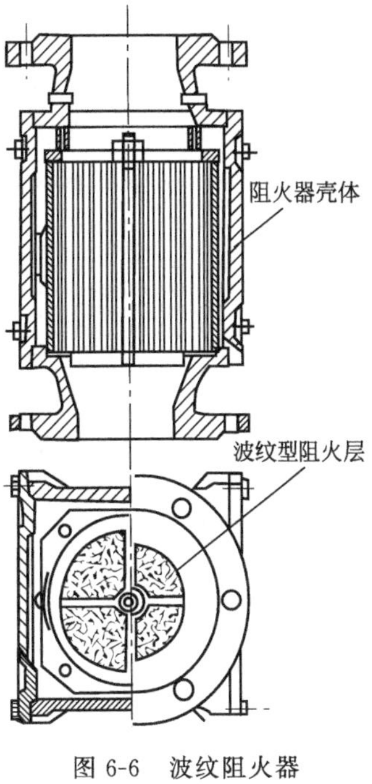

图 6-6　波纹阻火器

并不显著。金属丝网的孔眼儿大小也直接影响阻火效果。眼儿过小，流体阻力会很大，甚至产生堵塞。一般采用16～40目（0.38～1mm）的金属丝网作阻火层。

（2）波纹阻火器

波纹阻火器的阻火层由金属波纹板分层组装而成，其结构如图6-6所示。它主要有两种组装形式：一种是相邻层波纹板的波纹方向不同，从而在各层之间形成许多小的孔隙，即为气体通道；另一种是在两层波纹形薄板之间加一层厚度0.3～0.47mm扁平的薄板，使之形成许多小的三角形的通道。一般波纹高度为0.43～1.5mm，波纹底宽为0.86～4mm。波纹层厚12mm左右，总的层厚可达80mm。

（3）泡沫金属阻火器

泡沫金属阻火器的阻火层用泡沫金属制成。泡沫金属是一种新材料，其结构同多细孔的泡沫塑料相似。主要成分是镍铬合金。铬的含量不少于15%，不大于40%，材质密度不小于0.5g/cm^3。这种阻火器的优点是阻爆性能好，体积小，重量轻，便于安装和置换。缺点是对于泡沫金属内部孔隙的检查比较困难。

（4）平行板阻火器

平行板阻火器的阻火层由不锈钢薄板垂直或平行排列而成，板间隙在0.3～0.7mm之间，这样就形成许多细小的孔道。这种结构有利于承受较猛烈的爆炸。它易于制造和清扫，但体积较大，流阻较大，主要用于煤矿和内燃机排气系统。

（5）多孔板型阻火器

多孔板型阻火器的阻火层由金属薄板水平方向重叠而成，板上的许多细小孔眼形成了气体通道。板与板之间有0.6mm的间隙，形成固定的间距。此种形式的阻火器比金属网型阻火器的阻力小，但不能承受猛烈的爆炸。

（6）充填型阻火器

充填型阻火器的阻火层由充填堆积于壳体之内的金属颗粒或砾石颗粒构成，其结构如图6-7所示。在一定长度的壳体内可充满直径5mm的金属球。金属球层的上面和下面分别由孔眼为2mm的金属网作为支撑网架。利用充填层颗粒之间的孔隙作为阻止火焰的通道。

（7）星型旋转阀阻火器

星型旋转阀阻火器由阀壳、转子及对称分布叶片构成，其结构如图6-8所示。叶片安装在转子上并随转子一起转动。在转子转动的任一时刻，均有相同数目的旋转叶片与阀壳内表面构成火焰熄灭间隙。星型旋转阀阻火器主要用于输送粉尘的料仓排料口。

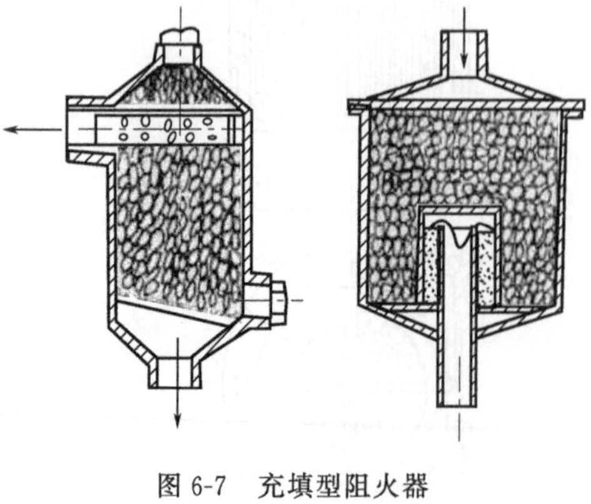

图6-7　充填型阻火器

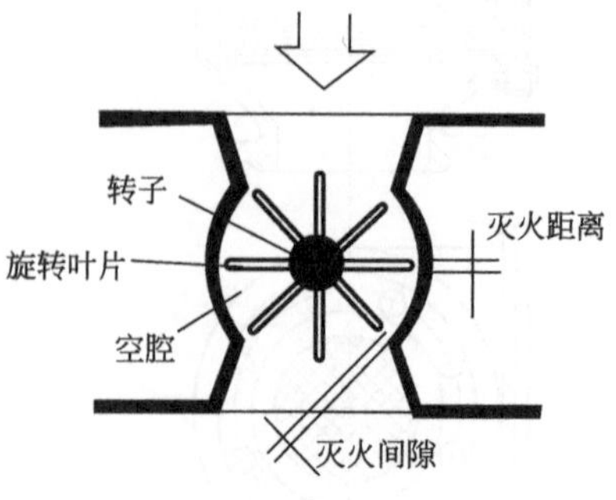

图6-8　星型旋转阀阻火器

(8) 复合型阻火器

复合型阻火器除了具备一般阻火器的性能外，还应承受爆轰产生的较高的压力。其主要特点是阻火器内部设有缓冲器，爆轰先经过缓冲器，然后再进入阻火器，这样就可大大减少对阻火器的压力。图 6-9 是复合型阻火器示例。

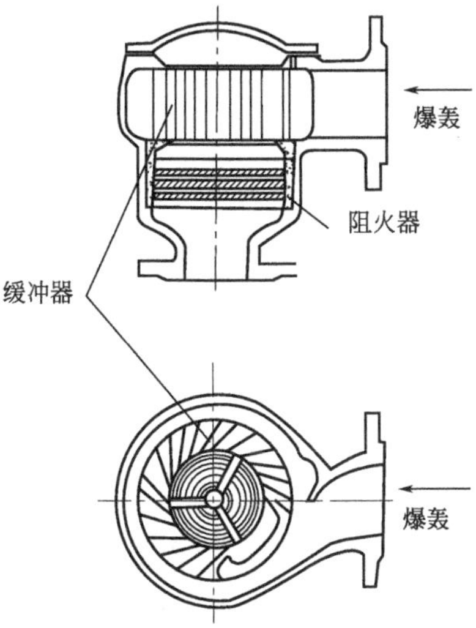

图 6-9 复合型阻火器

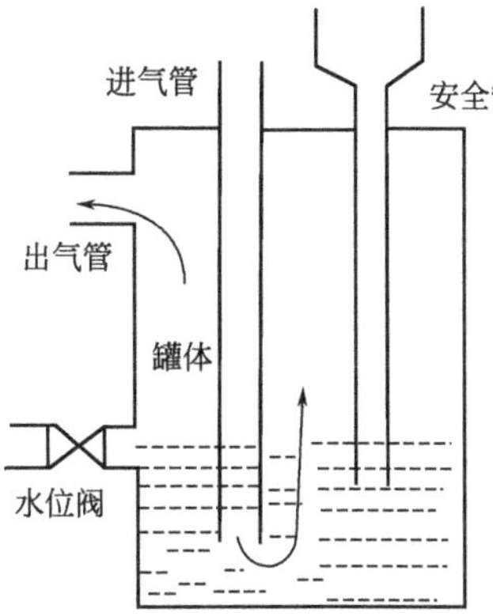

图 6-10 典型液封阻火器

6.6.1.2 液封阻火器

液封阻火器以液体（通常是水）作为阻火层，一般安装在气体管线与生产设备之间，用以防止外部火焰窜入处理可燃介质的设备，阻止火焰在设备和管道间传播。液封阻火器由液体储罐和与之相连的进出口管子构成。液体储罐内装有一定液位的水，进气管插入液体内，经过液体后逸出进入出气管。无论哪侧发生火灾或爆炸，火焰都会被水熄灭而不会进入另一侧。典型的液封阻火器如图 6-10 所示。当发生燃烧爆炸时，即使会造成水位下降，由于安全管插入液面较浅而进气管插入液面较深，安全管首先离开液面，火焰不会传至另一侧。

6.6.2 主动式隔爆装置

主动式隔爆装置通过灵敏的传感器探测爆炸信号，经过放大输出给执行机构，控制隔爆装置关闭阀门或闸板，从而阻隔爆炸火焰的传播。被动式隔爆装置通过爆炸波来推动隔爆装置的阀门或闸板来阻隔火焰。

主动式隔爆装置和被动式隔爆装置是靠装置上的某一元件的动作来阻火，这不同于工业阻火器依靠本身的物理特性来阻火。工业阻火器在工业生产过程中时刻都在起作用，对流体介质的阻力较大，而主动式隔爆装置和被动式隔爆装置只是在爆炸发生时才起作用，因此它们在不动作时对流体介质的阻力小，有些隔爆装置甚至不会产生任何的压力损失。工业阻火器对纯气体介质才有效。对于含有粉尘、易凝物等的输送管道，应当选用主动式隔爆装置和被动式隔爆装置。

6.6.2.1 自动灭火剂阻火器

自动灭火剂阻火器又称为化学阻火器，是一种主动式的爆炸阻隔装置，其结构示意图如图 6-11 所示。当爆炸发生时，由火焰探测器探测爆炸信号，该信号经过放大后引爆雷管使灭火器储罐口的阀门开启，从而将灭火剂喷出扑灭管道内传播的火焰，使爆炸得到阻隔。这种阻火器适合输送可燃粉尘的管道，其优点是不需要关闭管道，使生产操作能够继续进行。灭火剂常用灭火粉剂，其主要成分是磷酸胺。灭火剂储罐里的氮气的工作压力一般为 12MPa。

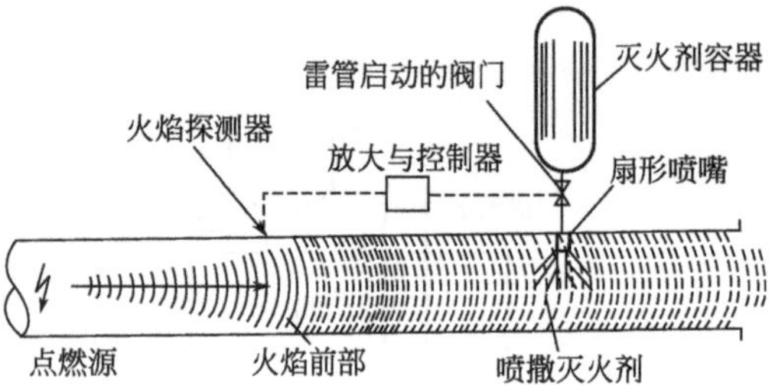

图 6-11 自动灭火剂阻火器

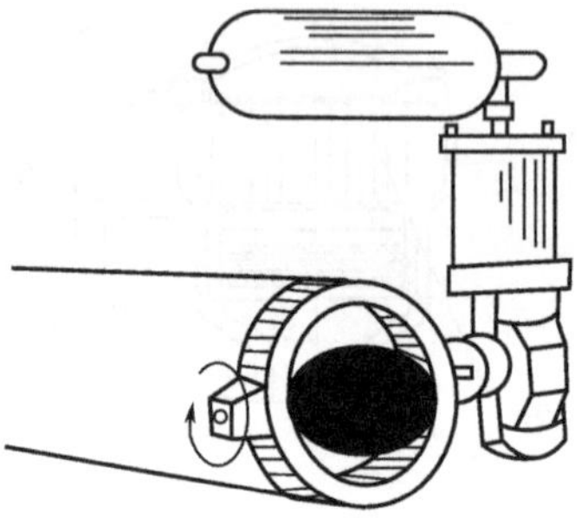

图 6-12 快速关闭阀

6.6.2.2 管道快速关闭阀门

管道快速关闭阀主要有快速关闭碟阀、快速关闭闸阀、快速关闭电磁阀。图 6-12 是快速关闭碟阀的结构示意图。快速关闭碟阀和快速关闭闸阀工作原理是，当探头接收到爆炸信号后，引爆雷管使储气罐阀门迅速打开，高压气体喷出推动碟阀或闸阀快速关闭管道。这种快速关闭阀的特点是，由于储气罐是由雷管爆炸开启的，因此反应快，阀门关闭时间短。碟阀的关闭时间可达 30ms，闸阀的关闭时间可达 50ms。由于利用雷管爆炸开启阀门比较复杂，其有效性须做破坏性检验认定，成本较高。近年来利用快速电磁阀代替高压气体作为动力源的快速关闭阀门在工业生产中得到广泛应用。

6.6.2.3 爆发制动塞式切断阀

爆发制动塞式切断阀的结构形式如图 6-13 所示。本体的内腔呈圆锥形，腔内的切断结构为截去端部的锥形塞，其上部的凸缘起密封作用。当发出切断信号时，引爆发火药包，在爆炸所产生的气体压力的作用下，锥形塞顶部凸缘受剪力的作用被剪断，锥形塞即掉入锥形阀座而将气体进出口切断。由于密封呈圆锥形，一般用塑性材料来制作锥形塞，可同时将进出管口和爆发腔隔断。

6.6.2.4 料阻式速动火焰阻断器

料阻式速动火焰阻断器结构如图 6-14 所示。它由本体、阻断物储筒和装有发火药包的顶盖等组成。阻断物一般为粒状物料（如砂子）。在阻断物上部有一块膜片，下部依次是膜片、两个可折弯的支撑板和保护膜。发出阻断信号时，发火药包即受触发而爆炸，产生的气体迅即将膜片冲破并将粒状物料压向下方。支撑板受到粒状物料的压力后便向下弯曲并将阻断器的进出口堵住，而粒状物料随即把阻断器的腔体填实。支撑板的主要作用是防止粒状物料通过连接管口被夹带走。这种火焰阻火器在发生动作后虽不能把管路截然堵死，但却能完全阻止住火焰通过它进一步蔓延。公称直径在 100～350mm 之间的这种结构的火焰阻断器，其动作时间不超过 0.05～0.2s。这种阻断器可成功地用于阻隔蒸汽、气体、空气混合物输送管道（如可燃性粉末材料气流输送管道）内产生的火焰。

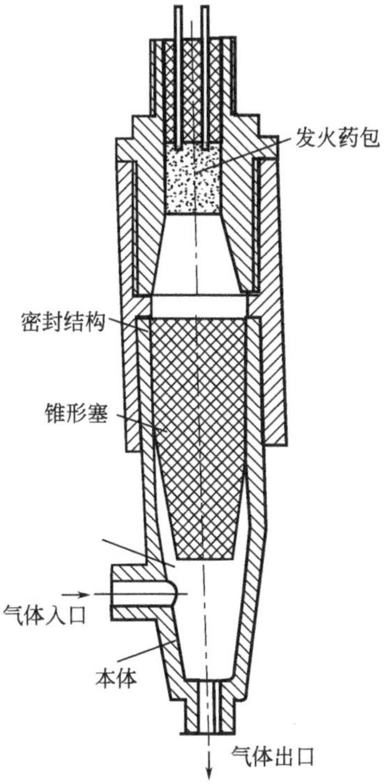

图 6-13 爆发制动塞式切断阀

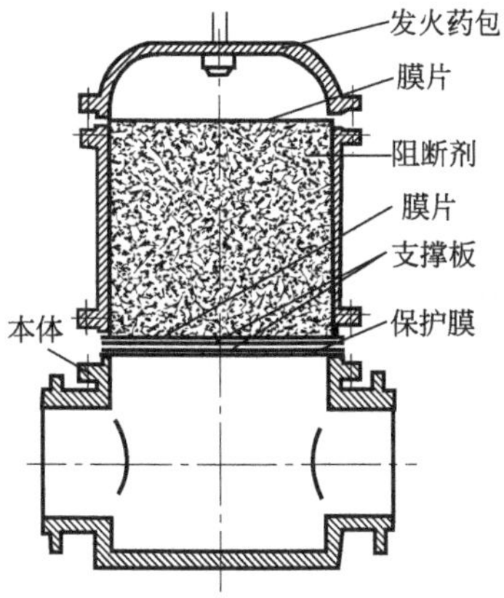

图 6-14 料阻式速动火焰阻断器

6.6.3 被动式隔爆装置

6.6.3.1 自动断路阀

该类隔爆装置依靠本身对爆炸波的感应而动作，其结构如图 6-15 所示。自动断路阀主要由阀体和切断机构两部分组成。阀体上有进口管和出口管，而切断机构又是由驱动构件和换向构件组成。换向构件包括一个传动件和一个换向滑阀。换向滑阀借助连通管可将驱动机构本体的内腔与阀体的内腔连通，或者与大气连通。其工作过程如下。正常操作条件下，阀芯与上阀座脱离，活塞压缩弹簧。在驱动机构的本体内，活塞上方的空间通过连通管和换向滑阀与阀体内的空间连通。此时断路阀即为开路。

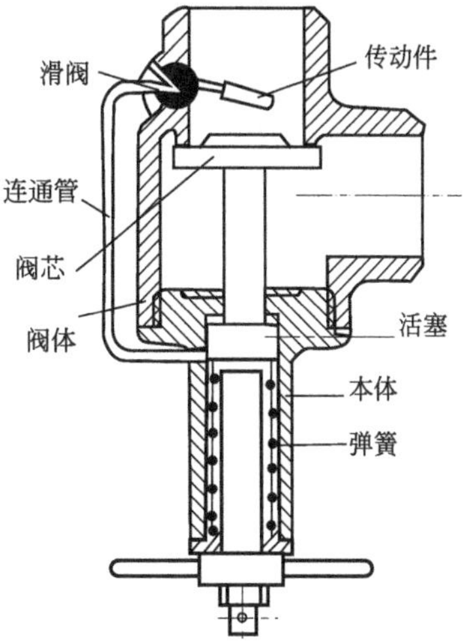

图 6-15 自动断路阀

当发生事故时，传动件带动换向滑阀动作，使活塞上方的空间与大气连通，于是活塞上方空间内的压力急速下降，弹簧即可将活塞顶起，从而把本体内的空气挤出，这时切断机构即处于闭路状态。排除事故后，利用套在螺杆上的螺母把断路阀打开，再把换向滑阀定回原处。当工艺管线里的压力恢复后，再把螺母拧到最低位置，于是断路阀又重新处于动作前的状态。

6.6.3.2 芬特克斯活门

芬特克斯活门是国际上常用的一种隔爆活门，其结构如图 6-16 所示。当管道里出现一定的爆炸压力时，活门能自动迅速闭合，阻止爆炸火焰的传播。闭合到位的阀门能通过电气脉冲触点发出关闭信号。装置上设有“返回原位按钮”，可使它重新回到正常的工作状态。

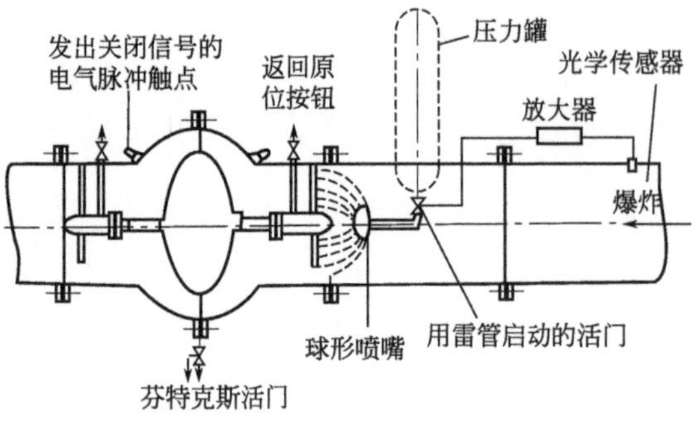

图 6-16 芬特克斯活门

因为活门的闭合动作机构需要一定的爆炸压力，所以当爆炸压力小于安全机构的最小动作压力时，就不能阻止通过管道的爆炸传播。活门也可使用外部控制，例如，从具有一定氮气的氮气瓶排出的冲击压力沿管道轴向通过球形喷嘴，进行外部控制。如果储罐的活门是雷管控制启动的，那么在对着爆炸的方向上必须装配一个光学传感器。如果该容器应用泄压防护措施，那么为了保证活门的动作可靠，泄压装置的静止动作压力一定要高于活门的最小动作压力。

6.6.3.3 管道换向隔爆装置

管道换向隔爆装置由进口管、出口管和泄爆盖组成，其结构如图 6-17 所示。气体在进口管和出口管间流动方向改变了 180°或 90°。如果爆炸火焰由进口管进入，则爆炸波向前传播时就会由于惯性将泄爆盖打开，火焰基本上泄放至管外。应用这种装置应考虑“吸火”现象，即出口管产生负压时会将可燃气体或粉尘由进口管吸入出口管，从而把爆炸火焰也吸入出口管。为防止这种现象出现，管道换向隔爆装置应与自动灭火剂阻火器联合使用才能确保安全，如图 6-18 所示。

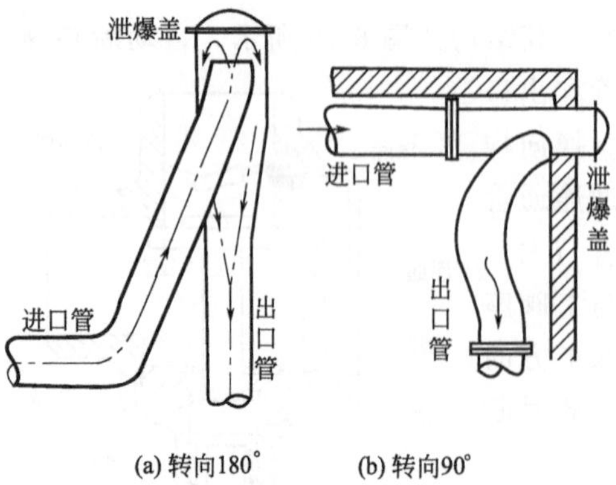

图 6-17 管道换向隔爆装置

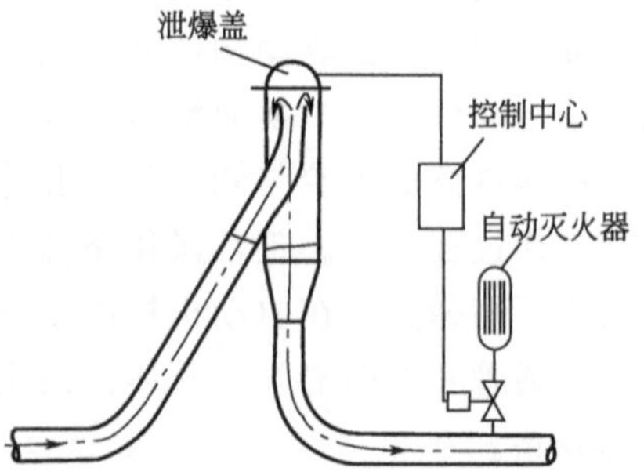

图 6-18 管道换向隔爆装置与自动灭火剂阻火器联用

小　结

(1) 认识到粉尘爆炸的危害以及加强安全教育和安全管理的重要性。通过建立完善的操作规程和规章制度，消除物的不安全状态，防止人的不安全行为。在设计处理可燃粉料的工艺时，应进行本质安全防爆设计，在工艺设计上采取预防措施，使危险发生的频率降低，或把其后果的严重性控制到最小。

(2) 安全是一个相对的概念，无论采取什么措施，也不能达到百分之百的安全。粉尘防爆的目的就是使粉尘爆炸的风险降低到可以接受的程度。在实际的防爆应用中，应寻求安全和经济的平衡。如果爆炸风险不能完全消除，则只好承认风险，将风险记录下来，告知相关人员，并采取措施保障操作人员的人身安全。

(3) 爆炸灾害防治技术可分为两类，其一是预防技术，即在生产过程中防止出现爆炸发生的条件；其二是减灾技术，即尽量避免或减小爆炸发生后的灾害。前者是最根本、最有效的方法，后者是不可缺少的辅助方法。

(4) 工业介质发生爆炸的必要条件细化为5个因素，即可燃介质、氧化剂、两者混合(对于粉体来说，还必须是悬浮状态)、点火源、相对封闭的空间。

(5) 控制可燃介质浓度处于爆炸极限之外是最有效的防爆措施之一，包括控制操作参数、避免泄漏、通风、除尘、避免操作失误。

(6) 控制氧含量低于发生爆炸所需要的最小氧含量是另一个最有效的防爆措施。值得注意，这里说的“氧”泛指氧化剂，即指在反应中得到电子（或电子对偏向）的物质，也就是反应后所含元素化合价降低的物质。氧化剂除了氧之外，还有很多，如水、氯、氟等。很多物质遇到水就会发生爆炸，还有很多物质一旦相互混合就会发生爆炸。

(7) 在可燃物/空气爆炸气氛中加入惰化介质，可燃物组分爆炸范围缩小，随着惰化介质的增加，爆炸上限和下限重合，直至可燃空气混合物不再发生燃烧。采用惰性气体进行保护，即惰化技术，既可以稀释可燃介质，也可以减小氧含量，是工业生产中常用的防爆措施。形成、保持和监控惰化氛围是确保有效惰化的关键。降温缓燃型惰化介质主要有氮气、氩气、氦气、水蒸气、矿岩粉等，化学抑制型惰化介质主要是卤代烃、碱金属盐类干粉、铵盐类干粉等。

(8) 粉体处理设备内部很难控制粉尘浓度在爆炸极限之外，因此惰化是防止形成可爆粉尘云的重要措施。煤粉、金属粉尘和塑料类粉尘通常采用气氛惰化的方法进行爆炸防护。部分惰化虽不能完全防止爆炸的发生，但可减小点燃频率，并降低爆炸的猛烈程度。

(9) 强点火源直接引发爆轰，弱点火源引发爆燃。点火源包括电点火源（包括电火花、雷电、静电等)、化学点火源（包括明火、自然着火等)、冲击点火源（包括撞击火花、摩擦火花、压缩引起温度升高等)、高温点火源（包括高温表面、热辐射等)。

(10) 爆炸抑制技术是一种减灾技术，它主要由爆炸探测器、爆炸控制器和爆炸抑制器三部分组成。爆炸探测器是在爆炸刚刚发生时能及时探测到爆炸危险信号的装置。探测灵敏度是其关键参数。控制器是接收探测器信号并能控制抑爆器动作的装置。抑爆器是装有抑爆剂并能迅速把抑爆剂送入被保护对象的装置。常用的爆炸探测器有光敏探测器、温敏探测器、压敏探测器等。常见的爆炸抑制器主要有爆囊式抑爆器、高速喷射抑爆器、水雾喷射抑爆器等。

(11) 爆炸阻隔是另一种减灾技术。常用的隔爆装置有阻火器、主动式（即监控式）隔爆装置和被动式隔爆装置等。阻火器常用于燃烧爆炸初期火焰的阻隔；主动式隔爆装置依靠传感器探测爆炸信号并发出指令使隔爆装置动作；被动式隔爆装置是在爆炸波本身的作用下引发隔爆装置动作。对于管道相连的设备，应采取隔爆措施，从而在发生爆炸时将爆炸限制在一定范围。

思考题

6-1 什么是预防技术？常用的预防技术有哪些？特点是什么？

6-2 什么是减灾技术？常用的减灾技术有哪些？特点是什么？

6-3 分析发生爆炸灾害的必要因素。

6-4 控制可燃介质浓度的方法有哪些？

6-5 控制可燃介质浓度系统的设计和使用应考虑哪些因素？

6-6 可燃介质泄漏有哪些情况？其危害程度与哪些因素有关？

6-7 除尘设备有哪几类？工作原理是什么？

6-8 什么是氧化剂？什么是还原剂？不含氧元素的物质是否也可能是氧化剂？

6-9 控制氧含量系统的设计和使用应考虑哪些因素？

6-10 常见的遇水发生燃烧爆炸的物质有哪几类？如何判断反应激烈程度？

6-11 如何存放遇水发生燃烧爆炸的物质？

6-12 哪些物质混合会发生爆炸？

6-13 什么是惰化技术？采用惰化技术的关键是什么？

6-14 什么是降温缓燃型惰化？什么是化学抑制型惰化？

6-15 什么是强点火源？什么是弱点火源？

6-16 工业生产中引发爆炸的火源有哪些？各有什么特点？如何控制？

6-17 静电是怎么产生的？如何防止静电点火？防止产生静电应遵循的原则是什么？

6-18 哪些物质容易自燃？受热自燃和自身自燃的区别是什么？如何防止？

6-19 如何防止雷电引发爆炸？

6-20 什么是爆炸抑制技术？主要适用于哪些场合？

6-21 爆炸抑制技术有哪些优越性和局限性？应用爆炸抑制技术应考虑哪些因素？

6-22 爆炸抑制系统的组成及作用原理是什么？

6-23 常用爆炸抑制器有哪几类？

6-24 爆炸抑制技术和爆炸阻隔技术有什么区别和联系？各有什么局限性？

6-25 爆炸阻隔技术主要有哪几种类型？工作原理有何不同？

6-26 机械阻火器有哪些结构类型？

6-27 液封阻火器的工作原理是什么？

6-28 什么是主动式隔爆装置？什么是被动式隔爆装置？两者的本质区别是什么？

7 密闭空间内爆炸的安全泄放原理与应用

内容提要： 主要介绍安全泄放技术的基本概念和基本原理，从理论上导出安全泄放装置泄放能力和介质泄放引起的降压速率计算方法及泄放面积的理论计算方法。结合国际标准重点介绍防止密闭空间内气体和粉尘爆炸超压所需安全泄放面积的工程设计方法。分析了常用安全泄放装置——安全阀、爆破片、防爆门（阀）的基本特点和选型依据。

基本要求： ①掌握安全泄放技术的基本概念和基本原理；②了解安全泄放装置泄放能力和泄放过程降压速率的推导过程；③了解密闭空间内气体和粉尘爆炸情况下最适宜泄放面积的理论分析方法；④掌握包围体内发生气体和粉尘爆炸时所需安全泄放面积的工程设计方法；⑤掌握爆破片的基本特性以及安全泄放装置的选型方法；⑥了解泄爆过程可能产生的次生危害。

任何密闭空间，例如压力容器或料仓等包围体，都有自己的允许最高工作压力。超过这个压力就会失效或破坏，甚至造成恶性事故。安全泄放装置就是防止密闭空间超过允许工作压力的一种保险装置。当密闭空间内压力达到规定值时，安全装置就会自动打开，泄放出密闭空间内的介质，确保空间内压力不超过许可值。爆破片、安全阀、防爆门等都是安全泄放装置。这些装置对于物理超压都是很有效的。直到 20 世纪 40 年代，人们才开始研究爆炸安全泄放技术。大量实验结果表明，由于爆炸过程是在毫秒级完成的，所以要实现安全泄放，就要求泄压元件惯性小、反应灵敏。目前普遍使用爆破片作为爆炸的安全泄放装置。在某些场合，反应灵敏的防爆门也可用于爆炸的安全泄放。

值得注意，本章所述的全部泄放方法只适用于可燃介质爆燃情况，不适用于会产生爆轰的场合。

7.1 泄放过程理论分析

在可燃介质爆炸的泄放过程中，存在两个互逆效应：其一，可燃气体爆炸产生大量高温气体，使容器内压力迅速上升；其二，泄压装置动作后，容器内气体排出，使压力迅速下降。前者的升压速率取决于可燃介质的性质及初始状态，可通过理论计算获得，亦可通过实验测得。前面几章已做了介绍。后者的降压速率取决于排出气体的流量，取决于安全泄放装置的泄放能力，主要与泄放面积有关。在某一设定条件下，如果安全泄放装置泄放能力使得降压速率大于或等于升压速率，则密闭空间内的压力就不会继续上升，也就保证了设备的安全。

7.1.1 泄放能力的计算

泄压装置动作后，容器内气体的泄放过程可视为绝热等熵流动（图 7-1）。根据气体动力学知识，泄放过程的质量流量按式（7-1）计算。

$$q_m = C_d p_d AC \tag{7-1}$$

式中，C 为流动特性系数。当 $\frac{p_b}{p_d} \leqslant \left(\frac{2}{k+1}\right)^{\frac{k}{k-1}}$ 时，即泄放过程为临界流动，流动特性系数 C 为

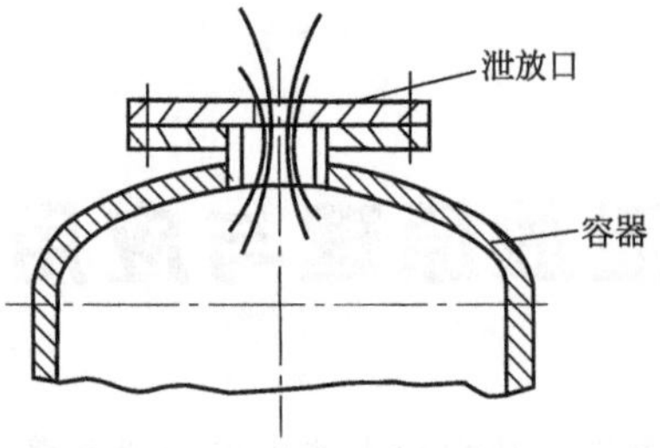

图 7-1 泄放过程示意图

$$C=\sqrt{\frac{2M}{ZRT_d}\frac{k}{k+1}\left(\frac{2}{k+1}\right)^{\frac{2}{k-1}}} \tag{7-2a}$$

当$\frac{p_b}{p_d}>\left(\frac{2}{k+1}\right)^{\frac{k}{k-1}}$时，即泄放过程为亚临界流动，流动特性系数$C$为

$$C=\sqrt{\frac{2M}{ZRT_d}\frac{k}{k-1}\left[\left(\frac{p_b}{p_d}\right)^{\frac{2}{k}}-\left(\frac{p_b}{p_d}\right)^{\frac{k+1}{k}}\right]} \tag{7-2b}$$

式中 p_d——泄放口打开时的压力，kPa；

T_d——泄放口打开时的温度，K；

p_b——泄放口打开时的背压，kPa；

k——泄放介质的绝热指数；

R——泄放介质的通用气体常数，$R=8.314$kJ/（kmol·K）；

M——泄放气体的分子量；

Z——泄放介质的压缩因子；

A——泄放面积，m^2；

C_d——泄放阻力系数，一般取 0.62；

q_m——质量流量，kg/s。

泄放出q_m的气体引起的容器内压力的降低速率可由以下热力学分析获得。

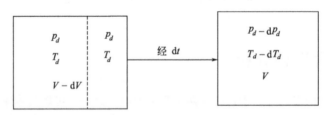

泄放口打开时，容器容积V，气体压力p_d，温度T_d，质量m_d。在dt时间内，泄放出dm_d气体，压力下降dp_d，温度下降dT_d，容器内剩余气体将膨胀dV体积，如图 7-2 所示。

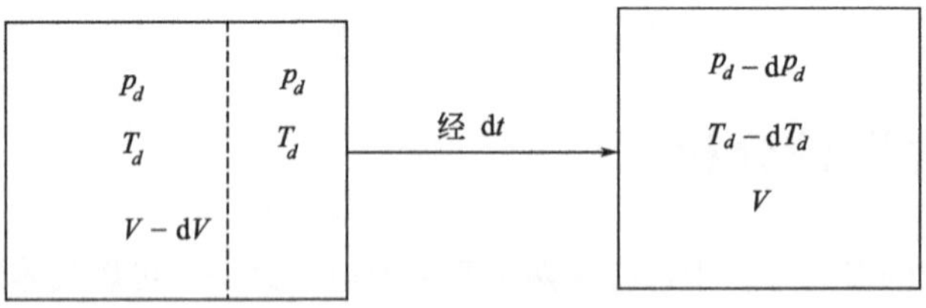

图 7-2 泄放过程示意图

对dV内气体应用气体状态方程得

$$p_d\mathrm{d}V=ZRT_d\mathrm{d}m_d/M \tag{7-3}$$

由热力学知识可知，容器内气体的膨胀功等于其内能的减少。膨胀功为$p_d\mathrm{d}V$，内能减少为$C_v(m_d-\mathrm{d}m_d)\mathrm{d}T_d=\frac{R}{M(k-1)}(m_d-\mathrm{d}m_d)\mathrm{d}T_d$，即

$$p_d\mathrm{d}V=\frac{ZR}{M(k-1)}(m_d-\mathrm{d}m_d)\mathrm{d}T_d \tag{7-4}$$

容器内剩余气体也满足理想气体状态方程，即

$$(p_d-\mathrm{d}p_d)V=\frac{ZR}{M}(m_d-\mathrm{d}m_d)(T_d-\mathrm{d}T_d) \tag{7-5}$$

联立式（7-1）、式（7-3）～式（7-5），并略去高阶无穷小量得

$$\frac{\mathrm{d}p_d}{\mathrm{d}t}=\frac{kZRT}{VM}\frac{\mathrm{d}m_d}{\mathrm{d}t} \tag{7-6}$$

式（7-6）中的左边就是由于泄放引起的容器内压力降低速率 r_d，右侧的 $\frac{\mathrm{d}m_d}{\mathrm{d}t}$ 就是泄放介质的流量 q_m。结合式（7-1）或式（7-2）就可获得降压速率

$$r_d=\frac{kZRT}{VM}q_m=C_d p_d AC\frac{kZRT}{VM} \tag{7-7}$$

令 $K_s=kZRTC/M$，它是取决于所泄放气体热力学性质的常数，则

$$r_d=C_d p_d AK_s/V \tag{7-8}$$

7.1.2 泄放面积的理论计算

如果泄压装置动作时，由于容器内介质爆炸产生的升压速率 r_m 与由于介质泄放引起的降压速率 r_d 相等，则泄爆压力（泄放装置动作后，容器内的最大压力）p_{red} 与泄压装置的泄放压力 p_d 相等。符合这个条件时的泄放面积称为最适宜泄放面积 A_f。当实际泄放装置泄放面积 $A>A_f$ 时，泄放装置足以防止容器内压力继续上升，设计偏于安全。这种情况称为平衡泄放。当然，泄放面积过大会造成成本增加，也是很大的浪费。当实际泄放装置泄放面积 $A<A_f$ 时，泄放装置动作后，由于升压速率大于降压速率，容器内压力还会继续上升，当然升压速率会有所减小，泄爆压力 p_{red} 将介于泄压装置动作压力 p_d 和密闭容器内爆炸产生的最大压力 p_m 之间。这种情况称为有限升压泄放。图 7-3 给出了平衡泄放与有限升压泄放的典型曲线。事实上，只要泄爆压力 p_{red} 不超过容器允许工作压力 $[p]$，容器就是安全的。在容器或其他密闭空间的结构无法实现平衡泄放时可以采用有限升压泄放。

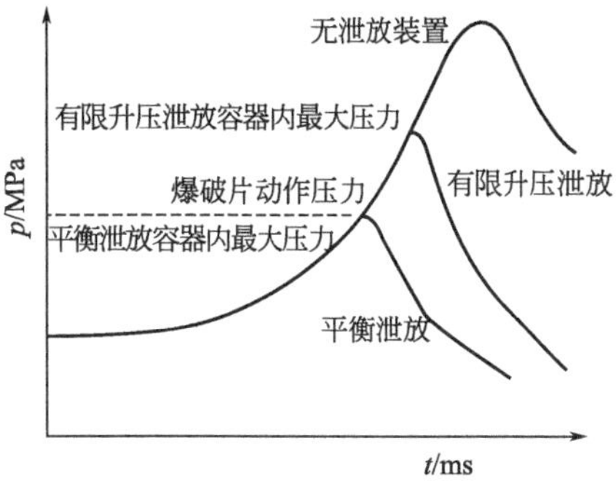

图 7-3 平衡泄放与有限升压泄放示意图

令 $r_m=r_d$，代入式（7-8）得到最适宜泄放面积计算式

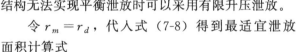

$$A_f=\frac{r_m V}{C_d p_d K_s} \tag{7-9}$$

如果能够获得容器内爆炸时的升压速率，则可按式（7-9）计算最适宜泄放面积。

7.2 泄放面积工程设计

式（7-9）是理想条件下的理论分析结果，可以作为工程设计的参考。在工程实际设计时，在多年实践的基础上，还提出了以下几种设计计算方法。

7.2.1 比例法

为了确定泄放面积，人们首先想到的就是，先在实验室进行一系列爆炸泄放实验，获得泄爆压力 p_{red} 与泄放面积之间的关系，然后将这种关系通过某种比例计算实际容器所需的泄放面积。已提出的泄放比例有以下几种。

（1）A/V

最早使用的放大比例是 A/V，即泄放面积与容器体积成正比放大。实践表明，这种放

大得到的泄放面积过大，而且实际容器体积越大，保守程度也越大。目前在各个泄放设计标准中都不再采用。

(2) A/F

对于圆筒形容器，容器体积可写为 $V=V^{1/3}F\lambda^{2/3}$，从而式 (7-9) 可写为

$$\frac{A_f}{F}=\frac{r_m V^{1/3}\lambda^{2/3}}{C_d p_d K_s} \tag{7-10}$$

式中 F——圆筒形容器的横截面积，m^2。

结合式 (3-69)、式 (7-10) 可写为

$$\frac{A_f}{F}=\frac{K'_G}{C_d p_d K_s} \tag{7-11}$$

可见，在容器体积不同而其他条件相同的情况下，圆筒形容器内爆炸泄放的相似指标为 A_f/F。也就是说，对于圆筒形容器内爆炸，可按 A/F 进行缩放设计。实践表明，这种方法是比较符合工程实际的。

这样，在对压力容器进行泄放设计时，可以首先利用与所保护的压力容器几何相似的小型试验容器进行一些爆炸泄放实验，获得泄爆压力 p_{red}、泄放装置静态动作压力 p_{stat}、泄放面积 A 之间的关系，即可按 A/F 对实际容器进行泄压设计。

(3) $A/V^{2/3}$

对于球形容器，容器体积可写为 $V=V^{1/3}V^{2/3}$，式 (7-9) 可写为

$$\frac{A_f}{V^{2/3}}=\frac{r_m V^{1/3}}{C_d p_d K_s} \tag{7-12}$$

结合式 (3-70)、式 (7-12) 可写为

$$\frac{A}{V^{2/3}}=\frac{K_G}{C_d p_d K_s} \tag{7-13}$$

可见，在容器体积不同而其他条件相同的情况下，球形容器内爆炸泄放的相似指标为 $A/V^{2/3}$。也就是说，对于球形容器内爆炸，可按 $A/V^{2/3}$ 进行缩放设计。实践表明，这种方法是比较符合工程实际的。

7.2.2 高强度包围体泄压设计图算法

高强度包围体是指承压能力介于 0.02～0.2MPa 之间的密闭包围体。因此本小节所述方法仅适用于泄爆压力介于 0.02～0.2MPa 之间的泄压设计。针对这种情况，在大量实验研究的基础上，提出了泄放面积的图算设计方法。美国标准 NFPA68《Guide for Venting of Deflagrations》中采用的算图（Nomograph，亦称诺模图）可分为以下 3 类，即粉尘爆炸等级算图、粉尘爆炸指数算图和气体爆炸算图。

(1) 粉尘爆炸等级算图

由于粉尘种类很多，爆炸强度也不同。为了便于制作安全泄放算图，一般把粉尘爆炸强度分成 3 个等级，见表 7-1。

表 7-1 粉尘爆炸强度等级

粉尘爆炸强度等级	粉尘爆炸指数 K_{st}/(MPa·m/s)	粉尘爆炸强度等级	粉尘爆炸指数 K_{st}/(MPa·m/s)
st1	≤20	st3	>30
st2	>20～30		

图 7-4～图 7-6 是 3 种不同泄放装置静态动作（或称开启）压力下的粉尘爆炸泄放设计算图。使用方法是，首先根据泄放装置静态动作压力找到相应算图，从图右侧横坐标上找到所保护的容器容积，然后向上引垂线与所设定的泄爆压力线（斜线）相交，从交点引水平线与左侧的相应粉尘爆炸等级线（斜线）相交，再从交点引垂线与左侧横坐标相交，交点即为所需的泄放面积。

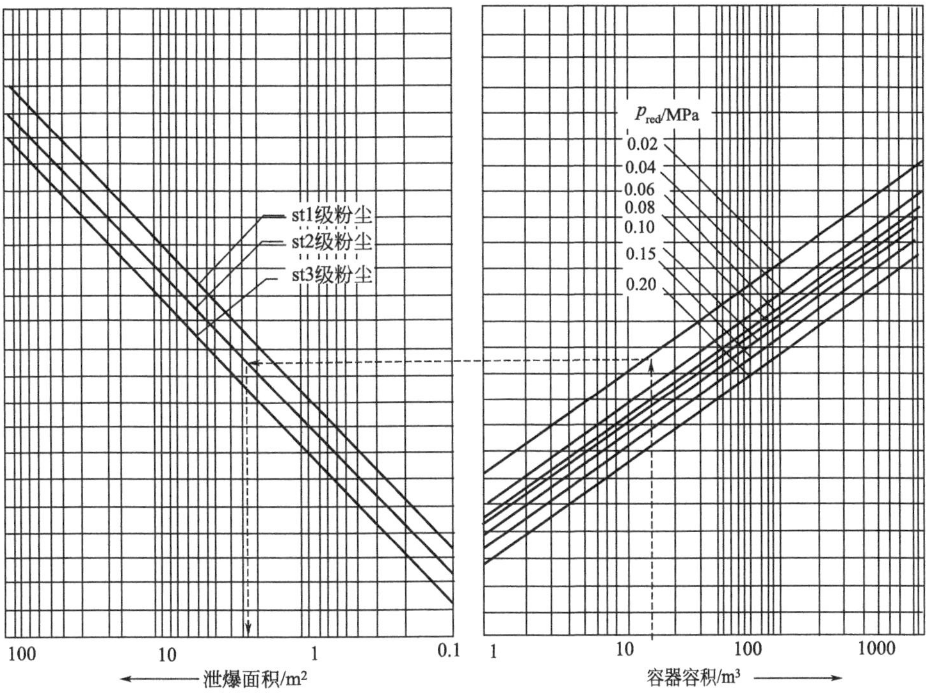

图 7-4　泄放装置静态动作压力为 p_{stat} =0.01MPa 时的粉尘爆炸等级算图

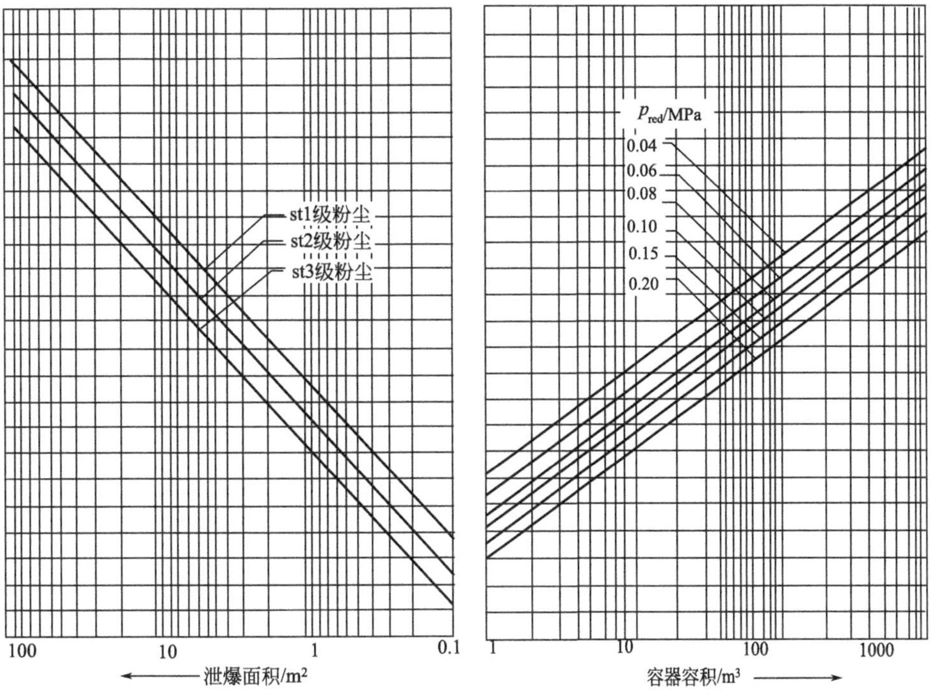

图 7-5　泄放装置静态动作压力为 p_{stat} =0.02MPa 时的粉尘爆炸等级算图

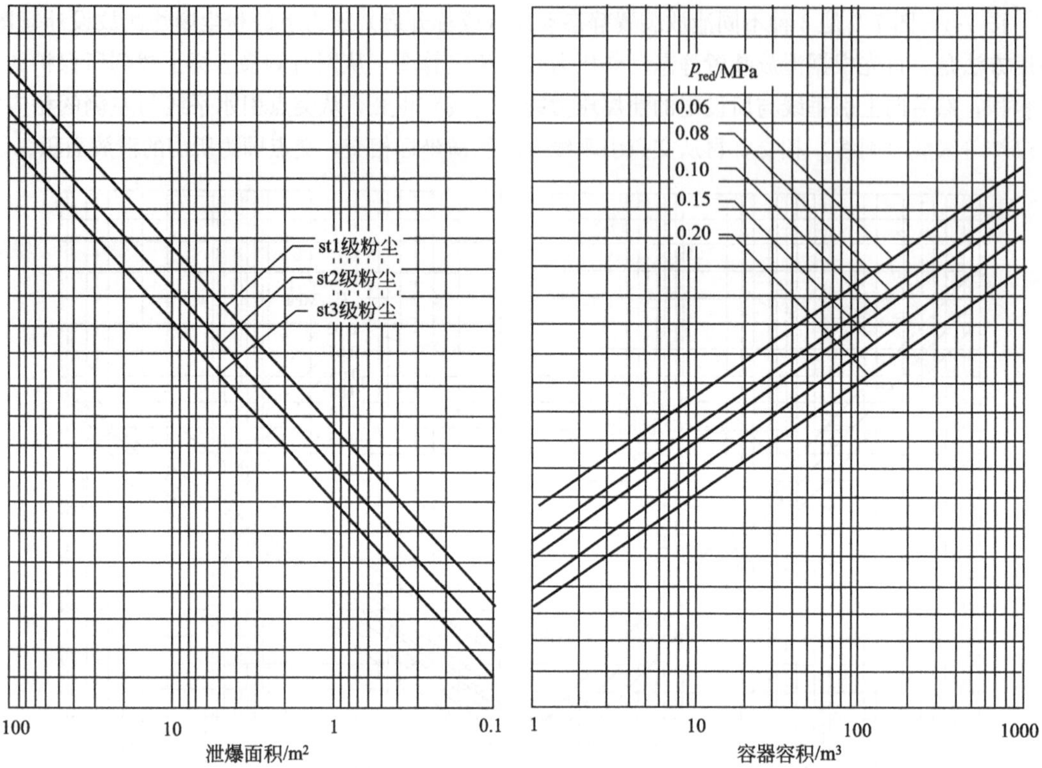

图 7-6　泄放装置静态动作压力为 p_{stat}＝0.05MPa 时的粉尘爆炸等级算图

这些图的适用条件是，容器内爆炸前介质的初始压力不超过 0.02MPa；泄放装置静态动作压力至少要比泄爆压力低 0.005MPa；泄爆压力介于 0.02～0.2MPa 之间；包围体长径比不大于 5。

对于泄放装置静态动作压力或泄爆压力或爆炸指数介于图中所示范围内的情况，允许采用内插法进行设计。某些条件下也允许采用外推法进行设计，但泄放装置静态动作压力不能低于 0.005MPa；泄爆压力只能介于 0.01～0.2MPa 之间。

随着计算机的发展，为使设计计算机程序化，公式比图表更具有优势。为此，通过对图 7-4进行拟合，可得到如下回归公式：

对 st1 等级，$\lg A+1.88854=0.67005\lg V+0.96027(10p_{red})^{-0.2119}$　(7-14a)

对 st2 等级，$\lg A+1.69846=0.67005\lg V+0.96027(10p_{red})^{-0.2119}$　(7-14b)

对 st3 等级，$\lg A+1.50821=0.67005\lg V+0.96027(10p_{red})^{-0.2119}$　(7-14c)

同理，图 7-5 的回归式为

对 st1 等级，$\lg A+1.93113=0.67191\lg V+1.03112(10p_{red})^{-0.3}$　(7-15a)

对 st2 等级，$\lg A+1.71583=0.67191\lg V+1.03112(10p_{red})^{-0.3}$　(7-15b)

对 st3 等级，$\lg A+1.50115=0.67191\lg V+1.03112(10p_{red})^{-0.3}$　(7-15c)

同理，图 7-6 的回归式为

对 st1 等级，$\lg A+1.94357=0.665925\lg V+1.20083(10p_{red})^{-0.3916}$　(7-16a)

对 st2 等级，$\lg A+1.69627=0.665925\lg V+1.20083(10p_{red})^{-0.3916}$　(7-16b)

对 st3 等级，$\lg A+1.50473=0.665925\lg V+1.20083(10p_{red})^{-0.3916}$　(7-16c)

应该指出，式（7-14）～式（7-16）只是诺模图的回归式，因此，其计算精度不会超过诺模图，适用范围也和诺模图相同。

值得注意，由于上述各计算式都是经验公式，等号两侧的量纲不能对应，所以式中的压力项，均采用表压力，单位为 MPa；体积项单位为 m^3；面积项单位为 m^2；长度项单位为 m。

（2）粉尘爆炸指数 K_{st} 算图

随着数据的不断积累，可以根据粉尘爆炸指数 K_{max} 给出更精确一些的算图。图 7-7～图 7-9 是 3 种不同泄放装置静态动作（或称开启）压力下的粉尘爆炸泄放设计算图。使用方法是，首先根据泄放装置静态动作压力找到相应算图，从图右侧横坐标上找到所保护的容器容积，然后向上引垂线与所设定的泄爆压力线（斜线）相交，从交点引水平线与左侧的相应粉尘爆炸指数线（斜线）相交，再从交点引垂线与左侧横坐标相交，交点即为所需的泄放面积。

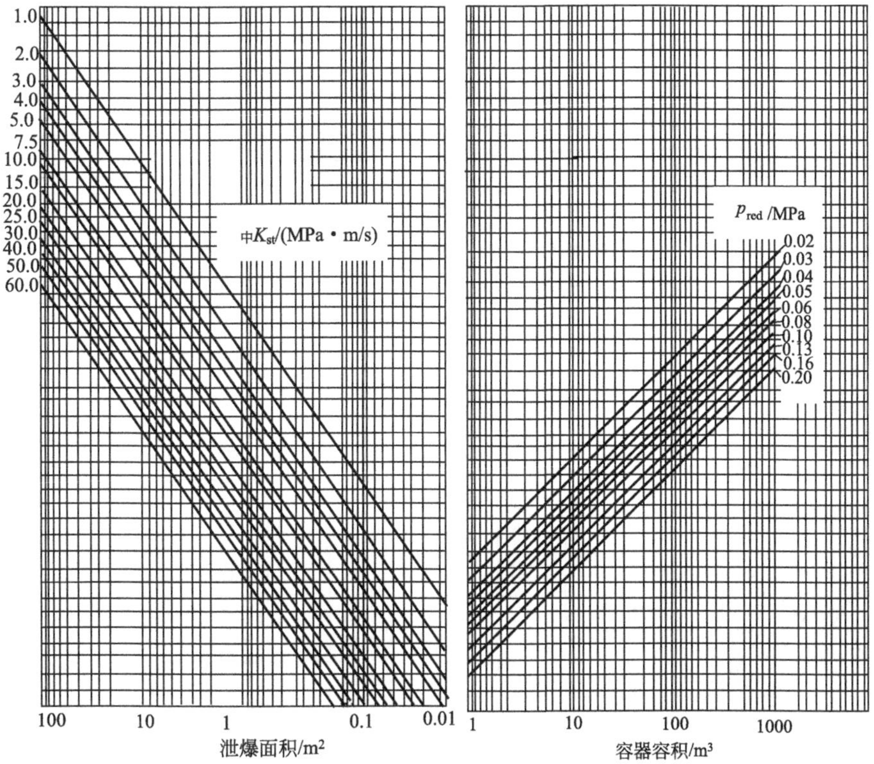

图 7-7 泄放装置静态动作压力为 p_{stat} = 0.01MPa 时的粉尘爆炸指数算图

这些图的适用条件是，容器内爆炸前介质的初始压力不超过 0.02MPa；泄放装置静态动作压力至少要比泄爆压力低 0.005MPa；包围体长径比不大于 5。

对于泄放装置静态动作压力或泄爆压力或爆炸指数介于图中所示范围内的情况，允许采用内插法进行设计。某些条件下也允许采用外推法进行设计，但泄放装置静态动作压力不能低于 0.005MPa；泄爆压力只能介于 0.01～0.2MPa 之间。

与前面一样，图 7-7～图 7-9 可用以下回归式代替：

$$A = a(10K_{st})^b(10p_{red})^c V^{\frac{2}{3}} \tag{7-17}$$

式中

$$a = 0.000571e^{(20p_{stat})}$$

$$b = 0.978e^{(-1.05p_{stat})}$$

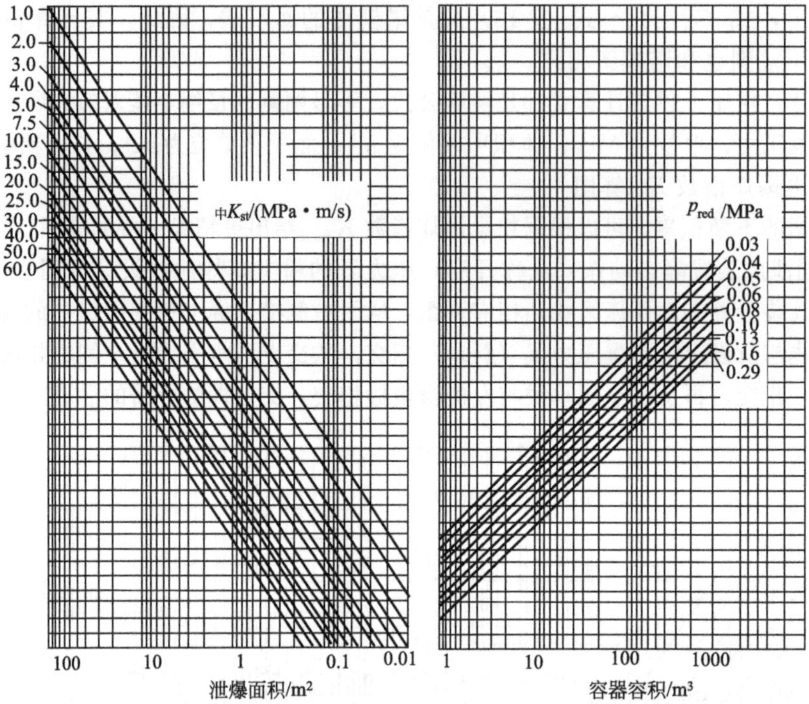

图 7-8　泄放装置静态动作压力为 p_{stat} =0.02MPa 时的粉尘爆炸指数算图

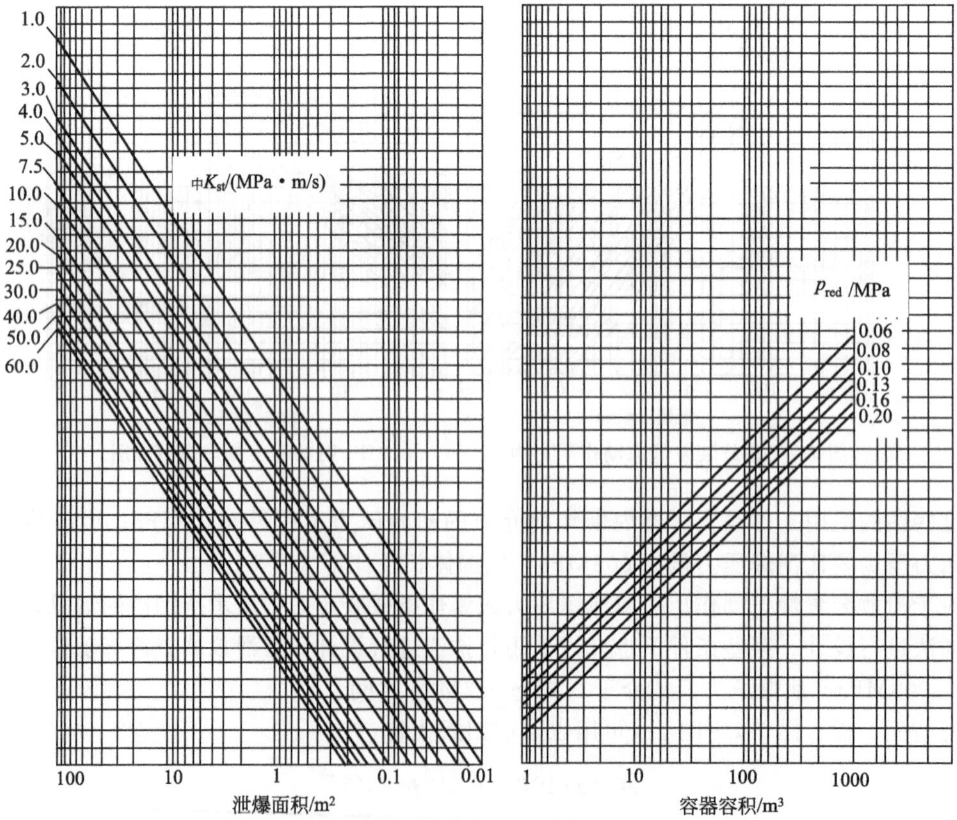

图 7-9　泄放装置静态动作压力为 p_{stat} =0.05MPa 时的粉尘爆炸指数算图

$$c=-0.787e^{(2.26p_{stat})}$$

同样值得注意，由于上述各计算式都是经验公式，等号两侧的量纲不能对应，所以式中的压力项，均采用表压力，单位为 MPa；体积项单位为 m^3；面积项单位为 m^2；长度项单位为 m。

(3) 气体爆炸算图

图 7-10～图 7-13 是甲烷、丙烷、焦炉煤气和氢气爆燃时的泄放面积算图。使用方法是，

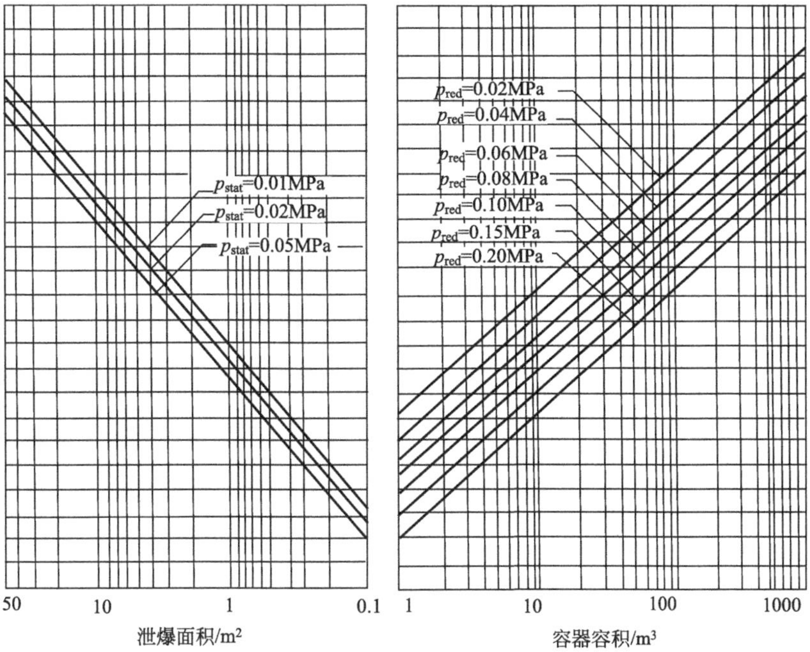

图 7-10 甲烷泄爆诺模图

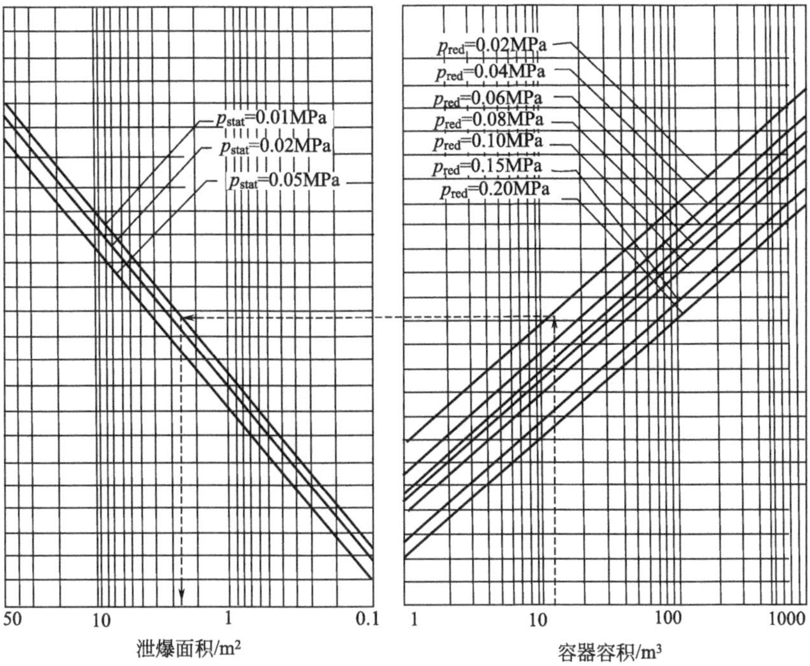

图 7-11 丙烷泄爆诺模图

首先根据气体种类找到相应算图，从图右侧横坐标上找到所保护的容器容积，然后向上引垂线与所设定的泄爆压力线（斜线）相交，从交点引水平线与左侧的相应泄放装置静态动作压力线（斜线）相交，再从交点引垂线与左侧横坐标相交，交点即为所需的泄放面积。

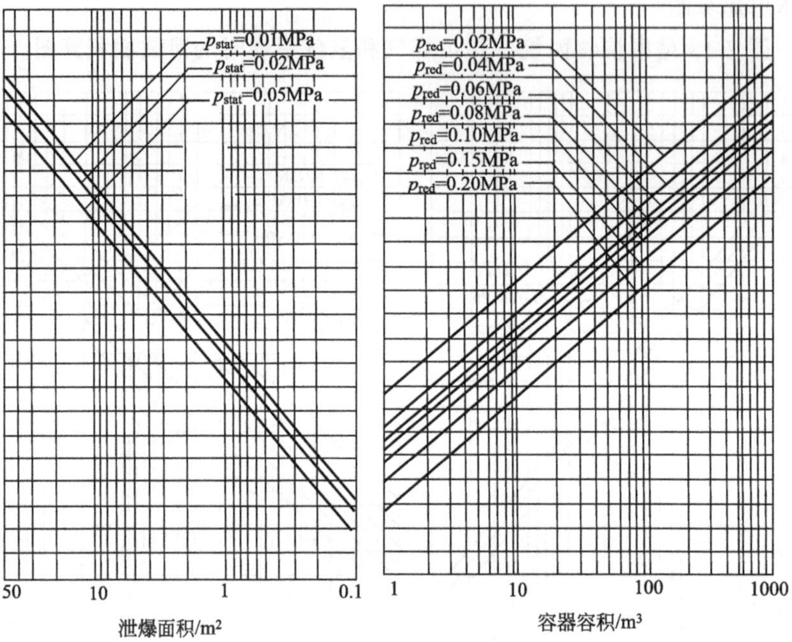

图 7-12 焦炉煤气泄爆诺模图

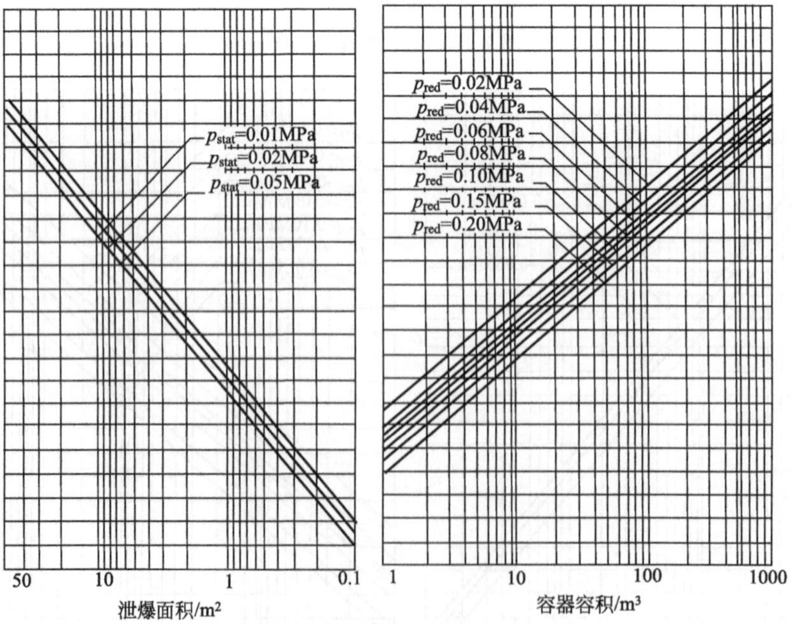

图 7-13 氢气泄爆诺模图

这些图的适用条件是，容器内爆炸前介质的初始压力不超过 0.02MPa，处于静止状态且容器内没有产生湍流的内件；点火能量不超过 10J；泄放装置静态动作压力 p_{stat} 至少要比泄爆压力 p_{red} 低 0.005MPa；包围体长径比不大于 5。

对于泄放装置静态动作压力或泄爆压力介于图中所示范围内的情况，允许采用内插法进行设计。某些条件下也允许采用外推法进行设计，但泄放装置静态动作压力不能低于0.005MPa；泄爆压力只能介于0.01～0.2MPa之间。

对这些诺模图进行拟合也可获得回归计算式如下：

$$A=aV^b(10p_{red})^d e^{(10cp_{stat})} \tag{7-18}$$

式中，a、b、c、d 的取值见表7-2。

表7-2 a、b、c、d 的取值

气体	a	b	c	d
甲烷	0.105	0.770	1.230	−0.823
丙烷	0.148	0.703	0.942	−0.671
焦炉煤气	0.150	0.695	1.380	−0.707
氢气	0.279	0.680	0.755	−0.393

同样值得注意，由于上述各计算式都是经验公式，等号两侧的量纲不能对应，所以式中的压力项，均采用表压力，单位为MPa；体积项单位为m^3；面积项单位为m^2；长度项单位为m。

对于其他气体爆炸，可用内插法进行设计。由式（7-11）或式（7-13）可知，泄压面积与爆炸指数成正比，因此，如果某气体的爆炸指数K_{G2}，介于丙烷的爆炸指数K_{G1}和氢气的爆炸指数K_{G3}之间，而与所设计容器相同的容器内丙烷爆炸所需泄放面积A_1和氢气爆炸所需泄放面积A_2已分别利用相应的算图获得，则三者之间应有如下式所示的关系。

$$A_2=A_1+\frac{K_{G2}-K_{G1}}{K_{G3}-K_{G1}}(A_3-A_1) \tag{7-19}$$

对于体积相同的容器来说，泄压面积与升压速率成正比。因此，如果两种气体在相同的实验条件下（试验装置、初始状态、点火能量、测试仪器等）爆炸产生的最大升压速率相同，则它们在相同容器内爆炸时所需要的泄放面积也相同。这样，如果某气体的最大升压速率为r_2，它介于丙烷的最大升压速率为r_1和氢气的最大升压速率为r_3之间，而与所设计容器相同的容器内丙烷爆炸所需泄放面积A_1和氢气爆炸所需泄放面积A_2已分别利用相应的算图获得，则三者之间应有如下式所示的关系。

$$A_2=A_1+\frac{r_2-r_1}{r_3-r_1}(A_3-A_1) \tag{7-20}$$

如果难以获得升压速率，但知道基本燃烧速率（见附录6），则在要求不太高的情况下，也可用基本燃烧速率代替升压速率按式（7-19）确定。

如果基本燃烧速率也难以知道，可利用氢气算图进行计算，当然所得结果是保守的。

对于初始绝对压力p_i介于0.12～0.4MPa的情况，可按下式确定泄爆压力

$$p_{red2}=p_{red1}(10p_i)^{\gamma} \tag{7-21}$$

特别要注意，式（7-21）中的压力项均为绝对压力，单位为MPa。式中γ取值见表7-3。

表7-3 γ 取值

气体	丙烷	乙烯	氢气
γ	1.5	1.4	1.2

7.2.3 低强度包围体的泄压设计

低强度包围体是指承压能力不超过 0.01MPa 之间的密闭包围体。针对这种情况，NFPA68 给出了如下经验设计式

$$A=\frac{CA_s}{(10p_{red})^{1/2}} \tag{7-22}$$

式中 A_s——包围体的内表面积，m^2；

C——系数，可根据物质属性按表 7-4 取值，也可依据爆炸指数 K_G 或 K_{st} 按表 7-5 取值。

表 7-4 C 的取值（按物质属性）

可燃物质	C
无水氨	0.013
甲烷	0.037
基本燃烧速率小于丙烷 1.3 倍的气体	0.045
st1 级粉尘	0.026
st2 级粉尘	0.030
st3 级粉尘	0.051

表 7-5 C 的取值［按爆炸指数 K_G 或 K_{st}/（MPa·m/s）］

K_G 或 K_{st}	4.0	5.0	7.5	10.0	15.0	20.0	25.0	30.0	40.0	60.0
C	0.0055	0.0071	0.0107	0.0144	0.0220	0.0275	0.0333	0.0427	0.0550	0.0786

式（7-22）的使用条件如下：

① $0.005\text{MPa}\leqslant p_{red}\leqslant 0.01\text{MPa}$；

② $p_{stat}\leqslant\frac{1}{2}p_{red}$ 且 $p_{red}-p_{stat}\geqslant 0.0025\text{MPa}$；

③ $V\leqslant 1000\text{m}^3$；

④ $\lambda\leqslant 3$。

泄放装置应尽可能沿长度方向均匀分布。如果泄放装置在包围体的一端，则式（7-22）适用于长径比 $L/D_E\leqslant 3$ 的包围体；如果泄放装置在包围体的一端，且会产生湍流或包围体内有许多内件，则式（7-22）适用于长径比 $L/D_E\leqslant 2$ 的包围体。对于非圆筒形包围体，直径取水力直径

$$D_E=4\frac{F}{P_{er}} \tag{7-23}$$

式中，F 是横截面积；P_{er}是周长。

同样值得注意，由于上述各计算式都是经验公式，等号两侧的量纲不能对应，所以式中的压力项，均采用表压力，单位为 MPa；体积项单位为 m^3；面积项单位为 m^2；长度项单位为 m。

7.2.4 经验公式法

在大量实验研究的基础上，德国研究者给出了包围体泄压设计的经验公式，并被德国标准 VDI3673《Pressure Venting of Dust Explosions》所采用。

对于泄爆压力 $p_{red}<0.15\text{MPa}$ 时，

$$A=B(1+C\lg\lambda)/E_F \tag{7-24}$$

对于泄爆压力 $p_{red}\geqslant 0.15\text{MPa}$ 时，

$$A=B/E_F \tag{7-25}$$

$$B=[3.264\times10^{-3}p_{max}K_{st}(10p_{red})^{-0.569}+2.7(p_{stat}-0.01)(10p_{red})^{-0.05}]V^{0.753} \quad (7\text{-}26)$$

$$C=-4.305\lg(10p_{red})+0.758 \quad (7\text{-}27)$$

$$\lambda=L/D_E \quad (7\text{-}28)$$

L 是包围体长度，单位 m，对于非圆筒形包围体，是最长的尺寸；D_E 是直径，单位 m，对于非圆筒形包围体，是水力直径，可按下式计算

$$D_E=2\sqrt{\frac{F}{\pi}} \quad (7\text{-}29)$$

E_F 称为泄放效率，是有惯性的泄放装置（例如防爆门）的有效泄放面积 A_w 与其实际几何泄放面积 A_k 之比。这是因为，有惯性的泄放装置（例如爆破门）与无惯性泄放装置（例如爆破片）具有相同的几何泄放面积时，在其他条件相同的情况下，防爆门泄放会比爆破片泄放产生更高的泄爆压力 p_{red}，相当于防爆门的有效泄放面积小了。因此，泄放效率应按下式计算

$$E_F=\frac{A_w}{A_k} \quad (7\text{-}30)$$

式（7-24）和式（7-25）的适用范围是：

① 包围体体积 $0.1\text{m}^3\leqslant V\leqslant1000\text{m}^3$；

② 泄放装置静态动作压力 $0.01\text{MPa}\leqslant p_{stat}\leqslant0.1\text{MPa}$；

③ 泄爆压力 $0.01\text{MPa}\leqslant p_{red}\leqslant0.2\text{MPa}$ 且 $p_{red}>p_{stat}$；

④ 对于爆炸指数 $1\text{MPa·m/s}\leqslant K_{st}\leqslant30\text{MPa·m/s}$ 的情况，最大爆炸压力 $0.5\text{MPa}\leqslant p_{max}\leqslant1\text{MPa}$；

⑤ 对于爆炸指数 $30\text{MPa·m/s}\leqslant K_{st}\leqslant80\text{MPa·m/s}$ 的情况，最大爆炸压力 $0.5\text{MPa}\leqslant p_{max}\leqslant1.2\text{MPa}$；

⑥ 长径比 $\lambda\leqslant20$ 且 $A\leqslant F$。

如果泄放装置静态动作压力、爆炸指数或最大爆炸压力小于上述最低值，则取最低值。

如图 7-14 所示，当泄爆压力 p_{red} 较低时，长径比对有效泄放面积有很大影响。这种影响随着泄爆压力 p_{red} 的增加而减小，当 $p_{red}=0.15\text{MPa}$ 时，就几乎没有影响了。图中 A 为 $\lambda=1$ 时所需要的泄放面积，A' 为 $\lambda>1$ 时所需要的泄放面积。

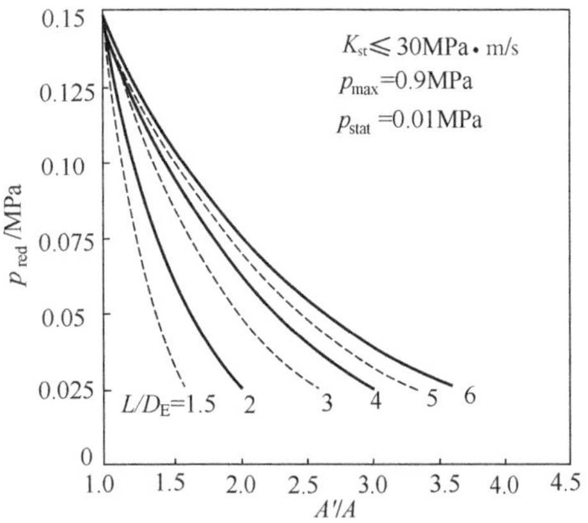

图 7-14 长径比和泄爆压力对有效泄放面积的影响

对于长方形包围体，$V=L_1L_2L_3$，其中 L_3 是最长的线性尺寸，泄放面积可按下式计算

$$A=3.264\times10^{-3}p_{max}K_{st}(10p_{red})^{-0.569}V^{0.753}\left(1+C\lg\frac{L_3}{D_E}\right) \quad (7\text{-}31)$$

$$D_E=2\sqrt{L_1L_2/\pi} \quad (7\text{-}32)$$

C 仍按式（7-27）计算。

式（7-31）的适用条件如下：

① 泄爆压力 $0.02\text{MPa}\leqslant p_{red}\leqslant0.01\text{MPa}$ 且 $p_{red}>p_{stat}$（通常对应于厂房设计）；

② 泄放装置静态动作压力 $p_{stat}\leqslant0.5p_{red}$；

③ 爆炸指数 $1\text{MPa·m/s}\leqslant K_{st}\leqslant30\text{MPa·m/s}$，最大爆炸压力 $0.5\text{MPa}\leqslant p_{max}\leqslant1\text{MPa}$；

④ 低质量泄放系统（如爆破片）。

值得注意，由于上述各计算式都是经验公式，等号两侧的量纲不能对应，所以式中的压力项，均采用表压力，单位为 MPa；体积项单位为 m^3；面积项单位为 m^2；长度项单位为 m。

7.2.5 泄放管的影响

如果使用泄放管，必须考虑它对泄放过程的阻碍作用。如果不增加泄放面积，则会导致最大泄爆压力的上升；如果不允许泄爆压力增大，则需要增加泄压面积。

泄放装置打开后通过泄放管向外泄放时，多数情况下泄放管内会充满可燃性介质，这就有可能在管内产生二次爆炸，从而对泄放过程产生阻碍作用，导致泄爆压力增大。当泄放管达到一定长度时，管内火焰速率会达到声速，对泄放过程的阻碍作用达到最大。当泄放管长度继续增加时，阻碍作用不再增大。使管内火焰速率达到声速的泄放管长度可依据 VDI3673 按下式计算

$$l_s = 4.564(10p_{red})^{-0.37} \tag{7-33}$$

对于长径比 $\lambda=1$ 的情况，泄放管引起的泄爆压力增加可依据 VDI3673 按下式计算

$$p'_{red} = p_{red}(1+17.3AV^{-0.753})^{1.6}l \tag{7-34}$$

式中，p_{red} 是无泄放管时的泄爆压力；p'_{red} 是有泄放管时的泄爆压力；l 为泄放管长度，当 $l \geqslant l_s$ 时取 $l=l_s$。

式（7-34）的适用条件如下：

① 泄爆压力 $0.01\text{MPa} \leqslant p_{red} \leqslant 0.2\text{MPa}$ 且 $p_{red} > p_{stat}$（通常对应于厂房设计）；

② 泄放装置静态动作压力 $p_{stat} \leqslant 0.01\text{MPa}$；

③ 爆炸指数 $1\text{MPa}\cdot\text{m/s} \leqslant K_{st} \leqslant 80\text{MPa}\cdot\text{m/s}$，最大爆炸压力 $0.5\text{MPa} \leqslant p_{max} \leqslant 12\text{MPa}$；

实验研究表明，泄放管的影响随着被保护包围体长径比的增大而迅速减小。当 $\lambda=6$ 时 VDI3673 给出如下计算式

$$p'_{red} = (10p_{red})^{(0.981-0.01907l)}(0.00586l+0.1023) \tag{7-35}$$

这样，对于长径比 $1<\lambda<6$ 的情况，可采用内插法计算

$$p'_{red} = C_1 + 0.2(C_2 - C_1)(\lambda - 1) \tag{7-36}$$

式中，C_1 是按式（7-34）计算得到的 $\lambda=1$ 时有泄放管情况下的泄爆压力，C_2 是按式（7-35）计算得到的 $\lambda=6$ 时有泄放管情况下的泄爆压力。

同样值得注意，由于上述各计算式都是经验公式，等号两侧的量纲不能对应，所以式中的压力项，均采用表压力，单位为 MPa；体积项单位为 m^3；面积项单位为 m^2；长度项单位为 m。

要防止二次爆炸，可采用阻火泄爆装置。

泄放管应尽可能短，尽可能直。泄放管越长，弯管半径越小，相同泄压面积下的泄爆压力越大。泄放管横截面积不得小于设计计算的泄放面积，最好采用直径更大的管子，管径不得有局部减小。

泄放管出口不得封闭，但为防止雨雪进入，可以允许设置轻质盖板，如塑料膜、橡胶板等。盖板的静态动作压力应远远小于 0.01MPa，且不得超过泄爆压力的 1/2。盖板单位面积的质量不得大于 10kg/m^2。盖板不得影响泄放过程，也不得对人身财产等构成威胁。

7.3 泄放过程的其他危害

泄放装置打开后，大量可燃介质会排出包围体之外，一旦被点燃，就会产生火焰扩展和

压力波对周围环境的作用。此外，包围体内介质的突然泄放还会对包围体支撑结构产生很大的反坐力。这些都是泄放过程的次生危害。

7.3.1 火焰扩展

火焰扩展距离 L_F 随着包围体体积的增大而增大，计算经验式如下

$$L_F = 10V^{1/3} \tag{7-37}$$

适用条件如下：

① 包围体容积 $V \leqslant 250\text{m}^3$；

② 泄放装置静态动作压力 $p_{\text{stat}} \leqslant 0.01\text{MPa}$；

③ 泄爆压力 $0.01\text{MPa} \leqslant p_{\text{red}} \leqslant 0.9\text{MPa}$；

④ 最大爆炸压力 $p_{\max} \leqslant 0.9\text{MPa}$；

⑤ 爆炸指数 $K_{\text{st}} \leqslant 30\text{MPa} \cdot \text{m/s}$；

⑥ $\lambda \leqslant 2$。

7.3.2 压力扩展

包围体外的压力峰值发生在 $R_s = 0.025L_F$ 处，可按如下经验式计算

$$p_{\max,a} = 0.2p_{\text{red}}A^{0.1}V^{0.18} \tag{7-38}$$

对于更远的距离 r，压力逐渐衰减，可按如下经验式计算

$$p_{r,a} = p_{\max,a}(p_s/r)^{1.5} \tag{7-39}$$

7.3.3 反坐力

包围体支撑结构应能承受泄放过程产生的反坐力。当包围体上安装有多个泄放装置时，它们可能不会同时打开，因此要考虑不同位置、不同方向的反坐力。NFPA68 给出了反坐力 F_r（单位为 kN）计算式

$$F_r = 1200Ap_{\text{red}} \tag{7-40}$$

反坐力持续时间 t_F（单位为 s）可按下式计算

$$t_F = \frac{0.01K_{st}V^{1/3}}{Ap_{\text{red}}} \tag{7-41}$$

作用于支座上的当量静载荷 F_s（单位 kN）可按下式计算

$$F_s = 620Ap_{\text{red}} \tag{7-42}$$

7.4 泄放装置的设置与选型

7.4.1 泄放装置的设置原则

泄放装置的设置一般应遵循如下基本原则。

① 对于塑性材料包围体，最大泄爆压力 p_{red} 不得超过包围体最薄弱元件抗拉强度的2/3，此时可能包围体会产生变形；对于脆性材料包围体，最大泄爆压力 p_{red} 不得超过包围体最薄弱元件抗拉强度的 1/4；对低强度包围体，还要确保包围体强度超过泄爆压力 2.4kPa。

② 不得直接向室内泄放，必要时须通过泄放管引至墙外。泄放管应尽可能短，尽可能直。泄放管越长，弯管半径越小，相同泄压面积下的泄爆压力越大。泄放管面积不得小于设计计算的泄放面积，最好采用直径更大的管子。

③ 必须确保泄放装置可靠地全部打开，不得受到沉积物，例如雪、冰、漆、黏稠物质、

聚合物等的阻碍，也不得受到管道或其他结构的阻碍，更不得因腐蚀、生锈等造成动作失灵。

④ 为减少打开时间，泄放装置的惯性要尽可能小，一般来说，泄放装置单位面积质量不得超过 12.2kg/m^2；一般也不得有配重。对于甲烷、氨气等气体以及 st1 级粉尘爆燃，单位面积质量不得超过 39kg/m^2。当考虑强烈风暴等载荷时，单位面积质量可能会增加至 97.6kg/m^2，甚至 146.4kg/m^2，此时须考虑由此引起的泄爆压力增大。泄放装置惯性越大，泄爆压力也越大。

⑤ 泄放口应尽可能靠近可能引燃的地方。对长径比较大的包围体，应沿长度方向均匀布置。应尽量设置在包围体顶部。在侧向布置时，应尽量对称布置。

⑥ 应尽量避免泄放过程中产生碎片等发射物或点燃其他可燃物，必要时设置挡板等减少伤害措施。

⑦ 泄放装置须耐工艺介质和环境介质腐蚀。

⑧ 应定期对泄放装置进行检查，必要时应定期更换。

7.4.2 泄放装置的选型

工业中常用的安全泄压装置主要有安全阀、泄爆阀、泄爆门、爆破片和隔离式安全阀。

7.4.2.1 安全阀的选型

化工企业所用的安全阀主要有普通弹簧直接载荷式安全阀、先导式安全阀和双作用先导式安全阀。

普通弹簧直接载荷式安全阀是目前使用量最大的安全阀，其工作原理如图 7-15 所示。正常工作条件下，弹簧力应大于介质作用在阀瓣上的合力，以保证密封。当该合力大于弹簧力时，阀瓣与阀座分离，介质就会从出口侧排出。只要泄放面积够大，容器内压力不会继续升高。当容器内压力降低到一定值时，在弹簧力的作用下，阀瓣与阀座会重新接触并实现密封，生产可继续进行。可见，这种安全阀的最大优点就是结构简单，在不发生锈蚀的条件下，能在规定压力下开启。但它也有以下缺点：一是在临界开启时，弹簧力与介质压力近似相等，密封比压近似为 0，泄漏是难免的；二是为了达到规定的起跳高度，通常装有反冲盘，从而导致回座压力很低。

先导式安全阀的工作原理如图 7-16 所示。正常工作时，先导阀的阀 1 和阀 2 处于开通状

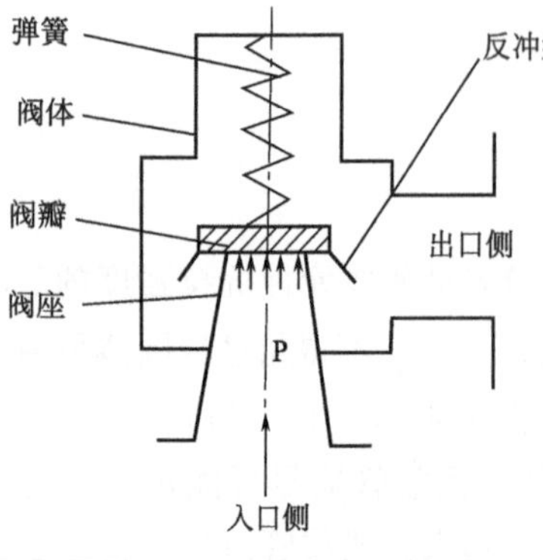

图 7-15 普通弹簧直接载荷式安全阀工作原理示意图

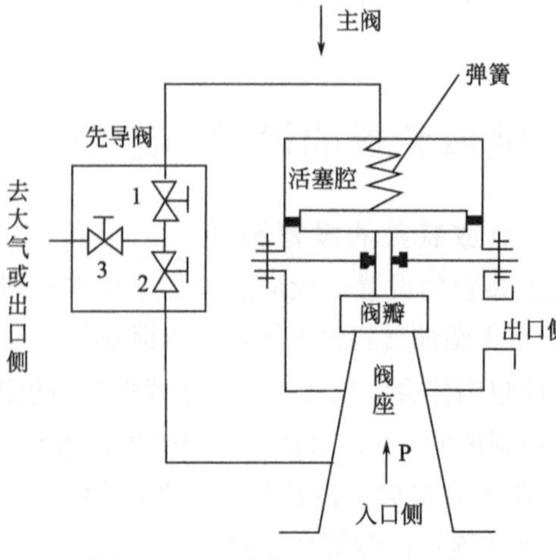

图 7-16 先导式安全阀工作原理

态，阀 3 处于关闭状态，活塞腔内充入介质压力。这样，作用在阀瓣上向下的力远大于向上的力，密封性能非常好。当介质压力达到规定的开启压力时，阀 2 关闭，同时阀 1 和阀 3 导通，活塞腔内的介质全部排出，使作用在阀瓣上向上的力大于向下的力，主阀开启，保证容器内的介质压力不再升高。这种安全阀的致命缺点是，一旦先导阀失灵，活塞腔内的介质就无法泄放出去，主阀也就无法打开。因此，与普通弹簧直接载荷式安全阀相比，其动作可靠性降低了一半，即先导阀和主阀之一出现故障，就达不到安全保护容器的作用。

双作用先导式安全阀的工作原理如图 7-17 所示。当安全阀处于关闭状态时，球形控制阀芯在先导阀弹簧力作用下，与控制腔中的下密封面建立起密封，而与上密封面脱离，使主阀加压气缸（活塞阀）与先导阀高压腔隔绝而与泄压腔导通，主阀加压气缸中的压力介质由此而泄放至安全阀的排放侧。在安全阀的开启压力下，球形控制阀芯在介质压力作用下克服先导阀弹簧力向上移动，使得球形控制阀芯与上密封面建立密封而与下密封面脱离，使主阀加压气缸与泄压腔隔绝而与高压腔导通而被加压，主阀阀芯在主阀加压气缸中受到一个附加的开启力而迅速开启至规定高度，使安全阀处于排放状态。在回座压力下，先导弹簧将球形控制阀推回至下密封面密封的位置，并与该密封面建立密封，使主阀加压气缸与先导阀高压腔隔绝而与泄压腔导通被泄压，此时主阀阀芯由于撤掉了在主阀气缸中的这部分附加开启力，在主阀弹簧作用下，迅速回座，恢复到关闭状态。这种安全阀的显著优点如下。

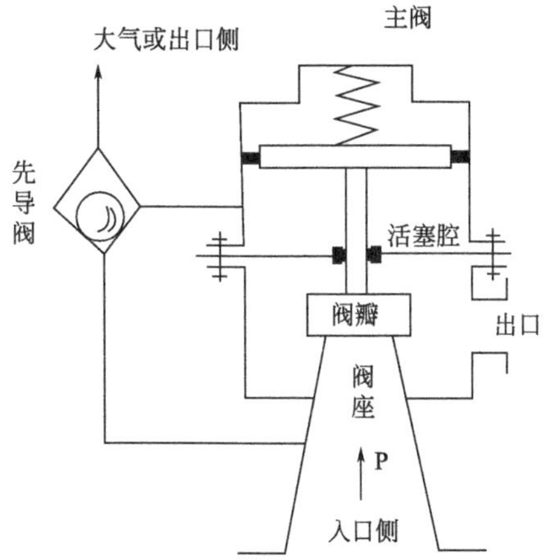

图 7-17　双作用先导式安全阀的工作原理简图

① 密封性好。现有的弹簧全启式安全阀之所以密封性差是因为它所能提供的密封力是非常有限的，例如对于一只公称直径为 50mm，开启压力为 1.3MPa 的弹簧全启式安全阀，其工作压力为 1.24MPa（取开启压力为工作压力的 1.05 倍），则在工作压力下，阀座与阀瓣密封面上的残余密封力仅为 50N。而对于公称直径与开启压力相同的一只双作用先导式安全阀，则在正常工作压力下，主阀座与阀瓣密封面上的密封力为 289N，后者为前者的近 6 倍，显然，双作用先导式安全阀较易实现密封。

② 启闭压差小。现有弹簧全启式安全阀启闭压差大是由反冲机构造成的，而双作用先导安全阀的启跳与回座，取决于先导阀的动作，而先导阀的启跳高度很小，因此其启闭压差可设计得很小。

③ 动作可靠性高。双作用先导式安全阀并不因先导阀的存在而降低其动作可靠性。因为如果先导阀失灵，主阀仍可在稍高的压力下像一只普通弹簧直接载荷式安全阀一样动作。

7.4.2.2　爆破片的选型

化工企业所用的爆破片按工作状态分为正拱型、平板型和反拱型，如图 7-18 所示。

正拱型爆破片工作时凹面受到介质压力的作用，爆破片壁内应力为拉应力。当这个应力达到材料的抗拉强度时，爆破片爆破并泄放出介质。由于受拉应力的元件不能长期在高应力状态下工作，正拱型爆破片的工作压力应低于其最小爆破压力的 80%，某些条件下应更低。另外，对于有背压的情况，由于凸面受压时，爆破片容易失稳，所以抵抗背压能力较弱，必

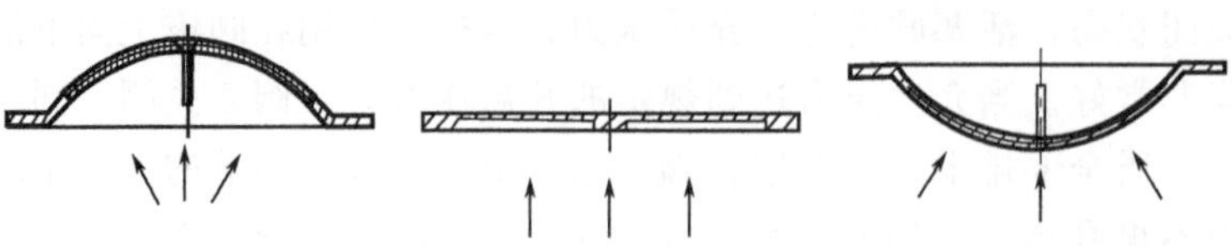

(a) 正拱型　　(b) 平板型　　(c) 反拱型

图 7-18　爆破片类型

要时应设置背压托架。按结构形式，正拱型爆破片又可分为普通正拱（LP）型、正拱带槽（LC）型、正拱开缝（LF）型，如图 7-19 所示。普通正拱型爆破片是结构最简单、面世最早的爆破片，适用范围较宽。缺点是爆破后有碎片飞出，抗疲劳能力较差。正拱带槽型爆破片拱面上带有十字减弱槽或环形减弱槽，爆破后沿减弱槽开裂成规则形状，是性能最好的正拱型爆破片，适合于中小口径、中低压力情况。在 0～85%爆破压力范围内的循环载荷作用下，寿命达 25000 次。正拱开缝型爆破片拱面上开有透缝，下面有密封膜密封，爆破时沿缝打开。爆破过程中密封膜会破裂，有可能产生碎片。如图 7-19(c) 所示的爆破片，顶部连接桥也有可能全部断裂产生碎片。它适合于中大口径、低压场合。缺点是密封膜容易损坏，使用寿命低。正拱型爆破片的主要技术特性见表 7-6。

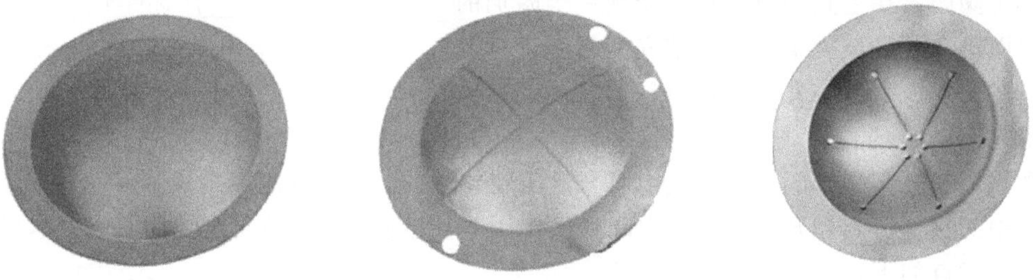

(a) 正拱普通型　　(b) 正拱带槽型　　(c) 正拱开缝型

图 7-19　正拱型爆破片结构形式

表 7-6　正拱型爆破片的主要技术特性

名　　称	正拱普通型	正拱开缝型	正拱带槽型
结构与受载示意	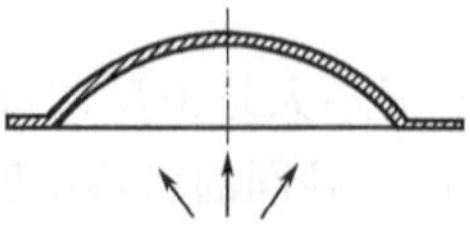	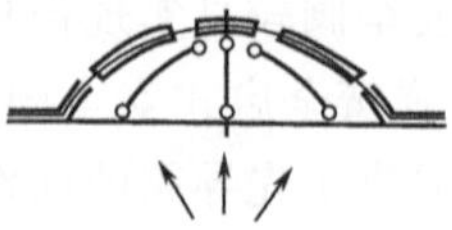	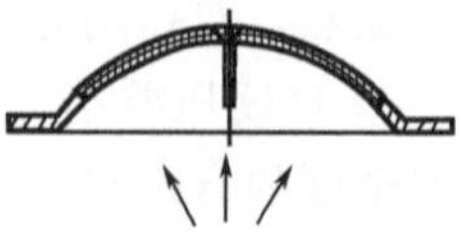
内力类型	拉伸	拉伸	拉伸
适用介质相态	气、液、粉尘	气、液、粉尘	气、液、粉尘
是否适用易爆介质	否	是	是
是否引起撞击火花	是	可能性小	否
可否与安全阀串联	否	不推荐	是
爆破时有无碎片	有	可能性小	无
最高允许操作压力/最低爆破压力	≤70%	≤80%	≤80%
动态响应特性/s	1/1000	1/1000	1/1000
疲劳寿命/次	12000	500	>25000

平板型爆破片按结构形式主要分为平板带槽型和平板开缝型两种，如图 7-20 所示。平板带槽型爆破片版面上带有十字减弱槽，爆破时沿减弱槽打开。平板开缝型爆破片板面上开有透缝，下面有密封膜密封，爆破时沿缝打开。矩形平板开缝型爆破片一般沿 3 边开缝，另一边作轴，爆破时像门一样沿轴翻转，所以没有碎片。平板型爆破片主要适用于压力很低的场合，尤其是大型料仓。这种爆破片综合性能较差，其他场合很少使用。平板型爆破片主要技术特性见表 7-7。

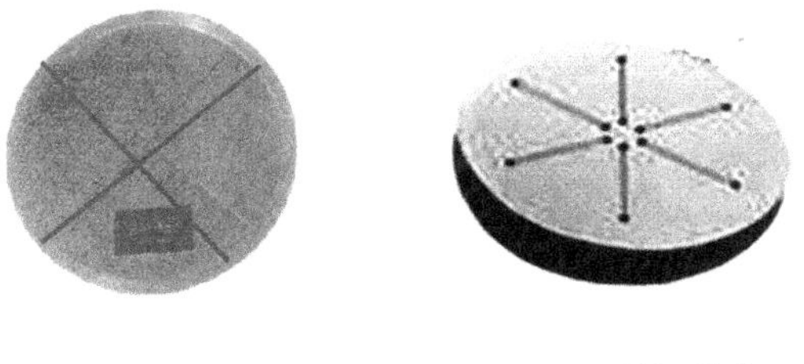

(a) 平板带槽型　　(b) 平板开缝型

图 7-20 平板爆破片结构形式

表 7-7 平板型爆破片主要技术特性

名称	平板带槽型	平板开缝型
结构与受载示意	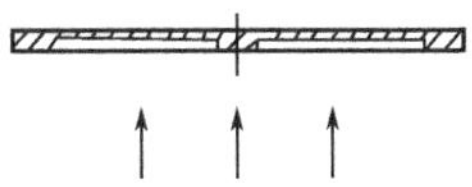	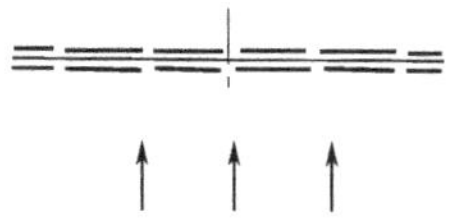
内力类型	拉伸	拉伸
适用介质相态	气、液、粉尘	气、液、粉尘
是否适用易爆介质	是	是
是否引起撞击火花	否	可能性小
可否与安全阀串联	是	不推荐
爆破时有无碎片	无	可能性小
最高允许操作压力/最低爆破压力	≤60%	≤50%
动态响应特性/s	>1/1000	>1/1000
疲劳寿命/次	12000	500

反拱型爆破片工作时凸面受到介质压力作用，爆破片壁内应力为压应力。当这个应力达到爆破片的临界失稳应力时，爆破片失稳翻转。为使爆破片翻转后能够打开，有 3 种办法。一种是爆破片下游侧有刀，翻转后爆破片被刀刺破，称为反拱带刀（YD）型爆破片；另一种是爆破片下游有腭齿，翻转后被腭齿刺破，称为反拱腭齿（YE）型爆破片；第三种是爆破片本身带有减弱槽，翻转后沿减弱槽自动破裂，称为反拱带槽（YC）型爆破片。图 7-21 是 3 种结构示意图。它们有其他形式爆破片无法比拟的 3 个特性：

① 由于拱型元件的失稳压力远远低于其拉伸破坏压力，所以反拱型爆破片的承受背压能力很强；

② 反拱型爆破片失稳前，壁内应力始终低于材料的屈服点，不产生塑性变形，故疲劳性能优异，在 0～0.85p_b（p_b 为爆破压力）范围内的循环载荷作用下，寿命达 100000 次以上；

③ 工作压力可达到其爆破压力的 90%。

反拱型爆破片的最大缺点是所需要的爆破能量较高，一旦翻转后不破裂，则它就变成了正拱型爆破片，爆破压力会增大几倍，给设备运行带来很大危险。因此一般不适合于泄放液体的场合。只有几种特殊的反拱型爆破片才能用于液体介质的泄放。反拱型爆破片主要技术特性见表 7-8。

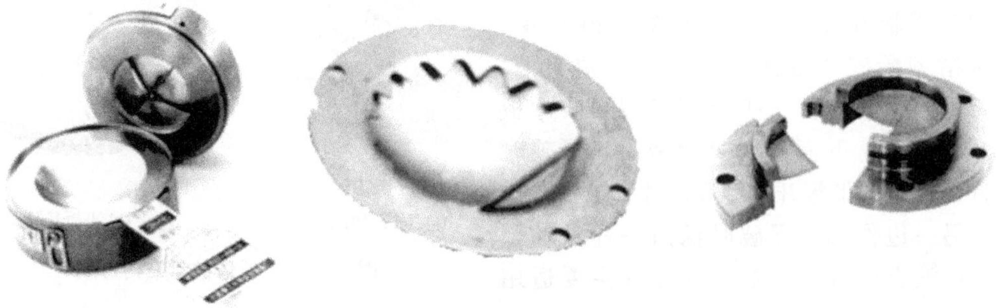

(a) 反拱带刀型 (b) 反拱腭齿型 (c) 反拱带槽型

图 7-21 反拱型爆破片结构形式

表 7-8 反拱型爆破片主要技术特性

名称	反拱带刀型	反拱腭齿型	反拱带槽型
结构与受载示意	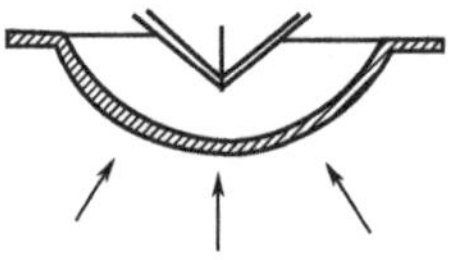	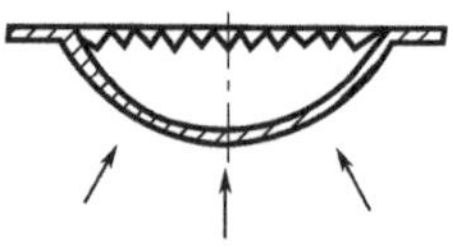	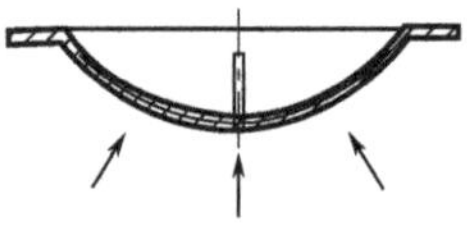
内力类型	压缩	压缩	压缩
适用介质相态	气、粉尘	气、粉尘	气、粉尘
是否适用易爆介质	否	否	是
是否引起撞击火花	可能	可能	否
可否与安全阀串联	不推荐	不推荐	是
爆破时有无碎片	可能	可能	无
最高允许操作压力/最低爆破压力	≤90%	≤90%	≤90%
动态响应特性/s	1/1000	1/1000	1/1000
疲劳寿命/次	>100000	>100000	>100000

值得指出，爆破片的爆破压力通常随爆破温度的升高而降低。因此，订购爆破片时，一定要同时给出爆破压力和爆破温度。反拱型比正拱型爆破片的变化幅度低，镍材比不锈钢的变化幅度低，铝制爆破片随温度的变化幅度最大。更值得指出的是，切忌在确定爆破片设计温度时，有意提高设计温度，因为这样会导致爆破片实际工作温度下的爆破压力高于其设计爆破压力，给被保护设备运行带来危险。换句话说，对于压力容器来说，提高设计温度是偏于安全的，而对于爆破片来说，提高设计温度是偏于危险的。

还要注意，爆破片的爆破压力是有偏差的，也就是说，同一批爆破片在同一温度下的爆破压力可能会不同，一般按国家标准 GB567 的要求，爆破压力的爆破允差是±5%。同一批爆破片的标定爆破压力只是抽样爆破片的平均爆破压力。因此，订货时一定要考虑这个允许偏差。

还必须指出，爆破片的最小爆破压力要高于爆破片操作压力一定比例。对于反拱型爆破片来说，工作压力一定要小于最低爆破压力的 90%；对于其他爆破片，这个比例更低，一般为 50%～80%。GB150《压力容器》对此有明确规定，也可咨询爆破片制造商。操作压力超过该值会导致爆破片提前爆破。

安装爆破片时，切忌装反，否则正拱型与反拱型就颠倒了。正拱型爆破片装反后爆破压力降低，反拱型爆破片装反后爆破压力升高。安装过程切忌损伤拱面，否则爆破压力降低。

7.4.2.3　隔离式安全阀选用

隔离式安全阀是指在安全阀的入口串联安装爆破片装置，如图 7-22 所示。这样，在正常工作时，爆破片把容器内介质与安全阀隔离开来，从而有以下优越性：

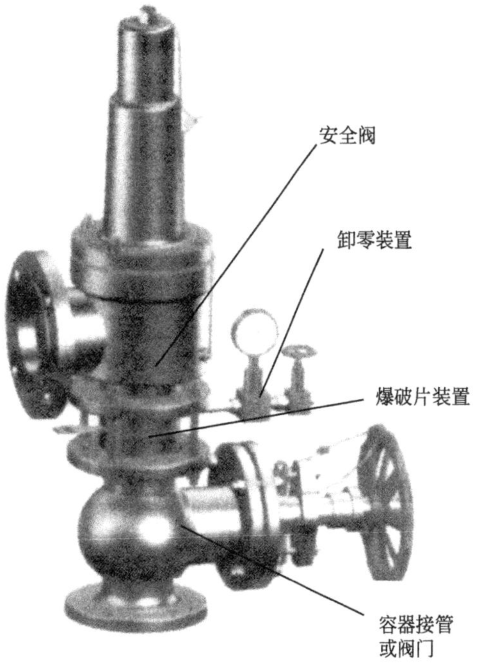

图 7-22　隔离式安全阀结构

① 防止安全阀受到容器内工作介质的作用，避免腐蚀、黏稠物质堆积，也可避免施力弹簧疲劳等致使安全阀失效；

② 爆破片的密封性能远远优于安全阀，避免工作压力高时造成的泄漏；

③ 一旦被保护设备超压致使泄放装置动作，当设备内压力降低后，安全阀可自动回座，不至于造成设备内物料全部损失，甚至可以不中断生产；

④ 正常工作时安全阀处于闲置状态，可延长检验周期；

⑤ 可实现对安全阀的在线检验。安全阀、爆破片和隔离式安全阀的技术特性比较见表 7-9。

表 7-9　安全阀、爆破片和隔离式安全阀的技术特性比较

安全阀	爆破片	爆破片与安全阀串联组合
泄漏难免	不泄漏	与爆破片同。因为安全阀的泄漏被它入口侧的爆破片截止
不彻底泄放	彻底泄放	与安全阀同。因为爆破片爆破后的泄放通道可被它出口侧的安全阀自动关闭
不中断生产	中断生产	与安全阀同。因为安全阀复位后生产便可正常进行，关闭爆破片前级的截止阀，更换爆破片后，该组合体恢复正常工作状态
造价高	造价低	造价不高于单独使用的安全阀。因为在正常工作状态，安全阀不与工艺介质接触，对其材料无特殊要求（如耐蚀等），所节约阀材料的费用足以抵偿配置爆破片所增加的费用
寿命较短	寿命较长	与爆破片同。爆破片隔绝了工艺介质对安全阀的直接作用，从而延长了安全阀的使用寿命
维护复杂	维护简单	接近于爆破片。无需对安全阀进行特殊维护，可对使用中的安全阀进行现场校验，大大简化了校验程序
不适用于黏性、易沉淀结晶的介质	可用于黏性、易沉淀结晶的介质	与爆破片同。介质的黏性、沉淀结晶不影响爆破片的动作，安全阀动作后可能关不严，但这不影响该组合体性能

可见，隔离式安全阀集中了爆破片与安全阀各自的优点，克服了二者的缺点，提高了防超压安全泄放水平。

选用隔离式安全阀时，主要是选择合适的爆破片。第一，爆破片爆破后不能产生碎片，否则容易损伤安全阀的密封面。第二，爆破片的泄放口径不得小于安全阀的入口直径，否则会影响泄放能力。通常要求爆破片的泄放能力为安全阀泄放能力的 1.2 倍。第三，爆破片与安全阀之间不能产生压力积聚，通常要有泄零装置，即爆破片与安全阀之间的空腔应通过截止阀与大气连通，连接管上安装有压力表。若压力表有示值，表明空腔内有压力积聚，及时采取措施进行处理。第四，如果要实现安全阀的在线校验，应该选用反拱带槽型爆破片。

7.4.2.4 安全阀和爆破片的适用场合

化工行业所用的安全泄放装置可分为3种：安全阀、爆破片、隔离式安全阀。根据各自的特点，它们均有不同的适用场合。

安全阀是最常用的安全泄放装置，使用历史悠久，经验丰富，而且超压起跳后能够回座，从而可以不中断生产，因此大多数情况应优先选用安全阀。但安全阀不适用于以下场合。

① 压力介质会发生快速化学反应或燃烧爆炸的情况，此时系统内介质压力会在数十毫秒，甚至几毫秒内升至其初始压力的7～12倍，由于安全阀动作时具有惯性，动作滞后，往往达不到限制压力升高的目的；

② 介质黏稠或已结晶，此时安全阀入口堵塞，从而影响安全阀的准确动作；

③ 起跳压力很高或很低的场合，受到弹簧的限制，动作压力难于满足要求；

④ 排放面积很大或很小的场合，安全阀结构难以实现；

⑤ 工作温度很高或很低的场合，此时弹簧的力学性能会发生变化，从而影响安全阀的起跳性能，高温或低温下的安全阀性能试验也较难实现；

⑥ 承受有毒介质的场合，此时对密封要求极其严格，而安全阀临近开启时，泄漏是难以避免的。

爆破片是近几十年来发展起来的一种新型安全泄放装置，最适合于上述安全阀不适用的情况。其动态响应时间可达到1ms，爆破压力不受介质的影响，爆破压力范围为0.001～500MPa，爆破温度为－196～＋500℃，泄放口径为5～1100mm，同时，由于爆破片装置夹持于法兰之间，密封可靠。但爆破片装置的最大缺点就是爆破后不能自动复位，一旦发生爆破，必须停车更换，中断生产。此外，物料必将全部泄光，对于有毒、易燃易爆介质，必须妥善处理泄出的气体，防止发生中毒或火灾、爆炸事故。

隔离式安全阀是近十余年发展起来的一种爆破片与安全阀的串联结构，集中了爆破片与安全阀的优点，且避免了各自的缺点。其特点如下。

① 在正常的工作压力下，安全阀处于闲置状态，不受到介质的压力、温度作用以及腐蚀作用，从而可节省安全阀的贵重材料，延长使用寿命；

② 介质超压致使安全泄放装置动作后，当容器内介质压力降低后，安全阀可以回座，介质可以不会彻底泄放，也可以不中断生产；

③ 大大改善了安全阀的密封性能，减少了的泄漏，对于贵重介质，可获得很好的经济效益，对于有毒介质，可以获得很好的社会效益；

④ 可以实现安全阀的在线校验，可以将惰性气体引入爆破片与安全阀之间的空腔，检验安全阀的密封性能和起跳压力，既可节省校验费用，又可以解决安全阀每年校验一次与装置大修周期2年以上之间的矛盾。因此，近年来，隔离式安全阀得到了广泛的应用，也被纳入国家法规和标准。

7.4.2.5 防爆阀（门）选型

目前制粉系统通常采用的防爆门有重力式和预紧式2种型式。

重力式防爆门由于结构的原因其运动部件惯性大（门板自重、转动部件摩擦力等），气流在泄放时的冲击阻力大，泄放量不可能立即达到最大值，使泄压严重滞后，为使其门板靠自身的重力复位，门板不可能达到全开的位置。这些因素都使重力式防爆门的泄爆效率大大降低。如果转动部件出现锈蚀、门板上部积聚粉尘时，防爆门的额定动作压力将会变化。此外密封不好使空气漏入系统也增加了爆炸的危险性。

预紧式防爆门采用弹簧预紧（A型）或超导永磁预紧（B、C型）技术，其主要特点有以下几方面。

① 可根据需要设定额定动作压力，并可采用专用测试工具实现试验台或现场的测试和调整。

② 采用垂直面密封技术，既解决了泄漏问题又可防止密封需要的预紧力而影响额定动作压力。

③ 由于该防爆门运动部件的质量小于 $20kg/m^2$，泄压不受运动部件惯性的影响。通过测试表明，泄压速度是重力式防爆门的30～60倍。

④ 在防爆门动作后可自动复位，无须人工干预（A型无此功能），这可防止空气进入系统引起二次爆燃。

⑤ C型可根据系统运行的温度、压力或其他探测到可能发生爆炸的预警信号在0.02s内发出信号，预留故障处理时间，以保护系统安全运行。

⑥ 该型防爆门无须其他动力源，因而不会受到系统停电、切断气源等的影响。

值得注意，爆炸泄压会产生火焰和冲击波，喷出的未燃产物以及冲击波扬起的设备外的粉尘可能在设备外形成二次爆炸。二次爆炸的破坏性往往比初始爆炸更猛烈。为了防止二次爆炸，可用泄压导管引至安全处，或者采用阻火泄爆装置。阻火泄爆装置一般是通过网状或波纹板状的金属结构或蜂窝材料的吸热效应达到熄灭火焰的目的。

小　　结

（1）安全泄放装置就是防止密闭空间超过允许工作压力的一种保险装置。当密闭空间内压力达到规定值时，安全装置就自动打开，泄放出密闭空间内的介质，确保空间内压力不超过许可值。

（2）在可燃介质爆炸的泄放过程中，存在两个互逆效应：其一，可燃气体爆炸产生大量高温气体，使容器内压力迅速上升；其二，泄压装置动作后，容器内气体排出，使压力迅速下降。前者的升压速率取决于可燃介质的性质及初始状态，可通过理论计算获得，亦可通过实验测得。如果把介质通过泄放装置泄放的过程视为定熵流动过程，则根据气体动力学即可得到泄放能力的计算式，再依据热力学原理即可导出介质泄放引起的降压速率。当升压速率与降压速率相等时的泄放面积就是最适宜泄放面积。最适宜泄放面积是平衡泄放与有限升压泄放的分界值。

（3）由于爆炸试验的危险性，一般难以进行大规模爆炸实验，所以通常是在小容器内进行爆炸泄放实验，然后将实验结果通过放大方法应用于实际密闭空间中去。目前主要有三种放大方法：ⅰ. 最早提出的比例因子，实践表明利用该因子放大所得泄放面积过大；ⅱ. A/V 适用于圆筒形密闭空间内爆炸泄放放大设计；ⅲ. $A/V^{2/3}$ 适用于球形密闭空间内爆炸泄放放大设计。

（4）以美国标准NFPA68为代表的气体和粉尘爆炸安全泄放面积工程设计方法主要是图算法（诺模图），当然也给出了诺模图的拟合方程。诺模图主要分为3类：粉尘爆炸等级算图、粉尘爆炸指数算图和气体爆炸算图。以德国标准VDI3673为代表的气体和粉尘爆炸安全泄放面积工程设计方法采用经验公式法。由于爆炸泄放的复杂性，即使对同一案例，不同方法给出的泄放面积会有很大偏差。具体情况必须具体分析。要特别注意各算图和计算式的适用范围。

(5) 泄放过程容易引起二次爆炸，有时二次爆炸的危害会更大，必须尽可能避免。另外泄放过程的反坐力会对被保护设备支撑结构造成危害，设计时必须加以考虑。

(6) 常用的安全泄放装置主要有安全阀、爆破片和防爆门（阀）和隔离式安全阀。爆破片的最大优势是惯性最小、密封性能好，最适合于爆炸泄压场合。其最大缺点是不能重复使用。安全阀和防爆门的最大优势是可重复使用，缺点是惯性大、密封性能差，主要用于物理超压或爆炸不激烈的泄放场合。隔离式安全阀是安全阀与爆破片的组合。要根据具体情况选择合适的装置和型号。

(7) 安全阀主要有弹簧载荷式安全阀、先导式安全阀和双作用先导式安全阀。弹簧载荷式安全阀密封性能差、启闭压差大；先导式安全阀密封性能好，但失效概率大，即主阀和先导阀之一失效，安全阀就失效；双作用先导式安全阀密封性能好、启闭压差小，失效概率低，是综合性能最好的安全阀。

(8) 爆破片主要有正拱型、平板型和反拱型 3 大类。正拱型和平板型爆破片工作时承受拉应力，最终拉伸破坏，故爆破压力取决于材料强度；反拱型爆破片工作时承受压应力，最终失稳破坏，故爆破压力取决于爆破片拱面尺寸和形状。反拱型爆破片的最大优势是耐疲劳性能好、抗背压能力强；最大缺点是所需爆破能量大，一旦翻转后不破裂就起不到安全作用，所以一般只能用于气体或粉尘介质，只有个别特殊制作的反拱爆破片才能用于液体。按结构形式分析，总体来说，带槽型爆破片性能较好，开缝型爆破片性能较差，所以开缝型爆破片都是用于压力很低的场合。

(9) 防爆门（阀）主要有重力型和预紧型 2 种。总体来说，预紧型比重力型性能好。主要用于大型仓储、电除尘等经常超压的场合。

思 考 题

7-1 哪些因素会引起设备超压？

7-2 控制超压的措施有哪些？

7-3 设备超压安全泄放的基本原理是什么？

7-4 安全泄放装置的泄放能力如何计算？计算式的使用条件是什么？

7-5 泄放过程引起的降压速率是如何确定的？

7-6 平衡泄放与有限升压泄放是什么含义？为什么允许有限升压泄放？

7-7 泄爆设计放大因子有哪些？如何应用？

7-8 泄放装置静态动作压力、动态动作压力、泄爆压力、设备设计压力之间是什么关系？

7-9 影响泄放面积的因素有哪些？

7-10 气体和粉尘爆炸泄放面积的工程设计计算方法有哪些？它们之间有什么关系？

7-11 设备长径比对泄放设计有何影响？

7-12 泄放管道对泄放过程有何影响？

7-13 泄爆过程会产生那些次生灾害？设备外可燃介质引燃后火焰扩展范围如何？压力扩展程度如何？

7-14 泄爆过程的反坐力大小和方向如何？

7-15 常用泄放装置有哪几类？基本优缺点是什么？一般的选型原则是什么？

7-16 简述安全阀的工作原理。安全阀主要有哪几种型式？各有何优缺点？

7-17 简述爆破片的工作原理。爆破片主要有哪些型式？各有何优缺点？

7-18 简述防爆门（阀）的工作原理。防爆门（阀）主要有哪几种型式？各有何优缺点？

7-19 简述隔离式安全阀的工作原理。它有什么特点？

习 题

7-1 有一料仓，盛装有初始压力为常压、爆炸指数为 15MPa·m/s 的粉尘，容积为 $20m^3$，长径比为 1，允许最高工作压力为 0.04MPa。如果采用静态爆破压力为 0.01MPa 的爆破片泄爆，试按 NFPA68 标准用爆炸等级诺模图及相应经验公式设计泄放面积，并进行比较。

7-2 有一料仓，盛装有初始压力为常压、爆炸指数为 15MPa·m/s 的粉尘，容积为 $20m^3$，长径比为 1，允许最高工作压力为 0.04MPa。如果采用静态爆破压力为 0.01MPa 的爆破片泄爆，试按 NFPA68 标准用爆炸指数诺模图及相应经验公式设计泄放面积，并进行比较。

7-3 有一料仓，盛装有初始压力为常压、爆炸指数为 15MPa·m/s 的粉尘，容积为 $20m^3$，长径比为 1，允许最高工作压力为 0.04MPa。如果采用静态爆破压力为 0.01MPa 的爆破片泄爆，试按 VDI3673 标准设计泄放面积，并与第 1、第 2 题结果进行比较与分析。

7-4 有一焦炉煤气处理装置，初始压力为常压，容积为 $20m^3$，长径比为 1，允许最高工作压力为 0.1MPa。如果采用静态爆破压力为 0.05MPa 的爆破片泄爆，试按 NFPA68 标准用气体爆炸诺模图及相应经验公式设计泄放面积。

7-5 有一焦炉煤气处理装置，初始压力为 0.1MPa，容积为 $20m^3$，长径比为 1，泄放面积为 $3m^3$，如果采用静态爆破压力为 0.05MPa 的爆破片泄爆，试按 NFPA68 标准用气体爆炸诺模图及相应经验公式计算泄爆压力。

7-6 有一可燃气处理装置，初始压力为常压，容积为 $20m^3$，长径比为 1，允许最高工作压力为 0.2MPa。如果采用静态爆破压力为 0.05MPa 的爆破片泄爆，试按 NFPA68 标准用气体爆炸诺模图或相应经验公式设计泄放面积。已知在规定实验系统测定的升压速率分别为：该气体 73MPa/s，丙烷 37MPa/s，氢气 203MPa/s。

7-7 有一乙烯气处理装置，初始压力为常压，容积为 $20m^3$，长径比为 1，允许最高工作压力为 0.2MPa。如果采用静态爆破压力为 0.05MPa 的爆破片泄爆，试按 NFPA68 标准用气体爆炸诺模图或相应经验公式设计泄放面积。

7-8 有一装有初始压力为常压、爆炸指数为 10MPa·m/s 粉尘的圆筒形料仓，长径比为 1，容积为 $80m^3$，允许最高工作压力为 0.008MPa。试设计泄放面积并确定泄放装置静态动作压力。

7-9 有一料仓，盛装有初始压力为常压、爆炸指数为 25MPa·m/s 的粉尘，容积为 $20m^3$，长径比为 1，初始设计压力为 0.04MPa。如果采用静态爆破压力为 0.02MPa 的爆破片泄爆，泄爆管长度为 4m。如果按无泄爆管设计泄放面积，则安装泄爆管后设计压力应提高至多少？

7-10 有一料仓，盛装有初始压力为常压、爆炸指数为 25MPa·m/s 的粉尘，容积为 $20m^3$，长径比为 1，允许最高工作压力为 0.4MPa。如果采用静态爆破压力为 0.2MPa 的爆破片泄爆，泄爆管长度为 4m。试比较有无泄爆管的泄放面积。

7-11 有一料仓，盛装有初始压力为常压、爆炸指数为 25MPa·m/s 的粉尘，容积为 $20m^3$，长径比为 3，允许最高工作压力为 0.04MPa。如果采用静态爆破压力为 0.02MPa 的爆破片泄爆，泄爆管长度为 4m。试比较有无泄爆管的泄放面积。

7-12 有一丙烷气处理装置，初始压力为 0.1MPa，容积为 $10m^3$，长径比为 1，允许最高工作压力为 0.2MPa。如果采用静态爆破压力为 0.05MPa 的爆破片泄爆，试设计泄放面积。

8 可燃气体和粉尘燃烧爆炸过程的数值计算

内容提要： 本章主要介绍可燃气体和粉尘燃烧爆炸过程的数值计算步骤及方法。重点对燃烧爆炸过程数值模拟所用到的流体力学模型及化学模型进行了介绍与讨论，其中详细阐述了层流火焰模型、三种常用湍流模型、粉尘燃烧的颗粒相模型、传热模型及化学反应模型。并列举 2 个模拟案例，对模拟的气体和粉尘火焰进行了阐释。

基本要求： ①掌握燃烧、爆炸数值模拟的步骤及要素；②熟悉可燃气体和粉尘燃烧模拟过程；③熟悉层流火焰模型及湍流火焰模型的方程及其应用；④了解几种湍流火焰模型的各自特点及其之间的关系；⑤了解煤粉燃烧数值模拟的特点。

8.1 数值模拟方法介绍

所谓数值模拟就是利用气体动力学方程、燃烧方程和湍流方程等构成描述可燃性气体、粉尘爆炸过程的数学模型，再用有限元法、有限体积法或有限差分法进行离散，得到易于求解的代数方程组，利用计算机进行求解，因此又称为计算流体动力学（computational fluid dynamics）方法，简称 CFD 方法。

数值模拟一般可按以下步骤进行。

（1）建立基本守恒方程组

数值模拟的第一步是基于流体力学、热力学、传热传质学、燃烧学等基本原理，建立质量、动量、能量、组分、湍流特性等守恒方程组，如连续方程、扩散方程、湍流方程等。这些方程所构成的联立非线性偏微分方程组，不能用经典的分析法，而只能用数值方程求解。单相层流火焰模型的基本方程组已经很少有争议了，而湍流模型却有很多。工程上常用的且在燃烧模拟中较理想的湍流模型主要有雷诺时均模型（RANS）和大涡湍流模型（LES），这两个模型将在本章中详细介绍。

（2）确定边界条件

数值模拟的第二步是必须按给定的几何形状及尺寸，由问题的物理特征出发，确定计算域并给定该计算域进出口及各边界条件。边界条件是否合理往往也是数值模拟成败的关键问题之一，而边界条件的给定往往有很大难度。

（3）建立离散化方程

用数值法求解偏微分方程组，必须将该方程组离散化，湍流流动常用的离散化方法是差分方法。建立差分方程可用 Taylor 级数展开或者在控制单元内积分，这时需选定一定的差分格式，如中心差分、上风差分、乘方定律差分等。当然也可用其他离散法，如有限元法等。

（4）研究计算技巧

针对具体问题的特点，研究一些计算方法的细节是必不可少的。例如对于合理而经济的网格划分与安排，有时要选择随过程的空间或时间而浮动的网格系，既不能抹掉物理特征又要求较为经济。又如对不规则形状边界的处理，松弛系数的选择，以及迭代扫描方法等都属于计算技巧。

（5）编写计算程序

按照一定的程序结构安排，由上述差分方程及求解方法出发，编写主程序及各子程序，使之具有通用性和灵活性，便于应用和做必要的修改。

（6）调试程序

所谓调试是指通过初步的计算机计算消除程序编制中的各种偶然及系统的错误，包括算法上的错误，使程序能正常运行，给出收敛而初步合理的结果。程序的调试犹如一台复杂的测量仪器的调试一样，常常是十分艰巨的，也是相当细致而艰苦的工作，需要通过反复的计算实践，逐步找出各种错误，才能最后成功。

（7）模拟与实验的对比

程序调通后，可以对各种工况进行大量的模拟计算，得到一批变量场的预测结果。此后必须将这些模拟预测结果和变量场的实验结果进行对照，以便评价本模拟理论及方法的优缺点及可靠性。对现存的模拟理论及方法做出全面评价之后，应根据其不足之处进一步加以改进，或提出新的理论及方法，直到获得相对满意的结果为止。

8.2 可燃气体燃烧数值模拟

8.2.1 层流预混火焰模型

层流预混火焰模型是燃烧数值模拟的基本模型，即认为层流火焰在可燃气与氧化剂的混合气中传播。这是燃烧理论及数值模拟中最基本的燃烧问题。有以下 4 个特点：

① 在火焰锋面的形状特性上，其实验结果、理论计算与数值模拟三者可以吻合；

② 利用层流预混火焰模型可以用作验证化学反应模型；

③ 以层流预混火焰模型作为基础模型，可以研究火焰锋面形态，例如 Williams F. A 对火焰锋面失稳的研究；

④ 层流预混火焰模型常以湍流火焰微元形式出现在湍流火焰模型中。

层流预混模型控制方程是根据时空守恒方程（Navier-Stokes）发展而来，包括连续方程、动量守恒方程、能量守恒方程以及组分方程。

连续方程：

$$\frac{\partial \rho}{\partial t}+\frac{\partial}{\partial x_i}(\rho u_i)=0 \tag{8-1}$$

动量守恒方程：

$$\frac{\partial}{\partial t}(\rho u_i)+\frac{\partial}{\partial x_j}(\rho u_i u_j)=-\frac{\partial p}{\partial x_i}+\frac{\partial \sigma_{ij}}{\partial x_j} \tag{8-2}$$

式中 σ_{ij} 为应力张量，可表示为：

$$\sigma_{ij}=\mu\left(\frac{\partial u_i}{\partial x_j}+\frac{\partial u_j}{\partial x_i}\right)-\frac{2}{3}\mu\frac{\partial u_i}{\partial x_j}\delta_{ij} \tag{8-3}$$

能量守恒方程：

$$\frac{\partial}{\partial t}(\rho e)+\frac{\partial}{\partial x_i}[u_i(\rho e+p)]=\frac{\partial}{\partial x_i}\left(k\frac{\partial T}{\partial x_i}-\sum h_m J_m+u_j\sigma_{ij}\right)+\dot{Q}_c \tag{8-4}$$

组分方程：

$$\frac{\partial}{\partial t}(\rho Y_m)+\frac{\partial}{\partial x_i}(\rho u_i Y_m)=\frac{\partial}{\partial x_i}\left(\rho D_m \frac{\partial Y_m}{\partial x_i}\right)+\dot{\omega}_m \tag{8-5}$$

其中，ρ 为密度；x_i 为空间坐标；u_i、u_j 为 i 和 j 方向速度分量；t 为时间；p 为压力；σ_{ij} 为应力张量；μ 为黏性系数；k 为导热系数；T 为温度；e 为比内能，可表示为 $e=h-p/\rho+u_i^2/2$；$\dot{Q}_c$ 为化学反应源项；Y 为质量分数；h 为比焓；J 为扩散通量；D 为扩散系数；$\dot{\omega}$ 为化学反应速率；下标 m 表示各组分。

8.2.2 层流扩散火焰模型

层流扩散火焰是可燃气与氧化剂在燃烧区混合，较层流预混火焰相对复杂，需要考虑火焰在轴向和径向两个方向上的扩散，可燃气为碳氢燃料时，需要考虑黑烟的生成。

连续方程：

$$\frac{\partial}{\partial r}(r\rho v)+\frac{\partial}{\partial z}(r\rho u)=0 \tag{8-6}$$

径向动量方程：

$$\begin{aligned}\rho v\frac{\partial v}{\partial r}+\rho u\frac{\partial v}{\partial z}=&-\frac{\partial p}{\partial r}+\frac{\partial}{\partial z}\left(\mu\frac{\partial v}{\partial z}\right)+\frac{2}{r}\frac{\partial}{\partial r}\left(r\mu\frac{\partial v}{\partial r}\right)-\frac{2}{3}\frac{1}{r}\frac{\partial}{\partial r}\left[\mu\frac{\partial}{\partial r}(rv)\right]\\&-\frac{2}{3}\frac{1}{r}\left(r\mu\frac{\partial u}{\partial z}\right)+\frac{\partial}{\partial z}\left(\mu\frac{\partial u}{\partial r}\right)-\frac{2\mu v}{r^2}+\frac{2}{3}\frac{\mu}{r^2}\frac{\partial}{\partial r}(rv)+\frac{2}{3}\frac{\mu}{r}\frac{\partial u}{\partial z}\end{aligned} \tag{8-7}$$

轴向动量方程：

$$\begin{aligned}pv\frac{\partial u}{\partial r}+\rho u\frac{\partial u}{\partial z}=&-\frac{\partial p}{\partial z}+\frac{1}{r}\frac{\partial}{\partial r}(r\mu\frac{\partial u}{\partial r})+2\frac{\partial}{\partial z}\left[\frac{\mu}{r}\frac{\partial}{\partial r}(rv)\right]\\&-\frac{2}{3}\frac{\partial}{\partial z}(\mu\frac{\partial u}{\partial z})+\frac{1}{r}\frac{\partial}{\partial r}\left(r\mu\frac{\partial v}{\partial z}\right)+\rho gz\end{aligned} \tag{8-8}$$

能量方程：

$$\begin{aligned}c_p\left(\rho v\frac{\partial T}{\partial r}+\rho u\frac{\partial T}{\partial z}\right)=&\frac{1}{r}\frac{\partial}{\partial r}\left(r\lambda\frac{\partial T}{\partial r}\right)+\frac{\partial}{\partial z}\left(\lambda\frac{\partial T}{\partial z}\right)\\&-\sum_{k=1}^{KK+1}\left[\rho c_{pk}Y_k\left(V_{kr}\frac{\partial T}{\partial r}+V_{kz}\frac{\partial T}{\partial z}\right)\right]-\sum_{k=1}^{KK+1}h_k W_k\omega_k+q_r\end{aligned} \tag{8-9}$$

组分方程：

$$\rho v\frac{\partial Y_k}{\partial r}+\rho u\frac{\partial Y_k}{\partial z}=-\frac{1}{r}\frac{\partial}{\partial r}(r\rho Y_k V_{kr})-\frac{\partial}{\partial z}(\rho Y_k V_{kz})+W_k\omega_k, K=1,2\cdots KK \tag{8-10}$$

状态方程

$$\rho=\frac{p}{RT\sum_{k=1}^{KK}Y_k/W_k} \tag{8-11}$$

其中，u 与 v 分别是轴向（z）与径向（r）的速度；T 是火焰的温度；ρ 是烟黑的密度；p 是环境压力；λ 是混合物的导热系数；μ 是黏度；W_k 是第 k 种气体组分的分子量；c_p 是常压下混合物的比热容；c_{pk} 是常压下第 k 种气体组分的比热容；ω_k 是第 k 种气体组分的单位体积摩尔生成速率；Y_k 是第 k 种气体组分的质量分数；h_k 是第 k 种气体组分的比焓；g 是 z 方向的重力加速度；V_{kr} 与 V_{kz} 是第 k 种气体组分在 r 与 z 方向上的扩散速度；KK 是总气相组分数；下标为 $KK+1$ 的量表示烟黑的值。

8.2.3 湍流火焰模型

湍流是一种复杂的非稳态流动。在湍流中，质点的运动都随时间与空间发生随机的变化，但是其统计平均值和扰动频率却是有规则的。在本章前面提到，由于湍流的复杂性，直至现在湍流的数值模拟还不成熟，因此多采用实验得到的近似模型。目前求解湍流问题，主要方法有直接模拟法（DNS），雷诺平均法（RANS），大涡模拟法（LES）等。由于 DNS 模拟是从流动控制方程出发，对流体运动进行精细的直接数值模拟。这种方法对计算机要求十分高，目前仅限于小尺寸模拟研究，在工程实际应用中多采用 RANS 和 LES 模型，这里就这两种湍流模型进行阐述。

8.2.3.1 雷诺时均模型（RANS）

雷诺时均模型（RANS）的基本思想是将瞬态 N-S 方程的瞬时量分解为时均值和脉动值之和（雷诺分解），再取时间平均，得到雷诺时均方程。然后利用某些模拟假设，将方程中的高阶的未知关联项用低阶项或时均量来表达，从而使雷诺（Reynolds）时均方程封闭。

（1）重整化（RNG）k-ε 模型

RNG k-ε 模型是对瞬时纳维-斯托克斯方程用重整化群的数学方法推导出的模型，与 Standard k-ε 模型相似，但在下面几个方面有所改进：

① RNG 模型在 k-ε 方程添加一个额外的项可提高快速紊流的准确性；

② RNG 模型中包括湍流旋涡的影响，提高了旋涡流动的准确性；

③ RNG 模型提供了一个普朗特数的分析公式，而 Standard k-ε 模型是指定一个特定的值；

④ RNG 模型提供低雷诺数情况下有效黏度的微分公式，而 Standard k-ε 模型是在高雷诺数模型中使用。

RNG 模型中湍流动能和耗散率控制方程为：

$$\rho\frac{\mathrm{d}k}{\mathrm{d}t}=\frac{\partial}{\partial x_i}\left[(\alpha_k\mu_{eff})\frac{\partial k}{\partial x_i}\right]+G_k+G_b-\rho\varepsilon-Y_M \tag{8-12}$$

$$\rho\frac{\mathrm{d}\varepsilon}{\mathrm{d}t}=\frac{\partial}{\partial x_i}\left[(\alpha_\varepsilon\mu_{eff})\frac{\partial \varepsilon}{\partial x_i}\right]+C_{1\varepsilon}\frac{\varepsilon}{k}(G_k+C_{3\varepsilon}G_b)-C_{2\varepsilon}\rho\frac{\varepsilon^2}{k}-R \tag{8-13}$$

RNG 模型中湍流黏度的微分方程的消除过程表示形式：

$$\mathrm{d}\left(\frac{\rho^2k}{\sqrt{\varepsilon\mu}}\right)=1.72\frac{\hat{\upsilon}}{\sqrt{\hat{\upsilon}^3-1+C_\nu}}\mathrm{d}\hat{\upsilon} \tag{8-14}$$

方程式（8-14）是将有效湍流输运随有效雷诺数变化规律的精准描述的集成，可使模型对低雷诺数和近壁面流动作更好的处理。在高雷诺数范围内：

$$\mu_t=\rho C_\mu\frac{k^2}{\varepsilon} \tag{8-15}$$

由 RNG 理论得 $C_\mu=0.0845$，注意 C_μ 接近 Standard k-ε 模型中的理论值 0.09。

RNG k-ε 在处理充分发展的湍流问题时应用广泛，但 Standard k-ε 模型不适用于低雷诺数情况。在高雷诺数情况下，使用方程式(8-15) 计算有效黏度；当计算中包含低雷诺数影响时，可以选择使用方程式(8-14) 来计算。

（2）可实现 k-ε 模型（RKE）

常用的 RANS 模型包括单方程模型（Spalart-Allmaras）、双方程模型（标准 k-ε 模型、

重整化 k-ε 模型和可实现 k-ε 模型）等。其中可实现 k-ε 模型是标准 k-ε 模型的改进模型，它在标准 k-ε 模型的基础上增加了一个湍流黏性公式，使其更适用于气体绕流和扭曲度较大的湍流情况。其控制方程为：

$$\frac{\partial}{\partial t}(\rho\widetilde{k})+\frac{\partial}{\partial x_j}(\rho\widetilde{k}u_j)=\frac{\partial}{\partial x_j}\left[\left(\mu+\frac{\mu_t}{\sigma_{\widetilde{k}}}\right)\frac{\partial\widetilde{k}}{\partial x_j}\right]+P_{\widetilde{k}}+P_b-\rho\varepsilon-Y_k+S_{\widetilde{k}} \tag{8-16}$$

$$\frac{\partial}{\partial t}(\rho\varepsilon)+\frac{\partial}{\partial x_j}(\rho\varepsilon u_j)=\frac{\partial}{\partial x_j}\left[\left(\mu+\frac{\mu_t}{\sigma_\varepsilon}\right)\frac{\partial\varepsilon}{\partial x_j}\right]+\rho C_1S_\varepsilon-\rho C_2\frac{\varepsilon^2}{\widetilde{k}+\sqrt{\nu\varepsilon}}+C_{1\varepsilon}\frac{\varepsilon}{\widetilde{k}}C_{3\varepsilon}P_b+S_\varepsilon \tag{8-17}$$

式中，ρ 为流体密度；t 为时间；x_j 为空间坐标；$\widetilde{k}$ 为湍流动能；u_j 为质点速度分量；μ 为动态黏度；μ_t 为湍流黏度；$P_{\widetilde{k}}$ 表示由于平均速度梯度引起的湍流动能产生；P_b 是用于浮力影响引起的湍流动能产生；ε 为耗散系数；TDR 普朗特常数 $\sigma_{\widetilde{k}}=1.0$，TKE 普朗特常数 $\sigma_\varepsilon=1.2$；平均张力 $\eta=S\dfrac{\widetilde{k}}{\varepsilon}$，其中平均应变张量系数 $S=\sqrt{2S_{ij}S_{ij}}$；C_1 和 C_2 均为常数分别为 $C_1=\max\left[0.43,\ \dfrac{\eta}{\eta+5}\right]$，$C_2=1.9$。

8.2.3.2 大涡模型（LES）

大涡模型认为大尺度涡是高度各向异性的，小尺度涡是近似各向同性的。在预混气体燃烧中大涡模拟的基本原理是通过滤波方程在流场中区别出的大尺度涡团和 Kolmogorov 尺度涡团对 N-S 方程进行滤波，保留大涡特征，消除小涡特征，对大尺度量通过直接数值模拟（DNS）方法模拟，而对小尺度量采用亚网格模型（SGS model）进行模型假设来模拟。这样可以保证一定精度的前提下，可以降低计算成本，但是相对雷诺时均模型计算成本依然较高。大涡模型的控制方程如下。

连续性方程：

$$\frac{\partial\rho}{\partial t}+\frac{\partial}{\partial x_i}(\rho\bar{u}_i)=0 \tag{8-18}$$

动量方程：

$$\frac{\partial}{\partial t}(\rho\bar{u}_i)+\frac{\partial}{\partial x_j}(\rho\bar{u}_i\bar{u}_j)=\frac{\partial}{\partial x_j}(\sigma_{ij})-\frac{\partial\bar{p}}{\partial x_i}-\frac{\partial\tau_{ij}}{\partial x_j} \tag{8-19}$$

式中，应力张量 σ_{ij} 由分子黏度 μ 决定，可表示为 $\sigma_{ij}\equiv\left[\mu\left(\dfrac{\partial\bar{u}_i}{\partial x_j}+\dfrac{\partial\bar{u}_j}{\partial x_i}\right)\right]-\dfrac{2}{3}\mu\dfrac{\partial\bar{u}_l}{\partial x_l}\delta_{ij}$，$\tau_{ij}$ 为亚网格尺度应力，将其定义为 $\tau_{ij}\equiv\rho\overline{u_iu_j}-\rho\bar{u}_i\bar{u}_j$，下标 l 表示为 Kolmogorov 尺度。

能量方程：

$$\frac{\partial\rho\bar{h}_S}{\partial t}+\frac{\partial\rho\bar{u}_i\bar{h}_S}{\partial x_i}-\frac{\overline{\partial p}}{\partial t}-\bar{u}_j\frac{\overline{\partial p}}{\partial x_i}-\frac{\partial}{\partial x_i}\left(\lambda\frac{\overline{\partial T}}{\partial x_i}\right)=-\frac{\partial}{\partial x_j}[\rho\underbrace{(\overline{u_ih_S}-\bar{u}_i\bar{h}_S)}_{\text{亚网格热焓通量}}] \tag{8-20}$$

式中，h_S 为显焓；λ 为热导率。亚网格热焓通量可通过梯度假设近似为：

$$\rho(\overline{u_ih_S}-\bar{u}_i\bar{h}_S)=-\frac{\mu_{SGS}c_p}{Pr_{SGS}}\frac{\overline{\partial T}}{\partial x_j} \tag{8-21}$$

式中，μ_{SGS} 为亚网格黏度；Pr_{SGS} 为亚网格的普朗特数；c_p 为比热容；T 为温度。

亚网格模型在大涡模拟中有着重要的作用，它是对 Kolmogorov 尺度涡团或湍流结构计算的方法，在研究的计算中，亚网格均采用 Boussinesq 假设。通常使用的亚网格模型有 3 种，分别为 Smagorinsky-Lilly 模型，Wall-Adapting Local Eddy-Viscosity（WALE）模型和 Algebraic Wall-Modeled LES 模型（WMLES），其中 WALE 模型增强了大涡计算中的壁面处理，而且在计算层流流动状态时，湍流黏度的返回值为 0，比较适合研究中的工况。因此选用 WALE 模型作为亚网格模型。

在 WALE 模型中将涡流黏度定义为：

$$\mu_t = \rho L_S^2 \frac{(S_{ij}^d S_{ij}^d)^{3/2}}{(\overline{S}_{ij}\overline{S}_{ij})^{5/2} + (S_{ij}^d S_{ij}^d)^{5/4}} \tag{8-22}$$

其中，L_S 为亚网格尺寸和应变率张量的混合长度量，可以定义为 $L_S = \min(Kd, C_w V^{1/3})$，而 $V^{1/3}$ 表示网格尺寸；S_{ij}^d 定义为 $S_{ij}^d = \frac{1}{2}(\overline{g}_{ij}^2 + \overline{g}_{ji}^2) - \frac{1}{3}\delta_{ij}\overline{g}_{kk}^2$，$\overline{g}_{ij} = \frac{\partial \overline{u}_i}{\partial x_j}$；$K$ 为 von Kármán 常数，d 为流体质点离最近壁面的距离，C_w 为 WALE 常数。

8.2.4 化学反应模型

常用有限速率化学反应模型有层流有限速率模型（Laminar Finite-Rate）、涡耗散模型(Eddy-Dissipation)、有限速率/涡耗散模型（Finite-Rate/Eddy-Dissipation）、涡耗散概念模型（Eddy-Dissipation Conception）也称为 EDC 模型。Laminar Finite-Rate 通过阿伦尼乌斯公式推导得到化学源项，主要原理是忽略湍流动能影响。通过大量数值计算研究表明，Laminar Finite-Rate 较适用于化学反应速率和湍流黏性都相对较小的燃烧工况。Finite-Rate/Eddy-Dissipation 模型适用于湍流流动，即计算阿伦尼乌斯速率，也计算混合速率，并使用二者中较小值。湍流燃烧速率的大部分燃料燃烧速度很快，其反应速率由混合湍流控制。

8.2.4.1 层流有限速率模型（Laminar Finite-Rate）

层流有限速率模型中计算化学源项是通过阿伦尼乌斯方程公式推导得来，其主要的原理是将湍动能影响忽略。通过大量的数值计算研究表明，层流有限速率模型对化学反应速率相对较弱、湍流黏性相对较小的燃烧工况有较好的计算结果。通过其参加的通过对 N_R 个化学反应的阿伦尼乌斯反应源的和计算得到化学物质 i 的化学反应净源项。

$$R_i = M_{w,i}\sum_{i=1}^{N_r}\hat{R}_{i,r} \tag{8-23}$$

其中，$M_{w,i}$ 第 i 种物质的分子量；$\hat{R}_{i,r}$ 为第 i 种物质在第 r 个反应中的产生分解速率。其反应大多发生在连续相反应之中，或者分布在反应物表面界面上，还可能在连续相物质的界面上缓慢反应。

通过对以上的分析，可认为第 i 种反应为：

$$\sum_{i=1}^{N} v'_{i,r} M_i \underset{k_{b,r}}{\overset{k_{f,r}}{\rightleftharpoons}} \sum_{i=1}^{N} v''_{i,r} M_i \tag{8-24}$$

式中 N——系统中化学物质数目；

$v'_{i,r}$——反应 r 中反应物 i 的化学计量系数；

$v''_{i,r}$——反应 r 中生成物 i 的化学计量系数；

M_i——第 i 种物质的符号；

$k_{f,r}$——反应 r 的正向速率常数；

$k_{b,r}$——反应 r 的逆向速率常数。

虽然上式中的求和是针对整个过程中的所有物质，但是如果该物质为非反应物，则其化学计量系数为零。另一方面反应 r 中物质 i 的化学反应速率可以表示为：

$$\hat{R}_{i,r}=\Gamma(v''_{i,r}-v'_{i,r})\left\{k_{f,r}\prod_{j=1}^{N_r}[C_{j,r}]\eta'_{j,r}-k_{b,r}\prod_{j=1}^{N_r}[C_{j,r}]\eta''_{j,r}\right\} \tag{8-25}$$

式中，N_r——反应 r 的化学物质数目；

$C_{j,r}$——反应 r 中每种反应物或生成物 j 的摩尔浓度；

$\eta'_{j,r}$——反应 r 中每种反应物或生成物 j 的正向反应速度指数；

$\eta''_{j,r}$——反应 r 中每种反应物或生成物 j 的逆向反应速度指数；

Γ——第三体对反应速率的净影响。

反应 r 的正向速率常数 $k_{f,r}$ 通过阿伦尼乌斯公式计算。

$$k_{f,r}=A_rT^{\beta_r}\mathrm{e}^{-E_r/RT} \tag{8-26}$$

A_r =指前因子（恒定单位）；

β_r =温度指数（量纲为一）；

E_r =反应活化能（J/kgmol）；

R =气体常数（J/kgmol·K）。

8.2.4.2 Finite-Rate/Eddy-Dissipation 模型

Finite-Rate/Eddy-Dissipation 模型湍流燃烧速率的大部分燃料燃烧速度很快，其反应速率由混合湍流控制。产生速率 $R_{i,r}$ 代表反应 r 中物质 i 的速率，由式(8-27)、式(8-28) 两个表达式中较小的一个给出：

$$R_{i,r}=v_{i,r}M_{\omega,i}A\rho\frac{\mathrm{e}}{k}\min_R\left(\frac{Y_R}{v_{R,r}M_{\omega,R}}\right) \tag{8-27}$$

$$R_{i,r}=v_{i,r}M_{\omega,i}AB\rho\frac{\mathrm{e}}{k}\frac{\sum_P Y_P}{\sum_j^N v'_{j,r}M_{\omega,j}} \tag{8-28}$$

式中的大涡混合时间尺度 k/ε 控制化学反应速率，燃烧即可进行的条件是湍流出现（$k/\varepsilon>0$），此时燃料不需点火源就可以启动燃烧。

8.3 煤粉燃烧数值模拟

煤尘-甲烷预混燃烧过程是一个非常复杂的过程，为瞬态湍流多相燃烧问题，涉及反应动力学、化学热力学、辐射传递原理、气固两相燃烧等。对于火灾和爆炸研究而言，CFD 模拟具有重要意义，相对于传统的实验方法来说，数值模拟不需要搭建实验平台、节约时间成本并且结果具有普遍适用性。CFD 模拟的局限性在于其求解有限离散点的数值解，具有一定的误差，因此 CFD 模拟可靠性及准确性需由实验结果和数学模型共同验证。

离散多相流体系是由气体、液体等流体和液滴、尘埃等分散相组成的，其中被视为连续介质的是气体等流体相，分散相被视为离散介质处理，该模型称为离散相模型(DPM)。离散相的运动方程采用的描述方法是 Euler-Lagrange 方法，运动轨迹是通过对大量质点的运动方程进行积分运算得到。连续相和离散相可以交换质量、动量和能量，即双相耦合求解。

8.3.1 气相模型

在气相模型中，多组分气相阶段的连续湍流通过三维不稳定 Euler 偏微分守恒方程(PDE's)：质量守恒方程、动量守恒方程、湍流动能、湍流耗散率描述。

(1) 连续性方程

质量守恒方程，适合求解可压和不可压流动。等式左边第一项为密度变化率，该项在不可压流动求解时为 0；第二项为质量流密度的散度；等式右边为源项，是稀疏项增加到连续相中的质量，在单项流求解中为 0。

$$\frac{\partial \rho}{\partial \mathrm{t}}+\frac{\partial \rho u_i}{\partial x_i}=0 \tag{8-29}$$

(2) 动量守恒方程

动量守恒方程是流体运动时应遵循的一个定律：在给定流体系统中，动量的时间变化率是作用于上面的外力之和，即为动量守恒方程，也称运动方程。

i 方向的动量守恒方程为：

$$\frac{\partial}{\partial t}(\rho u_j)+\frac{\partial}{\partial x_i}(\rho u_i u_j)=-\frac{\partial p}{\partial x_j}+\frac{\partial \tau_{ij}}{\partial x_i}+\rho g_i+F_i \tag{8-30}$$

式中 p——静压；

F_i——重力体积力和其他体积力，F_i 还可包括其他模型源项或自定义的源项；

τ_{ij}——应力张量，方程式为：

$$\tau_{ij}=\left[\mu\left(\frac{\partial u_i}{\partial x_j}+\frac{\partial u_j}{\partial x}\right)\right]-\frac{2}{3}\mu\frac{\partial u_l}{\partial x_l}\delta_{ij} \tag{8-31}$$

(3) 能量守恒方程

$$\frac{\partial}{\partial t}(\rho E)+\nabla\cdot[\vec{v}(\rho E+p)]=\nabla\cdot\left[k_{eff}\nabla T-\sum_j h_j\vec{J}_j+(\bar{\bar{\tau}}_{eff}\cdot\vec{v})\right]+S_h \tag{8-32}$$

式中 k_{eff}——有效导热率；

$\vec{J}_j$——组分 j 的扩散通量；

S_h——化学反应产生的热量以及其他热源。

方程右边前三项分别代表传导的能量转移、组分扩散以及黏性耗散。

8.3.2 颗粒相模型

对非稳态和稳态流动，对离散相的惯性、拖曳力、重力、布朗运动等多种作用力情况可以进行考虑；可预报由于湍流涡旋的作用，而造成连续相对颗粒的影响（即随机轨道模型）；包括析出挥发分燃烧模型及焦炭燃烧模型的颗粒相燃烧模型（燃烧粒子）；连续相与离散相间的单向、双向耦合等。

在颗粒相模型中使用 DPM 离散相模型，此模型包括动量交换、热和传质现象。离散相模型的子模型有离散相的加热和冷却、液滴的蒸发和沸腾、可燃性粒子的挥发和燃烧、丰富的雾化模型，可以模拟液滴的破碎、凝聚以及颗粒的腐蚀和成长。使用离散相模型应具备以下功能：

① 颗粒可以与连续相之间交换质量、动量和热量；

② 具有相同初始特性的一组粒子利用一个轨道来表达；

③ 对湍流耗散的模拟可采用粒子云模型或随机游走轨道模型；

④ 颗粒与连续相湍流作用对颗粒轨道模型有很大影响；

⑤ 不考虑热泳力效果、布朗力、萨夫曼升力。

在 Lagrangian 参考系下，对分散相粒子的运动方程积分运算得到 DPM 模型中的运动轨迹。由分散相粒子受到的惯性和受力平衡，得分散相粒子运动方程（以直角坐标系内 x 方向为例）：

$$\frac{\mathrm{d}u_p}{\mathrm{d}t}=f_D(u-u_p)+\frac{g_x(\rho_p-\rho)}{\rho_p}+f_x \tag{8-33}$$

式中 f_x——附加加速度项（单位颗粒质量的力）；

$\frac{g_x(\rho_p-\rho)}{\rho_p}$——单位颗粒质量的重力与浮力的合力；

$f_D(u-u_p)$——单位颗粒质量受到的阻力；

u，u_p——连续相、颗粒相速度；

ρ，ρ_p——连续相、颗粒相密度。

在离散相模型中，用随机游走模型（the discrete random walk model）的拉格朗日粒子跟踪方法模拟煤尘颗粒速度和轨迹。随机游走模型包含瞬态湍流速度波动对粒子轨迹的影响

8.3.3 燃烧模型

（1）气相湍流燃烧模型

气相湍流燃烧模型在一般选用 Finite-Rate/Eddy-Dissipation 模型或者 Eddy-Dissipation Conception 模型，详细介绍在 8.2.4 小节中阐述，这里不再赘述。

（2）煤粉燃烧模型

对于有挥发分物质溢出的煤粉发生的燃烧爆炸包括三个阶段：析出挥发分（煤尘粒子受热发生高温分解反应或蒸发反应，会溢出挥发分）、气相混合（燃料释放出的挥发分和空气）、气相燃烧爆炸，同时伴有粒子的非均相燃烧。而且很多学者根据煤尘在燃烧过程中温度和质量的变化规律，将煤尘的燃烧过程分成四个阶段：煤尘加热、水分蒸发、挥发分析出燃烧和焦炭燃烧。煤粉的燃烧模型主要包括挥发分热解模型和焦炭燃烧模型。干燥煤粒子的第一步反应是挥发分热解过程，这步反应过程包括释放的碳氢化合物燃料（挥发物）与氧化剂反应生成水蒸气（H_2O）和二氧化碳（CO_2）；第二步反应过程是残余焦炭的氧化过程，此过程比挥发分热解过程缓慢。

① 挥发分热解模型。大部分学者通过实验手段对煤尘热解进行研究，获得各种参数对挥发分的影响数据，建立描述热解过程的数学模型。Badzioch 最早提出单方程模型，认为煤尘粒子逸出挥发分的质量服从阿伦尼乌斯定律：

$$\frac{\mathrm{d}m_V}{\mathrm{d}t}=k_0(m_V-m_{Vi})\exp\left(\frac{-E}{RT}\right) \tag{8-34}$$

式中 m_V——煤尘粒子中逸出的挥发分最大质量，kg；

k_0——假想频率因子，s^{-1}。

此模型不适应与描述复杂的煤尘热解化学物理过程。

Stickler 提出两个平行反应方程模型，假定煤尘粒子的热解由下列两个平行反应模型控制：

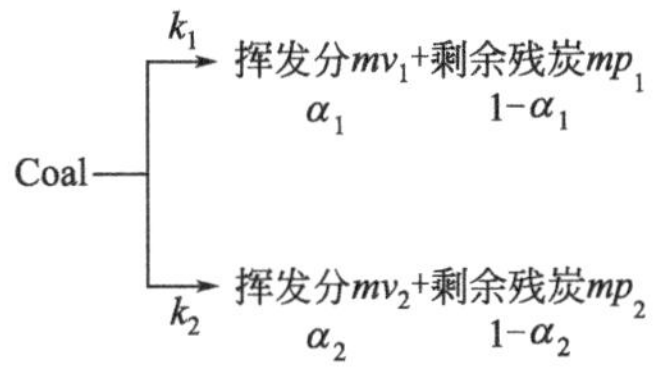

式中　α_1，α_2——挥发分在两个反应中的当量百分比；

k_1，k_2——服从阿伦尼乌斯定律，反应速率常数表达式为：

$$k_n = k_{0n}\exp\left(-\frac{E_n}{RT}\right) \tag{8-35}$$

Stickler 认为存在两个化学反应活化能 E_1、E_2 和两个反应频率因子 k_{01}、k_{02}，且 $E_1 < E_2$，$k_{01} < k_{02}$，则有这样的结论：低温时第一个反应起主要作用，高温时第二个反应起主要作用，温度不高不低时，两个反应均发生作用。

加热煤尘达到一定温度会开始热解产生挥发分和煤焦油等物质，挥发分是可燃性气体、二氧化碳和水蒸气等的混合物。挥发分的着火对煤尘燃烧非常重要，煤尘中含有挥发分的高低对其着火和稳定燃烧有很大影响，挥发分热解受诸多因素影响，热解产物复杂，通常用煤的挥发分含量高低判断其着火及燃烧特性。利用 FLUENT 软件进行煤尘燃烧数值模拟过程中，挥发分热解模型包括恒定速率模型（the constant rate model）、单步反应模型（the single kinetic rate model）、平行反应模型（the two competing rates model）和多步反应模型（the chemical percolation devolatilization model）。本案例选用单步反应模型来模拟挥发分热解过程，单步反应挥发分热解模型的挥发速率第一步主要依赖粒子中挥发成分的数量。主要方程式表示如下：

$$-\frac{\mathrm{d}m_p}{\mathrm{d}t} = k\left[m_p - (1-f_{v,0})(1-f_{w,0})m_{p,0}\right] \tag{8-36}$$

式中　m_p——粒子质量，kg；

$m_{p,0}$——初始粒子质量，kg；

k——湍流速率，s^{-1}；

$f_{v,0}$——粒子中初始挥发物质量分数；

$f_{w,0}$——蒸发/沸腾材料的质量分数（湿式燃烧建模）。

k 由阿伦尼乌斯类型的指前因子和活化能决定：

$$k = A_1 \mathrm{e}^{-(E/RT)}$$

式中的 A_1 和 E 对于每一种燃烧粒子材料在 FLUENT 中有默认数值。

② 焦炭燃烧模型。焦炭中焦炭的碎裂、原煤中水分含量、孔隙扩散、表面积变化、矿物质含量、温度和压力的变化等因素会影响粒子的非均相反应过程。除多样表面反应模型之外，表面燃烧法消耗活性粒子的本质是被“烧尽”化学反应的化学计量 S_b 控制，化学反应：

$$\mathrm{char}(s) + S_b ox(\mathrm{g}) \rightarrow \mathrm{products}(\mathrm{g})$$

式中，S_b 由每单位质量焦炭需氧化剂的量决定。

焦炭的燃烧模型主要有纯扩散燃烧模型（the diffusion-limited rate model）、扩散-动力控制燃烧模型（the kinetics/diffusion-limited rate model）、固定燃烧模型（the intrinsic model）和多表面反应燃烧模型（the multiple surface reactions model）。动力-扩散有限模型

的表面反应速率由动力速率或扩散率决定。

扩散率系数的表达形式：

$$D_0=C_1\frac{[(T_P+T_{\infty})/2]^{0.75}}{d_P} \tag{8-37}$$

式中 T_P——粒子温度；

T_{∞}——在远场的气体温度；

d_P——粒子直径动力速率的表达式：

$$R=A_c e^{-(E_c/T_P)} \tag{8-38}$$

A_c——指前因子 $[\mathrm{kg\cdot m^{-2}s^{-1}\ (N\cdot m^{-2})^{-1}}]$；

E_c——活化能（$\mathrm{J\cdot kmol^{-1}K^{-1}}$）加权焦炭燃烧速率的表达式：

$$\frac{\mathrm{d}m_P}{\mathrm{d}t}=-A_P p_{ox}\frac{D_0 R}{D_0+R} \tag{8-39}$$

A_P——粒子表面积；

p_{ox}——在气相中，燃烧粒子周围氧化剂的分压；

R——结合化学反应的焦炭粒子的内部反应和孔隙扩散。

8.3.4 传热模型

(1) 辐射热传递模型

辐射流场只能将辐射热流作为源项加入到能量方程中，需要考虑辐射热将会传热传递给空间的不同方向，这与一般的传热方程是不同，因此不能使用一般通用的传热方程和能量方程表示。通过由对流和辐射产生的热传递和焦炭燃烧产生的热量建立粒子温度方程。本案例选用 DO 辐射模型模拟粉状煤尘燃烧的辐射热传递，气体混合物吸收系数通过 WSGGM (the weighted sum of gray gases model) 方法计算。

辐射模型选用 DO (discrete ordinates) 离散坐标模型，同时考虑散射的影响以及气流与颗粒之间的辐射传热。沿$\vec{s}$方向上，DO 模型是辐射传热方程 (RET)：

$$\nabla\cdot[I(\vec{r},\vec{s})\vec{s}]+(\alpha+\sigma_s)I(\vec{r},\vec{s})=an^2\frac{\sigma T^4}{\pi}+\frac{\sigma_s}{4\pi}\int_0^{4\pi}I(\vec{r},\vec{s}')\phi(\vec{s}\cdot\vec{s}')\mathrm{d}\Omega' \tag{8-40}$$

式中 $\vec{r}$——位置向量；

$\vec{s}$——方向向量；

$\vec{s}'$——散射方向；

α——吸收系数；

n——折射系数；

σ_s——散射系数；

I——辐射强度；

ϕ——散射相位函数；

Ω'——空间立体角。

对光谱强度的 RET 方程为：

$$\nabla\cdot[I_\lambda(\bar{r},\bar{s})\bar{s}]+(\alpha_\lambda+\sigma_s)I_\lambda(\bar{r},\bar{s})=\alpha_\lambda n^2 I_{b\lambda}+\frac{\sigma_s}{4\pi}\int_0^{4\pi}I_\lambda(\bar{r},\bar{s}')\phi(\bar{s}\cdot\bar{s}')\mathrm{d}\Omega' \tag{8-41}$$

式中 λ——波长；

α_λ——光谱吸收系数；

$I_{b\lambda}$——由普朗特数计算的黑体强度。散射系数、散射相位函数和折射系数与波长无关。

图 8-1 为辐射热传递过程示意图，表示出射辐射强度为入射辐射强度在沿程受气体介质/流体介质吸收、散射和发射作用的结果影响。

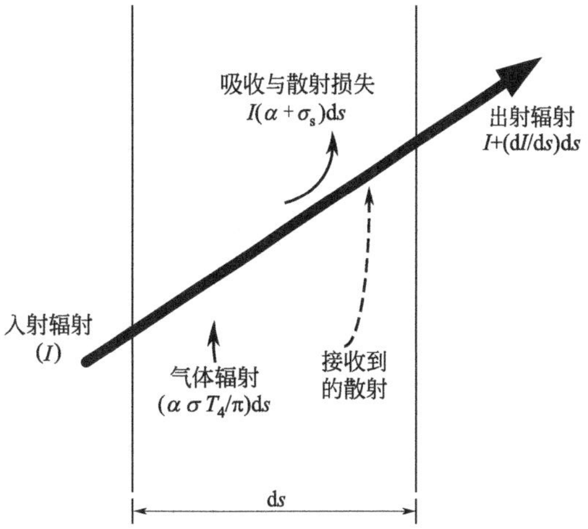

图 8-1 辐射热传递过程示意图

(2) 传热和传质

根据热传递过程来说明在公式 (8-32) 中气体-颗粒耦合附加源项可表示颗粒间和气体间的能量得失，这两个热传递过程是对流和热辐射，用于估计在燃烧器内颗粒间和气体间的温度变化率。在颗粒和气体之间的对流热传递方程为：

$$Q_c=\pi D_P\lambda N_u(T_g-T_P) \tag{8-42}$$

式中 D_P——粒子直径；

λ——导热系数；

T_g、T_P——气体和颗粒的温度；

N_u——努塞尔数。

粒子与气体之间的辐射热传递方程为：

$$Q_r=\varepsilon\sigma\pi D_P^2(T_g^4-T_P^4) \tag{8-43}$$

式中，ε 为粒子发射率，在 CFD 数值模拟中，粒子发射率 ε 对于研究估算燃烧气体和粒子间的辐射热传递有重要影响。

8.4 模拟案例

8.4.1 甲烷-空气预混气体爆炸

实验工况：如图 8-2 所示，开口管道作为甲烷-空气预混气体燃烧及火焰传播的载体，设计为尺寸是 8cm×8cm×50cm 的长方体不锈钢管道，首端设有进气口，尾端中心设计为正方形泄压口。泄压口的尺寸为 4cm×4cm，泄压口比率为 25%。

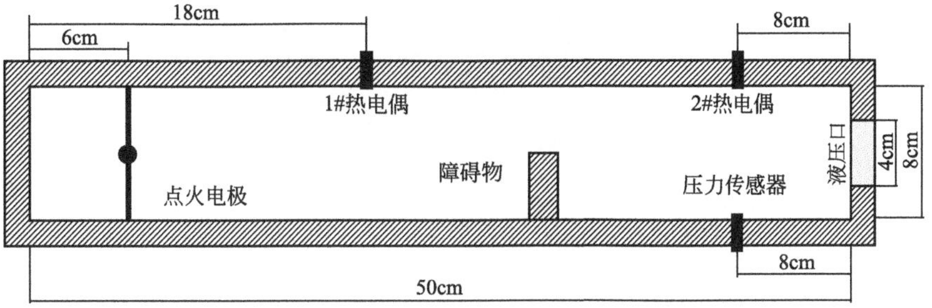

图 8-2 实验管道中心轴切面结构图

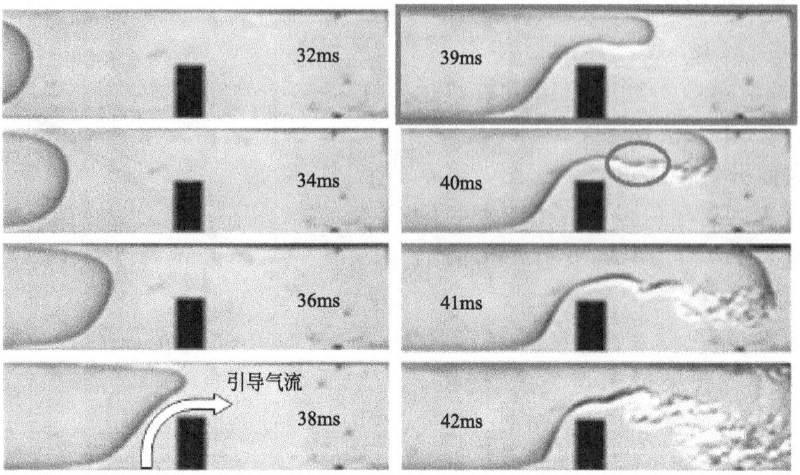

图 8-3 实验火焰锋面图像

实验结果如图 8-3 所示，预混火焰遇到障碍物后由层流向湍流转变。

这里采用 2D 和 3D 两种物理模型对实验过程进行模拟，首先建立网格，这里物理模型的建设中 2D 模型的网格大小采用 1mm×1mm map 格式的四边形网格布置，3D 模型选用网格尺寸为 2mm×2mm×2mm submap 格式的六面体网格布置障碍物设计放置在 $x=30$cm 处。图 8-4 的图（a）、图（b）分别展示的是 2D 和 3D 的物理模型，单元格数量 2D 为 39200 个，3D 为 726628 个。

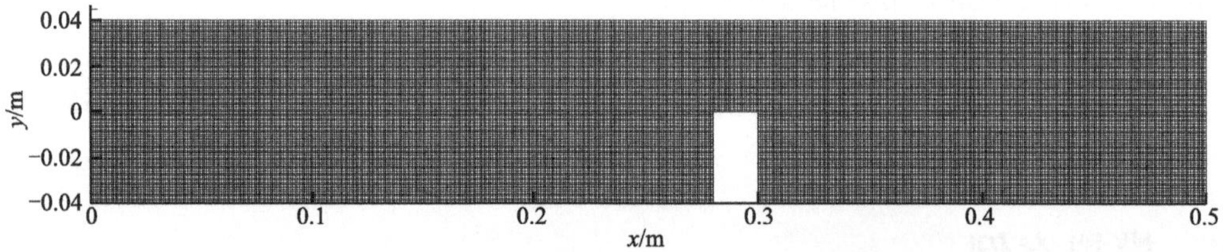

(a)

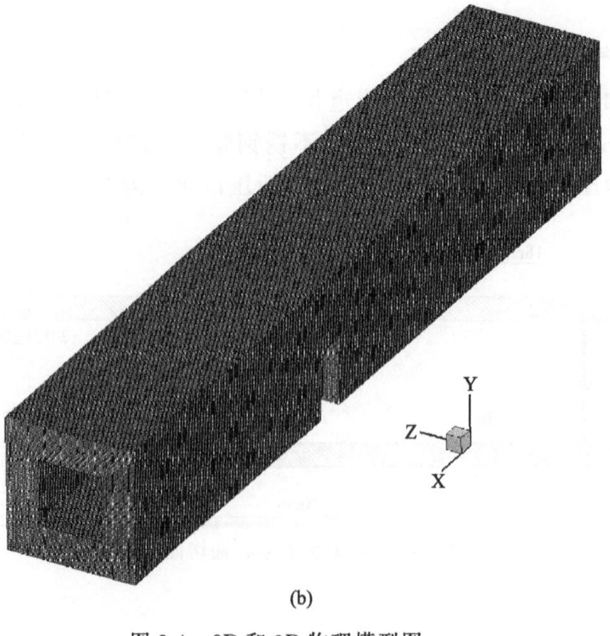

(b)

图 8-4 2D 和 3D 物理模型图

计算环境：计算机采用双处理器的服务器，处理器为 16 核 32 线程，单核主频为 2.7GHz，物理内存为 32GB。CFD 软件采用 ANSYS 14.5 中的 FLUENT 模块，计算模式采用双精度单机 8 核并行计算。

2D 的数值模拟采用可实现 k-ε 模型作为湍流模型。这里选择可压缩的理想气体模型，其状态方程为：

$$p=\rho RT \tag{8-44}$$

式中，R 为气体摩尔常数。

化学反应模型选择火焰增厚模型，其中 $F=\frac{N\Delta}{\sigma}$ 中的 $N=5$，$\sigma=0.26\text{mm}$。

物性参数的选择见表 8-1。

表 8-1　二维数值计算物性参数的选择

物性参数	选用模型	物性参数	选用模型
各组分的比热容	分段多项式	混合气体热导率	理想气体混合法则
混合气体密度	理想气体模型	混合气体黏度	理想气体混合法则
混合气体比热容	混合法则	混合气体质量扩散率	动态理论

为了尽可能地模拟实验过程，这里选用电火花点火，能量设置为 36J，火球范围直径 $d_0=2\text{mm}$，也与实验中两电极之间的距离相等，火球持续时间为 0.1ms 近似等于实验中点火时间。由于层流模型没有对应的边界层模型，因此在层流模型计算时，将网格中添加边界层，使物理模型中边界 2 层网格的尺寸为 $0.5\text{mm}\times0.5\text{mm}$。管道和障碍物的壁面皆为绝热 WALL 壁面以及无滑移的边界条件，泄压口选择无反射的压力出口。

这里需要计算非稳态模式，为了保证计算精度，选用了 FLUENT 中的双精度模式，非稳态的计算选用二阶隐式，求解方式采用 SIMPLE 格式算法，利用 3 阶 MUSCL 迭代格式。时间步长选择为 $\tau=10^{-5}\text{s}$。

化学反应模型选择火焰增厚模型，其中 $F=\frac{N\Delta}{\sigma}$ 中的 $N=5$，$\sigma=0.26\text{mm}$。

预混火焰的典型层流火焰厚度大约为 1mm 左右。由于层状火焰传播速度取决于组分扩散、热传导和火焰内化学反应，因此需要火焰内达到足够的网格分辨率以计算出正确的层流火焰速度。相比之下，燃烧室尺寸通常比层流火焰厚度大得多，即使用非结构化和适应性网格，火焰也不能被求解。

用 U_l 表示层流预混火焰传播速度，与 $\sqrt{DR}$ 成比例。D 为分子扩散系数，R 为平均反应速率。层流火焰厚度与 D/U_l 成比例。因此，层流火焰在不改变层流火焰传播速度的情况下被人为加厚，通过增加物质扩散率和降低反应速率来实现。增厚火焰模型使得层流预混火焰可在较粗的网格上计算，并且获得正确的层流火焰传播速度。在 ANSYS FLUENT 中，增厚因子 F 为：

$$F=\frac{N\Delta}{\sigma} \tag{8-45}$$

式中，Δ 为网格尺寸；σ 为层流火焰厚度；N 为火焰内指定的网格单元数。网格大小 Δ 由 $V^{1/d}$ 定义，V 为单元体积，d 为空间维度。层流火焰厚度 σ 为指定值，可为常数、自定义函数或由 D/U_l 计算。其中 D 为热扩散系数，由 $k/\rho c_p$ 决定，k 为未燃混合气体导热系数，

ρ 为密度，c_p 为比定压热容。

所有组分扩散系数，包括导热系数，均乘以增厚因子 F；所有反应速率均除以 F。然而，远离火焰的区域会由于扩散率增加而出现混合及热传导错误，因此，火焰增厚区域应限制在火焰前锋附近的狭窄区域。火焰增厚区域乘以增厚因子 F、系数 Ω。

$$\Omega=\tanh\left(\beta\frac{|\overline{R}|}{\max(|\overline{R}|)}\right) \tag{8-46}$$

式中，$|\overline{R}|$ 为平均化学反应速率绝对值；β 为常数，默认值为 10，控制增厚区与非增厚区之间的过渡区域的厚度；max（$|\overline{R}|$）为反应区内平均化学反应速率的最大值；Ω 取值范围 0 到 1，远离火焰面处为 0。

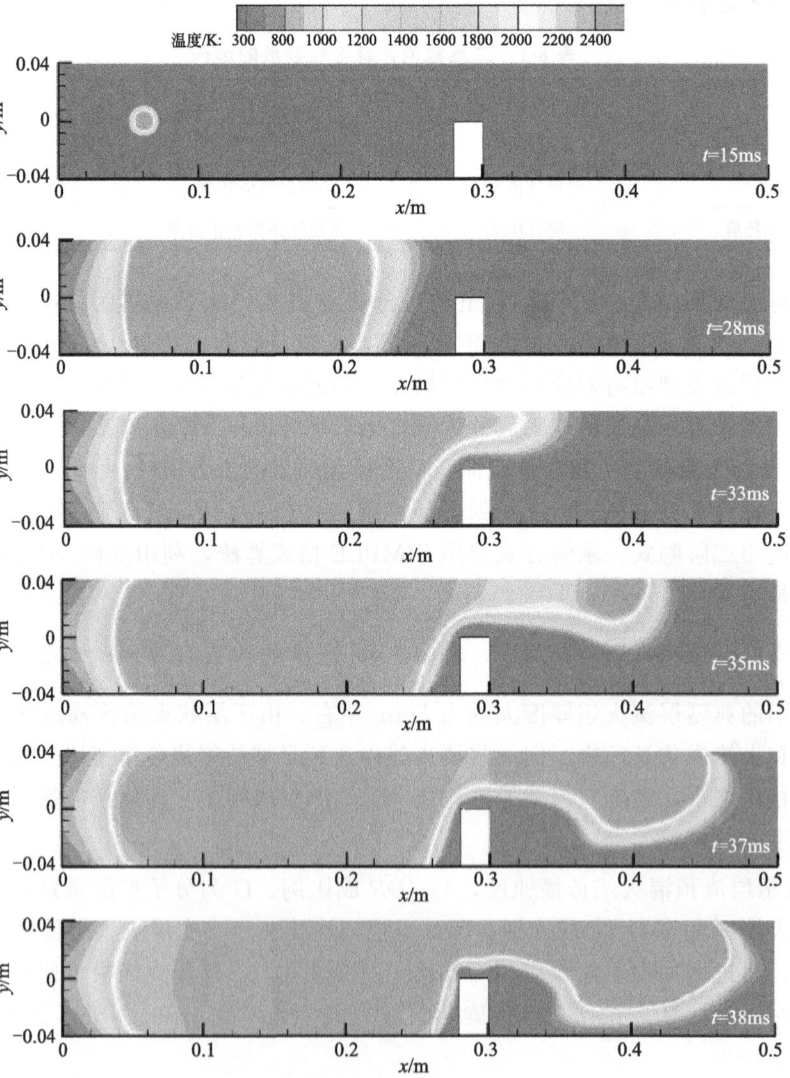

图 8-5 RKE 模型数值模拟的管道内时间序列温度云图

图 8-5 为利用 RKE 计算得到的时间序列温度云图，其中的温度梯度界面可以认为是火焰锋面。从火焰进程模拟计算的结果看，与层流模型计算的结果基本一致，在火焰翻越过障碍物后的湍流火焰的形态接近实验中拍摄的纹影图片。但是用 RKE 计算的火焰传播速度要

快于实验，且由于 RKE 为雷诺平均模型（RANS），火焰锋面的细微扰动和火焰的失稳情况都在按时间步长平均后未被捕捉到，这也是 RKE 模型的主要缺点。

为了更精确地分析预混火焰在障碍物影响下的传播规律及流场变化，研究采用大涡模型对 3D 的物理模型进行计算。计算中能量普朗特数设为 0.7，壁面普朗特数设为 0.85，湍流 Schmidt 数设为 0.7。选用 WALE（algebraic wall-Modeled，LES）亚网格模型对控制方程滤波，化学反应模型选用火焰增厚模型，其中 $F=\frac{N\Delta}{\sigma}$ 式中的 $N=5$，$\sigma=0.26\text{mm}$。

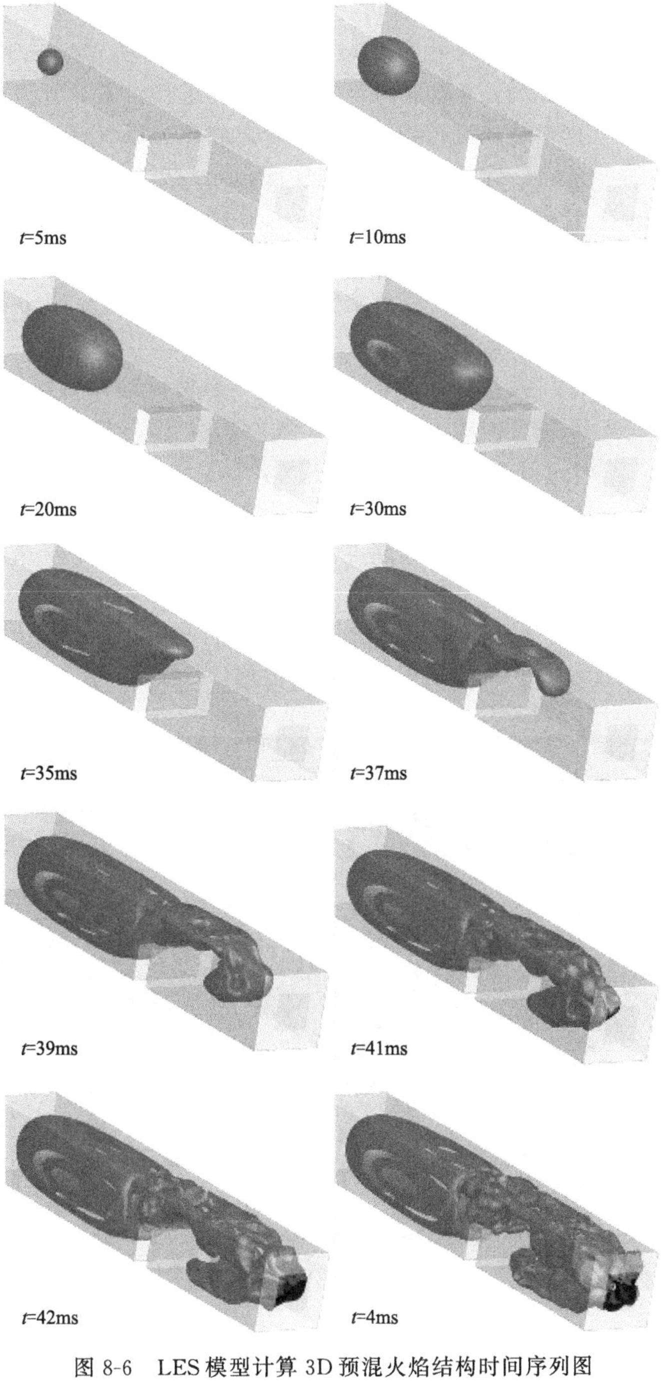

图 8-6 LES 模型计算 3D 预混火焰结构时间序列图

为了观察 3D 预混火焰结构，选用 $T=1800$K 的温度等值面近视作为预混火焰锋面，得到 LES 模型计算 3D 预混火焰结构时间序列图，如图 8-6 所示。将图 8-6 与图 8-3 进行比较，可以看出 LES 的计算结果与实验的纹影图像是比较吻合的。对于预混火焰翻越障碍物后层流向湍流转变的过程，LES 的结果表现出色，可以很明显地观察处在 $t=37$ms 时火焰失稳并在火焰锋面前段出现向内卷曲。而在 $t=42$ms 时可以清楚地看到，此时的预混火焰一部分已经从泄压口泄出，另一部分则不断向内卷吸，最终形成一个“C 字形”的火焰结构。

8.4.2 煤尘-甲烷预混气体爆炸模拟

如图 8-7 所示，实验采用开口燃烧管道作为研究煤尘-甲烷预混物燃烧及火焰传播的载体，截面尺寸为 80mm×80mm 长度为 500mm 的长方体不锈钢管道，为便于高速摄像对燃烧过程进行拍摄，管道前后两侧用高强度光学玻璃进行封闭。燃烧管道底部为进气口，顶部设计为正方形泄压口。在距离燃烧管道底部 80mm 处安装点火电极，点火位置位于管道中心线。

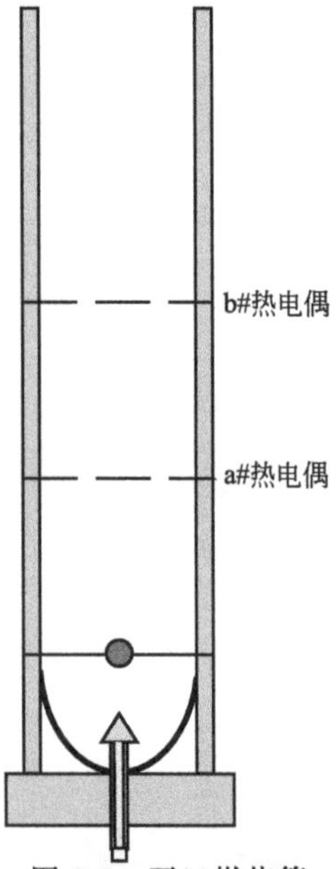

图 8-7 开口燃烧管道示意图

实验结果如图 8-8 所示，煤粉火焰以湍流形式在管道中传播。

物理模型中网格大小采用 1mm×1mm Map 格式的四边形网格布置，如图 8-9 所示。

模拟需计算非稳态模式，为保证计算精度，选用 FLUENT 中双精度模式，压力-速度耦合采用 SIMPLE 算法，非稳态计算采用 Third-Order MUSCL 求解，Discrete Ordinates 采用 Second Order Upwind 方法，时间步长设置为 $\tau=10^{-5}$s；在点火位置 patch 一个 2000K 的高温区域进行点火；管道壁面采用绝热壁面和无滑移边界条件。

模拟煤尘-甲烷混合物燃烧过程采用离散相模型，其中气相为连续相，颗粒相为颗粒轨道模型（DPM），并利用随机游走模型（the

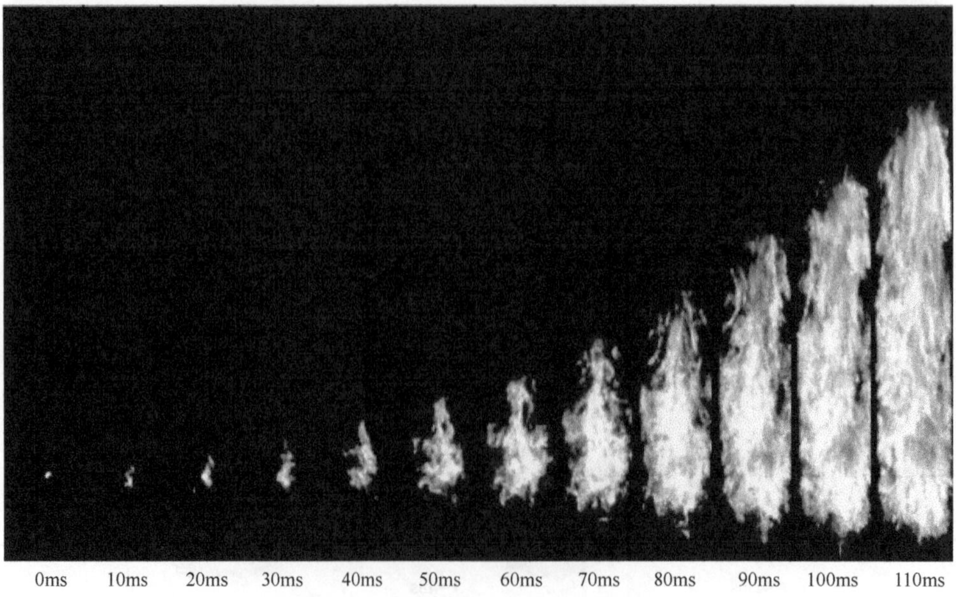

图 8-8 煤粉火焰传播形态系列图

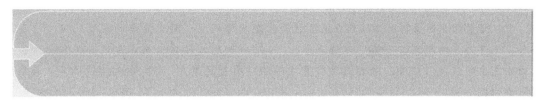

图 8-9 数值模拟物理模型图

discrete random walk model）的拉格朗日粒子跟踪方法模拟煤尘颗粒速度和轨迹；气相燃烧模型采用有限速率/涡耗散模型（finite-rate/eddy-dissipation），煤粉燃烧中的挥发分热解模型选用单步反应模型（the single kinetic rate model），焦炭燃烧模型选用扩散-动力控制燃烧模型（the kinetics/diffusion-limited rate model）；湍流模型选用 RNG k-ε 模型，考虑煤尘粒子表面的热对流和热辐射。

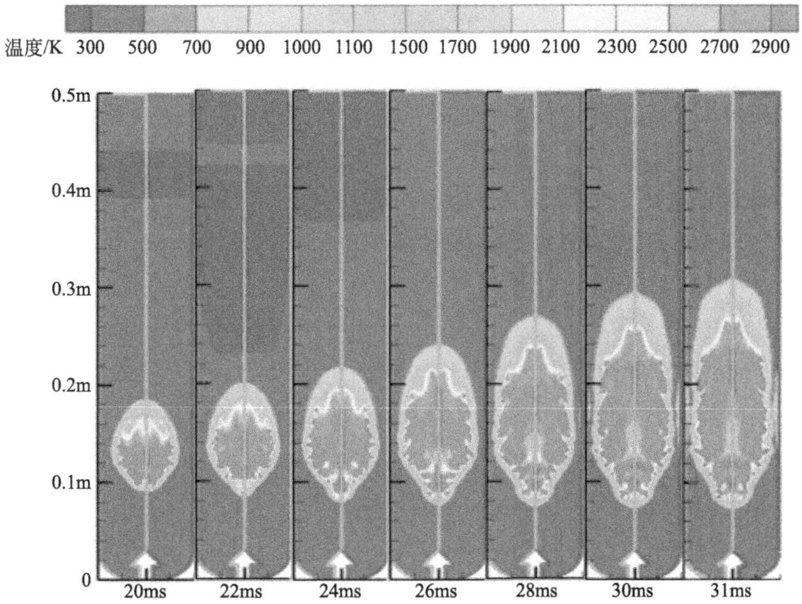

图 8-10 数值模拟预混火焰燃烧过程时间序列温度云图

图 8-10 是以甲烷浓度 6.7%、煤尘粒径为 38.5～54μm 为例，基于 CFD 软件模拟煤尘-甲烷空气预混火焰燃烧过程时间系列温度云图，其中的温度梯度界面可认为是预混火焰锋面。结合图 8-8 可知，数值模拟结果与实验拍摄的图像展示预混火焰传播规律基本一致，高速摄像拍摄图片显示点火初期预混火焰发展缓慢且发出黄光，之后燃烧反应强度增大，发出耀眼白光，在白光边缘存有黄色发光区；基于数值计算的预混火焰传播过程中的温度云图，在点火初期发展缓慢，且温度较低，随火焰发展，粒子燃烧剧烈，此时焦炭也发生燃烧，火焰中心温度很高，而火焰前沿则温度较低，这也说明在火焰锋面处只有甲烷和少量煤尘粒子在燃烧，而在锋面后仍有大量粒子在燃烧。

小 结

(1) 可燃气体燃烧、爆炸数值计算中，最基本的模型包括层流燃烧模型和三种湍流燃烧模型。

(2) 重整化 k-ε 模型和可实现 k-ε 模型为雷诺时均模型，对于简单的流动情况（平壁边界层、无浮力平面射流、管流、尾迹流等），能给出理想的计算结果，且计算工作量小；但是对于复杂的流动（旋流、浮力流、曲壁边界层、圆射流等），计算结果相对较差，与实验结论吻合度不高。

(3) 大涡模型通过过滤方程对涡流尺寸过滤，仅对一定小尺寸涡流的计算进行模型化处理，相对雷诺时均模型提高了涡流计算精度，但计算成本也相应提高。

(4) 气体与粉尘燃烧、爆炸过程中，常用的化学反应模型为层流有限速率模型和Finite-Rate/Eddy-Dissipation 模型。

(5) 粉尘燃烧模型较气体燃烧模型更为复杂，其颗粒相模型、粉尘燃烧模型、传热模型等均需在数值计算中予以考虑。

思 考 题

8-1 燃烧数值模拟方法的步骤及要点。

8-2 层流预混火焰模型和层流扩散火焰模型的区别。

8-3 雷诺时均模型的分类及特点。

8-4 大涡模型的流动适用性及其优缺点。

8-5 可燃气体燃烧和粉尘燃烧数值模拟的异同点。

附　　录

附录 1　常见液体的闪点

附表 1-1　易燃液体和可燃液体的闪点

名称	闪点/℃	名称	闪点/℃	名称	闪点/℃
一硝基二甲苯	35	二氯乙烯	14	丁醇醛	82.7
乙醚	−45	二氯丙烯	16	丁二酸酐	88
乙基氯	−43	二氯乙烷	21	丁二烯	41
乙烯醚	−30	二甲苯	25	十氢化萘	57
乙基溴	−25	二甲基吡啶	29	三甲基氯化硅	−18
乙胺	−18	二异丁胺	29.4	三氟甲基苯	−12
乙烯基氯	−17.8	二甲氨基乙醇	31	三乙胺	4
乙醛	−17	二乙基乙二酸酯	44	三聚乙醛	26
乙烯正丁醚	−10	二乙基乙烯二胺	46	三甘醇	166
乙烯异丁醚	−10	二聚戊烯	46	三乙醇胺	179.4
乙硫醇	<0	二丙酮	49	飞机汽油	−44
乙基正丁醚	1.1	二氯乙醚	55	己烷	−23
乙腈	5.5	二甲基苯胺	62.8	己胺	26.3
乙醇	14	二氯异丙醚	85	己醛	32
乙苯	15	二乙基二醇乙醚	94	己酮	35
乙基吗啡林	32	二苯醚	115	己酸	102
乙二胺	33.9	丁烯	−80	天然汽油	−50
乙酰乙酸乙酯	35	丁酮	−14	反二氯乙烯	6
乙酸	38	丁胺	−12	六氢吡啶	16
乙酰丙酮	40	丁烷	−10	六氢苯甲酸	68
乙撑氰醇	55	丁基氯	−6.6	火棉胶	17.7
乙基丁醇	58	丁醛	−16	煤油	18
乙二醇丁醚	73	丁烯酸乙酯	2.2	水杨醛	90
乙醇胺	85	丁烯醛	13	水杨酸甲酯	101
乙二醇	100	丁酸甲酯	14	水杨酸乙酯	107
二硫化碳	−45	丁烯酸甲酯	<20	巴豆醛	12.8
二乙烯醚	−30	丁酸乙酯	25	壬烷	31
二乙胺	−26	丁烯醇	34	壬醇	83.5
二甲醇缩二甲醛	−18	丁醇	35	双甘醇	124
二氯甲烷	−14	丁醚	38	丙醚	−26
二甲基二氯硅烷	−9	丁苯	52	丙基氯	−17.8
二异丙胺	−6.6	丁酸异戊酯	62	丙烯醛	−17.8
二甲胺	−6.2	丁酸	77	丙酮	−10
二甲基呋喃	7	丙酸甲酯	−3	丙烯醚	−7
二丙胺	7.2	丙烯酸甲酯	−2.7	丙烯腈	−5
丙酸乙酯	12	丙苯	30	丙烯氯乙醇	52
丙醛	15	丙酸丁酯	32	丙酸酐	73

续表

名称	闪点/℃	名称	闪点/℃	名称	闪点/℃
丙烯酸乙酯	16	丙酸正丙酯	40	丙二醇	98.9
丙胺	<20	丙酸异戊酯	40.5	石油醚	−50
丙烯醇	21	丙酸戊酯	41	原油	−35
丙醇	23	丙烯酸丁酯	48.5	石脑油	25.6
甲乙醚	−37	冰乙酸	40	酚	79
甲酸甲酯	−32	吡啶	20	硝酸甲酯	−13
甲基戊二烯	−27	间二甲苯	25	硝酸乙酯	1
甲酸乙酯	−20	间甲酚	36	硝基丙烷	31
甲硫醇	−17.7	辛烷	16	硝基甲烷	35
甲基丙烯醛	−15	环氧丙烷	−37	硝基乙烷	41
甲乙酮	−14	环己烷	6.3	硝基苯	90
甲基环己烷	−4	环己胺	32	氯乙苯	−43
甲酸正丙酯	−3	环氧氯丙烷	32	氯丙烯	−32
甲酸丙酯	−3	环丙酮	40	氯丙烷	−17.7
甲酸异丙酯	−1	邻甲苯胺	85	氯丁烷	−9
甲苯	4	松节油	32	氯苯	27
甲基乙烯甲酮	6.6	松香水	62	氯二醇	55
甲醇	7	苯	−14	硫酸二甲酯	83
甲酸异丁酯	8	苯乙烯	38	氢氰酸	−17.5
甲基戊酮醇	8.8	苯甲醛	62	溴乙烷	−25
甲酸丁酯	17	苯胺	71	溴丙烯	−1.5
甲基异戊酮	22	苯甲醇	96	溴苯	65
甲酸	23	氧化丙烯	−37	碳酸乙酯	25
甲基丙烯酸	69	异戊醛	39	绿油	65
戊烷	76.7	乙酸甲酯	−13	四氢化萘	−15
戊烯	−42	乙酸乙烯	−7	甘油	70
戊酮	−17.8	乙酸乙酯	−4	异戊二烯	160
戊醇	15.5	乙酸醚	−3	异丙苯	−42
对二甲苯	49	乙酸丙酯	20	噻吩	−1
正丁烷	25	乙酸丁酯	22.2	糠醛	66
正丙醇	−60	乙酸酐	40	糠醇	76
四氢呋喃	22	樟脑油	47	缩醛	−2.8

附表 1-2 乙醇水溶液的闪点

溶液中乙醇质量分数/%	闪点/℃	溶液中乙醇质量分数/%	闪点/℃
100	9.0	20	36.75
80	19.0	10	49.0
60	22.75	5	62.0
40	26.75	3	—

附录 2　常见物质的自燃点

附表 2-1　某些气体及液体的自燃点

化合物	分子式	自燃点/℃		化合物	分子式	自燃点/℃	
		空气中	氧气中			空气中	氧气中
氢	H_2	572	560	丁烯	C_4H_8	443	—
一氧化碳	CO	609	588	戊烯	C_5H_{10}	273	—
氨	NH_3	651	—	乙炔	C_2H_2	305	296
二硫化碳	CS_2	120	107	苯	C_6H_6	580	566
硫化氢	H_2S	292	220	环丙烷	C_3H_6	498	454
氢氰酸	HCN	538	—	环己烷	C_6H_{12}	—	296
甲烷	CH_4	632	556	甲醇	CH_4O	470	461
乙烷	C_2H_6	472	—	乙醇	C_2H_6O	392	—
丙烷	C_3H_8	493	468	乙醛	C_2H_4O	275	159
丁烷	C_4H_{10}	408	283	乙醚	$C_4H_{10}O$	193	182
戊烷	C_5H_{12}	290	258	丙酮	C_3H_6O	561	485
己烷	C_6H_{14}	248	—	乙酸	$C_2H_4O_2$	550	490
庚烷	C_7H_{16}	230	214	二甲醚	C_2H_6O	350	352
辛烷	C_8H_{18}	218	208	二乙醇胺	$C_4H_{11}NO_2$	662	—
壬烷	C_9H_{20}	285	—	甘油	$C_3H_8O_3$	—	320
癸烷(正)	$C_{10}H_{22}$	250	—	石脑油	—	277	—
乙烯	C_2H_4	490	485				
丙烯	C_3H_6	458	—				

附表 2-2　部分粉尘的自燃点

名称	自燃点/℃	名称	自燃点/℃	名称	自燃点/℃
铝	645	有机玻璃	440	合成硬橡胶	320
铁	315	六亚甲基四胺	410	棉纤维	530
镁	520	聚碳酸酯	460	烟煤	610
锌	680	邻苯二甲酸酐	650	硫	190
乙酸纤维	320	聚苯乙烯	490	木粉	430

附表 2-3　部分物品的自燃点

名称	自燃点/℃	名称	自燃点/℃
松节油	53	蜡烛	190
樟脑	70	布匹	200
灯油	86	麦草	200
赛璐珞	100	硫黄	207
纸张	130	豆油	220
棉花	150	无烟煤	280～500
漆布	165	涤纶纤维	390

附录3 几种典型场合的点火能量

典型场合	点火能量/J	典型场合	点火能量/J
典型可燃蒸气的最小点火能量	0.13×10^{-3}	对人体产生电击	0.25
典型粉尘云的最小点火能量	5×10^{-3}	人体心脏电击阈值	7.2
起爆药叠氮化铅的点火能量	7×10^{-3}	B炸药点火能量	11.03
雷电	5×10^{9}	典型推进剂粉尘的最小点火能	0.01
人体产生的静电火花能量	$(5\sim18)\times10^{-3}$		

附录4 部分气体最低点火能量

mJ

气体	浓度/%	最低点火能量	气体	浓度/%	最低点火能量
甲烷	8.5	0.28	甲醇	12.24	0.215
乙烷	4.02	0.031	二硫化碳	6.52	0.015
丁烷	3.42	0.38	异丁烷	3.12	0.52
乙烯	6.52	0.016	异戊烷	2.55	0.7
丙烯	4.44	0.282	异辛烷	1.65	1.35
乙炔	7.73	0.02	苯	2.71	0.55
戊烷	2.55	0.49	甲苯	2.27	2.50
己烷	2.16	0.95	乙醛	7.72	0.376
甲基乙炔	4.97	0.152	丙醛	4.97	0.32
丁二烯	3.67	0.17	丙酮	4.87	1.15
异丙醇	4.44	0.65	异丙醚	2.27	1.14
异丙胺	3.83	2	乙胺	5.28	2.4
乙醚	3.37	0.49	甲酸甲酯	9.47	0.62
乙酸乙酯	4.02	1.42	二异丁烯	1.71	0.96
环戊烷	4.44	0.24	环已烷	2.27	1.38
氧化环已烯	2.63	1.3	环氧乙烷	7.72	0.105
氢气	29.2	0.019	氨	21.8	0.77
硫化氢	12.2	0.077	二硫化碳	6.52	0.015

附录5 常见粉尘的最小点火能量

mJ

粉尘	最小点火能量	粉尘	最小点火能量
干玉米淀粉	4.5	石松子粉	6
大麦蛋白质粉	13	大麦淀粉	18
大米粉	30	亚麻粉	6
大麦纤维	47	玉米淀粉(湿度10%)	27
甲基纤维素	12	萘二甲酐	3
萘	1	2-苯酚	5
木尘	7	纸屑	3
黄麻	3	树脂	3
橡胶粉	13	奶粉	75
褐煤粉	160	硫	1
烟煤粉	380	铝粉	2

续表

粉尘	最小点火能量	粉尘	最小点火能量
硅钙粉	2	铁硅镁粉	210
镁粉	40	钛粉	10
聚乙烯	10	聚苯乙烯	15
聚丙烯	25	聚丙烯腈	20
聚丙烯酰胺	30	聚碳酸酯	30
聚氨酯	15	酚醛树脂	10
尼龙	20	棉纤维	25

附录 6 常见介质的基本燃烧速度

m/s

气体	分子式	基本燃烧速度	气体	分子式	基本燃烧速度
甲烷	CH_4	0.4	丙酮	C_3H_6O	0.54
乙烷	C_2H_6	0.47	丁酮	$CH_3COC_2H_5$	0.42
丙烷	C_3H_8	0.46	甲醇	CH_3OH	0.56
正丁烷	C_4H_{10}	0.45	氢	H_2	3.12
正戊烷	C_5H_{12}	0.46	一氧化碳	CO	0.46
正己烷	C_6H_{14}	0.46	二硫化碳	CS_2	0.58
乙烯	C_2H_4	0.80	苯	C_6H_6	0.48
丙烯	C_3H_6	0.52	甲苯	$C_6H_5CH_3$	0.41
1-丁烯	C_4H_8	0.51	汽油		0.40
乙炔	C_2H_2	1.80	航空燃料	JP-1	0.40
丙炔	C_3H_4	0.82	航空燃料	JP-4	0.41
1-丁炔	C_4H_6	0.68			

附录 7 部分可燃性气体或蒸气的最大试验安全间隙值

序号	可燃性气体或蒸气名称	最易传爆混合物物质的量浓度/%	MESG/mm
1	一氧化碳	40.8	0.94
2	甲烷	8.2	1.14
3	丙烷	4.2	0.92
4	丁烷	3.2	0.98
5	戊烷	2.55	0.93
6	己烷	2.5	0.93
7	庚烷	2.3	0.91
8	异辛烷	2.0	1.04
9	正辛烷	1.94	0.94
10	环己酮	3.0	0.95
11	丙酮	5.9/4.5	1.02
12	丁酮	4.8	0.92

附录 8 常见可燃介质的燃烧热和爆炸极限

物质名称	燃烧热/(4.186kJ/mol)	爆炸下限 y_L/%	爆炸上限 y_U/%
甲烷	191	5.00	15.00
乙烷	336	3.22	12.45
丙烷	484	2.37	9.50
丁烷	634	1.86	8.41
异丁烷	630	1.80	8.40
戊烷	774	1.40	7.80
异戊烷	780	1.32	—
己烷	915	1.25	6.90
庚烷	1064	1.00	6.00
辛烷	1207	0.95	—
壬烷	1353	0.83	—
癸烷	1494	0.67	—
乙烯	310	2.75	28.60
丙烯	460	2.00	11.10
丁烯	611	1.70	7.36
戊烯	750	1.60	—
乙炔	301	2.50	80.00
苯	750	1.41	6.75
甲苯	892	1.27	7.75
二甲苯	1038	1.00	6.00
环丙烷	465	2.40	10.40
环己烷	875	1.33	8.35
甲基环己烷	1017	1.15	—
松节油	1385	0.80	—
乙酸甲酯	349	3.15	15.60
乙酸乙酯	494	2.18	11.40
乙酸丙酯	633	2.05	—
异醋酸丙酯	638	2.00	—
乙酸丁酯	768	1.70	—
乙酸戊酯	969	1.10	—
乙醇	295	3.28	18.95
丙醇	438	2.55	—
异丙醇	432	2.65	—
丁醇	585	1.70	—
异丁醇	585	1.68	—
丙烯醇	410	2.40	—
戊醇	730	1.19	—
异戊醇	711	1.20	—
乙醛	257	3.97	57.00
巴豆醛	510	2.12	15.50
糠醛	538	2.10	—
三聚乙醛	788	1.30	—
甲乙醚	461	2.00	10.10
二乙醚	598	1.85	36.50
二乙烯醚	569	1.70	27.00
丙酮	395	2.55	12.80
丁酮	540	1.81	9.50
2-戊酮	682	1.55	8.15
2-己酮	831	1.22	8.00
氯酸	154	5.60	40.00
乙酸	188	4.05	—
甲酸甲酯	212	5.05	22.70

续表

物质名称	燃烧热/(4.186kJ/mol)	爆炸下限 y_L/%	爆炸上限 y_U/%
甲酸乙酯	359	2.75	16.40
氢	57	4.00	74.19
一氧化碳	67	12.49	74.19
氨	76	15.00	27.00
吡啶	652	1.81	12.40
硝酸乙酯	296	3.80	—
亚硝酸乙酯	306	3.01	50.00
环氧乙烷	281	3.00	80.00
二硫化碳	246	1.25	50.00
硫化氢	122	4.30	45.50
硫化羰	130	11.90	28.50
氯甲烷	153	8.25	18.70
氯乙烷	295	4.00	14.80
二氯乙烯	224	9.70	12.80
溴甲烷	173	13.50	14.50
溴乙烷	319	6.75	11.25

附录9 可燃气体或蒸气极限氧含量（以 N_2 或 CO_2 稀释）

气体或蒸气	极限氧含量(N_2-Air)/%mol	极限氧含量(CO_2-Air)/%mol
二乙基苯	8.5	—
环丙烷	11.5	14
汽油	12	15
煤油	10(150℃)	13(150℃)
JP-1燃料	10.5(150℃)	14(150℃)
Jp-3燃料	12	14.5
JP-4燃料	11.5	14.5
天然气(匹兹堡)	12	14.5
氯代正丁烷	14	—
	12(100℃)	—
二氯甲烷	19(30℃)	—
	17(100℃)	—
二氯化乙烯	13	—
	11.5(100℃)	—
1,1,1-三氯乙烷	14	—
三氯乙烯	9(100℃)	—
丙酮	11.5	14
正丁醇	NA	16.5(150℃)
二硫化碳	5	7.5
一氧化碳	5.5	5.5
乙醇	10.5	13
二乙基丁醇	9.5(150℃)	—
乙醚	10.5	13
氢气	5	5.2
硫化氢	7.5	11.5
甲酸异丁酯	12.5	15
甲醇	10	12
乙酸甲酯	11	13.5
环氧丙烷	7.8	—
甲基醚	10.5	13
甲酸甲酯	10	12.5
丁酮	11	13.5
偏二甲基肼(二甲基肼)	7	—
乙烯基氯	13.4	—
偏氯乙烯	15	—

附录 10 悬浮可燃粉尘极限氧含量（以 N_2 或 CO_2 稀释）

粉尘	极限氧含量(N_2-Air)/%mol	极限氧含量(CO_2-Air)/%mol
农业		
咖啡		17
玉米粉		11
糊精	11	14
豆粉		15
淀粉		12
蔗糖	10	14
化学		
乙烯二氨四乙酸		13
靛红酸酐		13
甲硫氨酸(蛋氨酸)		15
呋喃唑酮(痢特灵)		19
硫化二苯胺(酚噻嗪)		17
五硫化二磷		12
水杨酸	15	17
木质素磺酸钠		17
硬脂酸和硬脂酸金属盐	10.6	13
碳		
木炭		17
烟煤		17
次烟煤		15
褐煤		15
金属		
铝	5*	2
锑		16
铬		14
铁		10
镁	0	0
锰		14
硅	11	12
钍	2	0
钛	4	0
铀	1	0
钒	14	
锌	9	10
锆	0	0
杂物		
纤维素		13
纸		13
沥青		11
污水污泥		14
硫黄		12
木屑		16
塑胶成分		
壬二酸(杜鹃花酸)		14
双酚 A		12
干酪素，凝乳酵素		17

续表

粉尘	极限氧含量(N_2-Air)/%mol	极限氧含量(CO_2-Air)/%mol
塑胶成分		
环六亚甲基四胺	13	14
间苯二酸		14
多聚甲醛	8	12
季戊四醇	13	14
邻苯二甲酸酐		14
对苯二甲酸		15
塑胶-特殊树脂		
苯并呋喃-茚树脂(古马隆树脂)		14
木质素		17
氯代苯酚		16
松木渣		13
松脂,DK		14
硬质橡胶		15
虫胶		14
树脂酸钠	13	14
塑胶-热塑性树脂		
乙缩醛		11
丙烯腈		13
羧甲基纤维素		16
纤维素醋酸酯	9	11
纤维三醋酸酯		12
纤维素醋酸丁酸酯		14
乙基纤维素		11
甲基纤维素		13
甲基丙烯酸甲酯		11
尼龙		13
聚碳酸酯		15
聚乙烯		12
聚苯乙烯		14
聚乙酸乙烯酯		17
聚乙烯基丁醛		14
塑胶-热固性树脂		
烯丙醇		13
间苯二甲酸二甲酯		13
对苯二甲酸二甲酯		12
环氧树脂		12
三聚氰胺甲醛树脂		15
聚对苯二甲酸乙二酯(聚酯合成纤维)		13
脲甲醛塑料(尿素甲醛)		16

附录 11　悬浮可燃粉尘极限氧含量（以 N_2 稀释）

粉尘	质量平均粒径/μm	极限氧含量(N_2-Air)/%mol
纤维素塑料材料		
纤维素	22	9
纤维素	51	11
木屑	27	10

续表

粉尘	质量平均粒径/μm	极限氧含量(N_2-Air)/%mol
食物和饲料		
豌豆粉	25	15
玉米粉	17	9
麦芽酒糟	25	11
黑麦粉	29	13
淀粉衍生物	24	14
小麦粉	60	11
煤		
褐煤	42	12
褐煤	63	12
褐煤	66	12
褐煤	51	15
烟煤	17	14
塑料，树脂，橡胶		
树脂	<63	10
橡胶粉	95	11
聚丙烯腈纤维	26	10
高压聚乙烯(Polyethylene，h. p.)	26	10
药物，农药		
氨基比林	<10	9
蛋氨酸	<10	12
中间产物，添加剂		
硬脂酸钡	<63	13
过氧化苯甲酰	59	10
双酚 A	34	9
月桂酸镉	<63	14
硬脂酸镉	<63	12
硬脂酸钙	<63	12
甲基纤维素	70	10
对苯二甲酸二甲酯	27	9
二茂铁	95	7
六甲基硅脲	65	9
萘酐	16	12
2-萘酚	<30	9
多聚甲醛	23	6
季戊四醇	<10	11
金属，合金		
铝	22	5
钙/铝合金	22	6
镁硅铁合金	17	7
硅铁合金	21	12
镁合金	21	3
其他无机产物		
煤灰	<10	12
煤灰	13	12
煤灰	16	12
其他		
膨润土衍生物	43	12

附录 12 典型助燃气体氟、氯、氧、氧化亚氮的性质

名称	沸点 t/℃	液体密度 ρ_L/(g/L)	气体密度 ρ_g/(kg/m^3)	性 质
F_2	−187	1108 (−188℃)	1.695	在黑暗中与 H_2 直接化合时易起爆炸，碘、硫、硼、磷、硅遇氟时能自燃
Cl_2	−34.5	1470	2.44	钠、钾在氯气中能燃烧，松节油在氯气中能自燃；甲烷、乙烯、乙炔在氯中经日光作用会引起燃烧或爆炸；H_2 与氯能形成一种遇日光即起爆炸的混合物(H_2 在混合物中的体积比 5%～87.5%)；氯与氮化合形成易爆炸的氯化氮
O_2	−218.4	1140	1.429	与乙炔、氢、甲烷等混合形成爆炸性混合物，使油脂剧烈氧化，引起燃烧
NO	−88.49	1226	1.977	有助燃性，与可燃性气体混合时形成爆炸性气体

附录 13 部分与水等发生爆炸反应物质的性质

名称	密度/(kg/L)	熔点/℃	沸点/℃	性 质
钾	0.86	63.65	774	与水、酸、潮湿空气发生化学反应，放出氢和大量热量，使氢自燃；在氯、氟及溴的蒸气中起燃；与碘或乙炔化合发生燃烧或爆炸；在 65～70℃以上温度时，遇四氯化碳也能发生爆炸。储存在甲苯、煤油等矿物油的金属容器中
钠	0.9710	97.81	892	遇水、潮湿空气放出氢和大量热量，引起燃烧爆炸；与碘或乙炔作用，发生燃烧爆炸；在氧、氟、氯、碘的蒸气中能燃烧。储存在煤油中
钙	1.54	842	1484	遇水、酸放出氢和热，能引起燃烧；受高温(300℃)或接触强氧化剂时有燃烧爆炸危险；在高温下能还原金属及非金属氧化物，还原 NO 及 P_2O_5 时能发生爆炸
锂	1.87	28.5	705	遇水或稀酸，放出氢和热量，能引起燃烧；在空气中加热能燃烧；粉末状态下与水反应更剧烈，能引起爆炸
氢化锂	0.82	680	850(分解)	在潮湿空气中能自燃；与氧化剂、酸、水接触有引起燃烧的危险
氢化钾	1.43～1.47	分解		一般为灰色粉末；半分散于油中；与氧化剂、酸、水、潮气接触有引起燃烧的危险；加热时分解
氢化钠	0.92	800 (255℃开始分解)		白色或淡棕灰色结晶粉末；在潮湿空气中能自燃；与水、酸起剧烈反应，有引起燃烧爆炸的危险；与低级醇作用也很剧烈；在 255℃时分解放出氢气；以 25%～50%的比例分散在油中
钠汞齐		−36.8		与潮湿空气或水、酸接触，生成氢并放出大量热量，能引起燃烧
磷化钙	2.238	～1600		与潮湿空气或水、酸接触放出有剧毒、能自燃的磷化氢；与氯、氧、硫黄、盐酸反应剧烈，有引起燃烧爆炸的危险
石灰氮(氰氨化钙)	1.083	1300	＞1500	遇水分解放出氨和乙炔；含有杂质碳化钙或磷化钙时，则遇水易自燃，与酸接触发生剧烈反应
活性镍				活性的镍——列尼氏镍作还原剂用；遇水和空气即自燃。须浸没在酒精内储存
碳化钙(电石)	2.222	1900～2300		与水接触放出易燃、易爆的乙炔气体；粉状碳化钙受潮易发热，使乙炔自燃。不可与酸类、易燃物品混储混运
碳化铝	2.36	2100	＞2200 时分解	黄色或绿灰色结晶块或粉末；遇水分解出易燃气体甲烷；与酸反应剧烈；有引起燃烧的危险
锌粉	7.133	419.5	907	遇酸、碱类、水、氟、氯、硫、硒、氧化剂等能引起燃烧爆炸；在潮湿空气中能发热自燃；其粉状物与空气混合至一定比例时，遇火星能引起燃烧爆炸

续表

名称	密度/(kg/L)	熔点/℃	沸点/℃	性质
保险粉				有极强的还原性；遇氧化剂、少量水或吸收潮湿空气而发热、冒黄烟、燃烧、甚至爆炸
五硫化二磷	2.03	276	514 自燃温度 141.67℃	易燃烧；在潮湿空气中或在空气中受摩擦能燃烧；粉状物受热或接触明火有引起火灾的危险；加热分解，放出有毒的氧化硫和氧化磷；与水、水蒸气或酸产生易燃的硫化氢气体；与氧化性物质接触也会发生反应
氰化钙		>235℃时分解		遇酸或暴露在潮湿空气中或溶于水中分解出剧毒易燃的氰化氢气体
磷化锌	4.55	420	1100	接触酸、酸雾或水产生能自燃的磷化氢气体；与氧化剂反应强烈；含磷化氢 33%，温度超过 60℃时会自燃
(无水)三氯化铝	2.44	190	183	与水接触发生剧烈反应；发热分解，有时能引起爆炸
三氯化磷	1.574	−111.8	74.2	遇水及酸(主要是硝酸，乙酸)发热冒烟，甚至发生燃烧爆炸
五氧化二磷	0.77～1.39	563		在空气中易吸潮；遇水急速反应放出大量烟和热；遇有机物可引起燃烧
五氯化磷	3.6	148(加压)		在 160℃时升华，并有部分分解，遇水和乙醇分解发热，甚至发生爆炸
氧氯化磷	1.685 (15.5℃)	1.2	105.1	无色透明发烟液体，有毒；遇水和乙醇分解发热，冒腐蚀性及毒性烟雾，甚至爆炸
氯磺酸	1.766(18℃)	−80	151	无色半油状液体；遇水猛烈分解产生大量的热和浓烟，甚至爆炸；遇有机物能引起燃烧
溴化铝(无水)	3.2	97.5	263.3	白色或黄红色片状或块状固体；遇水强烈反应发热，甚至爆炸，在有机物存在时反应更剧烈
过氧化钠	2.805	460 (开始分解)	657 (分解)	米黄色吸湿性粉末或呈粒状；与水分起剧烈反应，产生高热，量大时能发生爆炸；与有机物、易燃物如硫、磷等接触能引起燃烧，甚至爆炸
过氧化钾	3.5	490	分解	黄色无定形块状物；遇水及水蒸气产生高热，量大时可能引起爆炸；遇易燃物如硫、磷等能引起燃烧爆炸

附录 14 部分遇到空气即自燃的物质的性质

名称	密度/(kg/L)	熔点/℃	沸点/℃	性质
磷化氢	1.529g/L	−132.5	−87.5	无色气体，微溶于水，不溶于热水，能自燃，制得的磷化氢因含少量的二磷化四氢，在空气中能自燃；遇氧化剂发生强烈反应；遇火种立即燃烧爆炸
二乙基锌	1.2065	−28	118	无色液体；遇水强烈分解；在空气中或氯中能自燃；与氧化剂接触能剧烈反应，引起燃烧
三乙基铝	0.837	−52.5	194	无色液体；化学性质活泼；与氧反应剧烈，在空气中能自燃；遇水爆炸分解
三乙基硼	0.6961	−93	0	无色液体；在空气中能自燃；遇水以及氧化剂反应剧烈；不溶于水，溶于乙醇和乙醚
三丁基硼	0.747	−34	170	无色液体；在空气中能自燃；遇明火，氧化剂有引起燃烧的危险
三甲基铝	0.748	15	130	无色液体；在空气中能自燃；与氧气、水接触发生强烈的化学反应，能引起燃烧；与酸类、卤类、醇类、胺类也能起强烈的化学反应
三甲基硼	1.591g/L	−161.5	−20	无色气体；在空气中能自燃；遇火种、高温、氧气、氧化剂均有引起燃烧爆炸的危险
黄磷 (或称白磷)	1.82	44.1	280	纯品为无色蜡状固体；低温时发脆；在空气中会冒白烟燃烧；受撞击、摩擦或与氯酸钾等氧化剂接触能立即燃烧或爆炸。应储存在水中；注石油产品于盛磷的储品中有失火危险
四氢化硅				与空气接触时能自燃
*硫化亚铁	4.7	1193	分解	块状或片状的活性硫化亚铁在空气中(常温下)能迅速自燃；干燥的焦硫化铁残渣能迅速被空气中的氧所氧化而放出热量以至引起自燃

附录 15　常用物质的电阻率

名　称	电阻率/Ω·cm	名　称	电阻率/Ω·cm
蒸馏水	10^6	乙醇	7.4×10^8
硫酸	1.0×10^2	正丙醇	5.0×10^7
乙酸	8.9×10^8	异丙醇	2.8×10^5
乙酸甲酯	2.9×10^5	正丁醇	1.1×10^8
乙酸乙酯	1.0×10^7	正十八醇	2.8×10^{10}
乙酐	2.1×10^8	丙酮	1.7×10^7
乙醛	5.9×10^5	丁酮	1.0×10^7
甲醇	2.3×10^6	乙醚	5.6×10^{11}
石油醚	8.4×10^{14}	绝缘纸	$10^9\sim10^{12}$
汽油	2.5×10^{13}	尼龙布	$10^{11}\sim10^{13}$
煤油	7.3×10^{14}	油毡	$10^8\sim10^{12}$
轻质柴油	1.3×10^{14}	干燥木材	$10^{10}\sim10^{14}$
苯	$1.6\times10^{13}\sim10^{14}$	导电橡胶	$2\times10^2\sim2\times10^3$
甲苯	$1.1\times10^{12}\sim2.7\times10^{13}$	天然橡胶	$10^{14}\sim10^{17}$
二甲苯	$2.4\times10^{12}\sim3\times10^{13}$	硬橡胶	$10^{15}\sim10^{18}$
庚烷	1.0×10^{13}	氯化橡胶	$10^{13}\sim10^{15}$
己烷	1.0×10^{18}	聚乙烯	$>10^{18}$
液体碳氢化合物	$10^{10}\sim10^{18}$	氯乙烯	$10^{12}\sim10^{16}$
液氢	4.6×10^{19}	聚苯乙烯	$10^{17}\sim10^{19}$
硅油	$10^{13}\sim10^{15}$	聚四氟乙烯	$10^{16}\sim10^{19}$
绝缘用矿物油	$10^{15}\sim10^{19}$	糠醛树脂	$10^{10}\sim10^{13}$
米黄色绝缘油	$10^{14}\sim10^{15}$	酚醛树脂	$10^{12}\sim10^{14}$
黑色绝缘油	$10^{14}\sim10^{15}$	尿素树脂	$10^{10}\sim10^{14}$
硅漆	$10^{16}\sim10^{17}$	硅酮树脂	$10^{11}\sim10^{13}$
沥青	$10^{15}\sim10^{17}$	蜜胺树脂	$10^{12}\sim10^{14}$
石蜡	$10^{16}\sim10^{19}$	聚酯树脂	$10^{12}\sim10^{15}$
人造蜡	$10^{13}\sim10^{16}$	丙烯树脂	$10^{14}\sim10^{17}$
凡士林	$10^{11}\sim10^{15}$	环氧树脂	$10^{16}\sim10^{17}$
木棉	10^9	钠玻璃	$10^8\sim10^{15}$
羊毛	$10^9\sim10^{11}$	云母	$10^{13}\sim10^{15}$
丙烯纤维	$10^{10}\sim10^{12}$	二硫化碳	3.9×10^{13}
绝缘化合物	$10^{11}\sim10^{15}$	硫	10^{17}
纸	$10^5\sim10^{10}$	琥珀	10^{18}

附录16 常见物质介电常数表

介质名称	介电常数	介质名称	介电常数	介质名称	介电常数
空气	1	焦炭	1.1～2.2	氨	21
聚苯乙烯颗粒	1.05～1.5	干燥煤粉	2.2	胶乳	24
洗衣粉	1.1～1.3	石膏	1.8～2.5	炭灰	25～30
液态煤气	1.2～1.7	干燥沙	3～4	矿石	25～30
塑料粒	1.5～2	甲醚	5	丙酮	20～30
玻璃片	1.2～2.2	异氰酸酯	7.5	甲醇	30
奶粉	1.8～2.2	丁醇	11	甘油	37
汽油	1.9	环氧树脂	2.5～6.0	氯化钾	4.6
环乙醇	2	乙醇	24	PVC 粉末	1.4
柴油	2.1	面粉	2.5～3.0	稻米	3～8
ABS 颗粒	1.5～2.5	飞灰	1.5～1.7	生橡胶	2.1～2.7
丙酮	19.5～20	原料玻璃	2.0～2.5	砂	3～5
丙烯酸树脂	2.7～6.0	谷物	3～8	皂粉	1.2～1.5
工业酒精	16～31	砂糖	1.5～2.2	亚硫酸钠	5
铝粉	1.6～1.8	重油	2.6～3.0	淀粉	2～5
硫酸铝	6	液态乙烷	5.8～6.3	糖	3
沥青	2.5～3.2	盐酸	4～12	硫酸	84
苯,液体	2.3	氧化铁	14.2	甲苯,液体	2.0～2.4
碳酸钙	1.8～2.0	液氮	1.4	尿烷	6.5～7.1
氯化钙	11.8	煤油	2.8	植物油	2.5～3.5
硫酸钙	5.6	矿物油	2.1	玉米废渣	2.3～2.6
二氧化碳	1.6	尼龙	4～5	小麦粉	2.2～2.6
水泥	1.5～2.1	油漆	5～8	PP(聚丙烯)颗粒	1.5～1.8
氯水	2	PE(聚乙烯)颗粒	1.5	水	48～80
咖啡粉	2.4～2.6	湿沙	15～20		

参 考 文 献

[1] 邢晓江．抑爆机理的研究 [D]．南京：南京理工大学，2002，1.

[2] 陆庆武．安全技术 [M]．北京：中国科学技术出版社，1988.

[3] 陆庆武等．爆炸危险品安全储运 [M]．北京：兵器工业出版社，1991，12 (1)：185-193.

[4] 涂光备等．一起建国以来最严重的铝粉爆炸事故．全国工业粉尘防爆与治理学术讨论会论文集．天津，1990，1.

[5] 蔡风英等，化工安全工程 [M]．北京：科学出版社，2001.

[6] 丁儆．爆炸灾害的预防和控制乃当务之急 [J]．中国安全科学学报，1994，4 (1)：1-4.

[7] 孙关中，彭津．物质标准燃烧热和爆炸下限的推算 [J]．消防科学与技术，2000，(2)：7-9.

[8] 刘彬．有机可燃气体爆炸极限的推荐计算方法 [J]．昆明理工大学学报 (理工版)，2007，32 (1)：119-124.

[9] 佟旭，冯玉琢．工业生产安全技术概要与实用数据手册 [M]．北京：电子出版社，1994.

[10] Louis A Medard. Accidental explosions [M]. Ellis Horwood Limited，England，1989.

[11] Wolfgang Bartknecht. Dust explosions [M]. Springer-verlag Berlin Heidelberg，Germany，1989.

[12] W E Baker，P A Cox，P S Westine and all. Exploion Hazards and Evaluation [M]. Elsevier Sienctific Publishing Company，New York，1983.

[13] 彭津．含氮有机物爆炸下限的估算．消防科学与技术，2003，22 (5)：366-367.

[14] 夏自柱，廖继卿，蔡周全等．实验巷道中煤尘爆炸时煤尘浓度的实时测定 [C]．全国工业粉尘防爆与治理学术讨论会论文集，北京：中国科学技术出版社，1990，259-262

[15] 谢颖奎．测尘仪原理与应用．中国仪器仪表，2005，7：44-47.

[16] 李宗伦，赵修良，彭丽婧，刘丽艳．β射线粉尘测量仪在煤矿粉尘浓度监测中的应用．中国煤炭，2010，36 (3)：65-67.

[17] 王军，汪佩兰，张庆辉．火炸药粉尘爆炸最小点火能量的实验研究，弹箭与制导学报，2008，28 (5)：125-128.

[18] 李毅中. 当前的安全生产形势及下一步加强安全生产工作的主要措施. 中国发展观察，2005，5：22-24.

[19] 罗云. 我国安全生产现状分析. 中国发展观察，2005，5：33-37.

[20] Khan F I，Abbasi S A. Major accident in process industries and an analysis of causes and consequence. J. of Loss Prevention in the Process Industries，1999，12：361-378.

[21] 蒋永琨，陈正昌著. 国内外火灾与爆炸事故 1000 例. 成都：四川科学技术出版社，1986.

[22] 北川徹三著．爆炸事故的分析．黄九华译. 北京：化学工业出版社，1984.

[23] Bjerketvedt D，Bakke J R，Wingerden K V. Gas Explosion Handbook. Journal of Hazardous Materials，1997，52：1-150.

[24] Gugan. K. 容器外可燃蒸气云爆炸. 孙方震译. 北京：化学工业出版社，1986.

[25] 赵衡阳. 气体和粉尘爆炸原理. 北京：北京理工大学出版社，1996.

[26] 王应时，范维澄，周力行等. 燃烧过程数值计算. 北京：科学出版社，1986.

[27] 周力行. 湍流两相流动与燃烧的数值模拟. 北京：清华大学出版社，1991，28-37.

[28] 陶文铨. 数值传热学．第二版. 西安：西安交通大学出版社，2001.

[29] Pantankar S V，Spalding D B. A Calculation Procedure for Heat，Mass and Momentum Transfer in Three-Dimensional Parabolic Flows. Int J Heat Mass Transfer，1972，15：1787-1806.

[30] Fairweather M, Ibrahim S S, Jaggers H, Walker D G. Turbulent Premixed Flame Propagation in a Cylindrical Vessel. Twenty-Sixth Symposium （International） on Combustion. Pittsburgh, 1996: 365-371.

[31] Phylaktou H, Andrews G E. The Acceleration of Flame Propagation in a Tube by an Obstacle. Combustion and Flame, 1991, 85: 363-379.

[32] Fairweather M, Ibrahim S S, Jaggers H, Walker D G. Turbulent Premixed Flame Propagation in a Cylindrical Vessel. Twenty-Sixth Symposium (International) on Combustion, Pittsburgh: The Combustion Institute, 1996, 365-371.

[33] Fairweather M, Hargrave G K, Ibrahim S S, Walker D G. Studies of Premixed Flame Propagation in Explosion Tubes. Combustion and Flame, 1999, 116: 504-518.

[34] Van den berg A C, Eggen J B. GAME-Guedance for the Application of the Multi-Energy method. The Second International Specialist Meeting on Fuel-Air Explosions. Bergen, Norway, June 27-28, 1996.

[35] Leyer J C, Desbordes D. Unconfined Deflagrative Explosion without Turbulence: Experiment and Model. Journal of Hazardous Material, 1993, 34: 123-150.

[36] Lind C D, Whitson J. Explosion Hazards Associated With Spills of Large Quantities of Hazardous Materials. Phase 3 Report No. CG-D-85-77, Department of Transportation, US Coast Guard Final Report, ADA 047585. 1977.

[37] Lind D C, Strehlow R A. Unconfines Vapor Cloud Explosion Study. Paper presented at 4th Int. Symp. on Transport of Hazardous Materials, Jacksonville. 1975.

[38] Harris R J, Eyre J A. "Extend Explosions" as a Result Explosion Venting. Combustion Science and Technology, 1987, 52: 91-106.

[39] Deshaies D, Leyer J C. Flow Field Indused by Unconfined Spherical Accelerating Flames, Combustion Flame , 1981, 40: 141-153.

[40] BI Mingshu, DING Xinwei, ZHOU Yihui. Experimental Study on Unconfined Vapor Cloud Explosion. Chinese J. Chem. Eng. , 2003, 11 (1): 90-93.

[41] 毕明树. 开敞空间可燃气云爆炸的压力场研究 [D]. 大连：大连理工大学，2001.

[42] 丁信伟，李志义，李应博. 可燃气云爆燃实验. 化工学报，1999，50 (4)：558-562.

[43] 毕明树，王淑兰，丁信伟，罗正鸿. 无约束气云弱点火爆炸压力实验研究. 化工学报，2001，52 (1)：68-70.

[44] Harrison A J, Eyre J A. Vapour Cloud Explosions-the Effect of Obstacles and Jet Ignition on the Combustion of Gas Clouds. 5th Int. Symp. "Loss prevention and safety promotion in the process industries", Cannes, France: 1986, 1-13.

[45] Mercx W P M. Modelling and Experimental Research into Gas Explosions. Overall final report of the MERGE project. CEC contract STEP-CT-011 (SSMA) .

[46] van Wingerden C J M. Experimental Investigation into the Strength of Blast Waves Generated by Vapor Cloud Explosions in Congested Areas. 6th Int. Symp. "Lass Prev. and Safety Promotion in the Process Ind. ", Oslo, Norway: 1989, 26, 1-16.

[47] Van den Berg A C. The Multi-Energy Method: Basic Concepts and Guidance for Use. Course on Explosion Prediction and Mitigation University of Leeds, 7-10 November, 2000.

[48] Guirao C M, Bach G G, John H L. Pressure Waves Generated by Spherical Flames. Comb. & flam. , 1976, 35: 341-351.

[49] 蒋建等. 工业防爆实用技术手册 [M]. 沈阳：辽宁科学技术出版社，1996.

[50] NFPA68, Guide for Venting of Deflagrations.

[51] VDI3673, Pressure Venting of Dust Explosions.